"十四五"职业教育国家规划教材
"十三五"职业教育国家规划教材

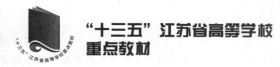
"十三五"江苏省高等学校
重点教材

行水云课数字教材
高等职业教育
水利类新形态一体化教材

水利工程经济

（第二版）

主　编　张子贤　王文芬

中国水利水电出版社
www.waterpub.com.cn
·北京·

内 容 提 要

本书是"十四五"职业教育国家规划教材、"十三五"职业教育国家规划教材、"十三五"江苏省高等学校重点教材。本书介绍了水利工程经济的理论与方法，主要内容有：绪论、水利工程经济的基本经济要素、资金的时间价值及基本公式、国民经济评价、财务评价及不确定性分析、综合利用水利建设项目费用分摊、防洪和治涝工程经济评价、灌溉和城镇供水工程经济评价、水力发电工程经济评价、水土保持工程经济评价。书中还配有相关数字化教学资源与课程思政内容。各部分内容与现行规范有机融合；引入工程实例与案例，理论与实际有机结合；在内容组织与叙述逻辑上，各章知识点、技能点有机联系。每章还有学习指南、思考题与技能训练题，附录还列有技能训练题参考答案。

本书适用于高职高专水利工程、水利工程施工技术、水利水电建筑工程、水利水电工程管理、水务管理、水文与水资源等专业，也可供相关专业的工程技术人员参考使用。

图书在版编目（ＣＩＰ）数据

水利工程经济 / 张子贤，王文芬主编. -- 2版. --
北京 : 中国水利水电出版社，2022.2(2024.2重印)
"十三五"职业教育国家规划教材 "十三五"江苏
省高等学校重点教材 高等职业教育水利类新形态一体化
教材
　　ISBN 978-7-5226-0437-4

Ⅰ. ①水… Ⅱ. ①张… ②王… Ⅲ. ①水利工程－工
程经济学－高等职业教育－教材 Ⅳ. ①F407.937

中国版本图书馆CIP数据核字(2022)第017334号

书　　　名	"十三五"职业教育国家规划教材 "十三五"江苏省高等学校重点教材 高等职业教育水利类新形态一体化教材 **水利工程经济 （第二版）** SHUILI GONGCHENG JINGJI（DI－ER BAN）	
作　　　者	主编　张子贤　王文芬	
出 版 发 行	中国水利水电出版社 （北京市海淀区玉渊潭南路 1 号 D 座　100038） 网址：www.waterpub.com.cn E-mail：sales@mwr.gov.cn 电话：(010) 68545888（营销中心）	
经　　　售	北京科水图书销售有限公司 电话：(010) 68545874、63202643 全国各地新华书店和相关出版物销售网点	
排　　　版	中国水利水电出版社微机排版中心	
印　　　刷	天津嘉恒印务有限公司	
规　　　格	184mm×260mm　16 开本　15.25 印张　372 千字	
版　　　次	2017 年 8 月第 1 版第 1 次印刷 2022 年 2 月第 2 版　2024 年 2 月修订　2024 年 2 月第 3 次印刷	
印　　　数	6001—12000 册	
定　　　价	**54.00 元**	

凡购买我社图书，如有缺页、倒页、脱页的，本社营销中心负责调换

第二版前言

《水利工程经济》（第一版），2016 年 7 月获得"十三五"江苏省高等学校重点教材建设立项，2017 年 8 月由中国水利水电出版社出版发行，并于 2020 年 12 月入选"十三五"职业教育国家规划教材。自《水利工程经济》（第一版）出版发行以来，截至 2020 年 12 月已进行了 3 次印刷，并得到了使用院校师生及读者的充分肯定。编者表示由衷的感谢！本次修订对第一版教材内容进行了更新与完善，增加了数字化教学资源与现代化计算手段，融入了课程思政、文化育人等内容，且修订后的教材于 2023 年 6 月入选"十四五"职业教育国家规划教材。

1. 更新、完善与补充有关内容

本次修订继承了第一版的特点，即教材内容与现行规范有机融合；引入工程实例与案例，理论与实际有机结合；既突出高职高专特色，又遵循循序渐进规律等。主要进行了以下几方面的更新、完善与补充。

（1）按现行规范、现行水利政策、现行经济法规、现行税率等修订了有关内容；介绍了水利经济的新技术、新方法。例如，第一章绪论、第二章水利工程经济的基本经济要素，按水利部有关工程建设与管理方面的现行有关规定，以及现行有关税法与现行税收政策等进行修订；又如，综合利用水利工程费用分摊方法，依据现行有关规范进行了完善；再如，依据现行税率与现行规范，更新了城镇供水工程与小水电工程的经济评价案例。

（2）结合《水利工程经济》（第一版）的使用经验对有关内容进行整合，并增加工程案例。例如，整合了国民经济评价指标计算的有关例题，更便于理解各个评价指标所得结论的必然联系与不可替代性，同时，增强了易读性。又如，增加了财务评价案例。

（3）根据实际应用情况，增加了"水土保持工程经济评价"，去掉了用得相对较少的第一版中的"水价"。

（4）对第二章、第六章、第八章等补充了技能训练题，并增加了各章技能训练题参考答案。

2. 增加数字化教学资源与现代化计算手段

（1）在第一版纸质教材基础上，本次修订为新形态一体化教材。共制作

39 个二维码呈现在教材的相关位置，包括不同时长的微课、视频课 29 个，PDF 文件 9 个，工程视频 1 个。不同时长的微课、视频课，针对重点与难点内容、常用技能、典型题、经济评价案例进行讲解，便于学生利用其预习、学习与复习。

（2）增加了 Excel 软件在水利工程经济计算中的应用。主要包括 Excel 软件中资金等值计算的 FV、PV 等函数的使用，利用 Excel 软件编制经济评价报表，以及 NPV、IRR 等函数的使用等，并以视频课的形式呈现，便于读者学习。

3. 融入课程思政、文化育人等元素

2018 年 9 月全国教育大会，对高等教育教学改革和人才培养提出了新的要求，要求把立德树人作为教育的根本任务。2022 年 10 月党的二十大报告中再次明确指出："育人的根本在于立德。全面贯彻党的教育方针，落实立德树人根本任务，培养德智体美劳全面发展的社会主义建设者和接班人。"教材承载着传播知识、传播思想、教书育人的重任。本次修订结合教学内容有机地融入了课程思政、文化育人等元素，撰写了 4 部分课程思政方面的内容：①"我国水利建设事业的伟大成就简介"，旨在增强学生对水利专业的认同感和专业自豪感，激发学习热情和增强专业责任感；②"小规模纳税人与小微企业的税收改革及感悟"，通过介绍国家重视民生民情的税收改革，旨在使学生加深对税收及有关经济要素理解的同时，感悟和践行家国情怀，把个人的前途和命运同国家的前途和命运紧密相连；③"三峡工程及其防洪效益"，旨在使学生进一步结合工程实例加深对防洪效益的理解，并通过国之重器三峡工程严谨的科学论证，以及其对人民生活、对社会发展的伟大贡献，增强专业责任感和使命担当；④"碳达峰碳中和的提出背景及水电的重要作用"，旨在使学生通过了解碳达峰、碳中和将给人类社会带来巨大的变革，以及水电在能源开发与转型中的重要作用，认识到当代大学生是实现碳达峰、碳中和目标的参与者和贡献者，并倡导和践行低碳从我做起。

本次修订融入了水文化的内容，通过二维码介绍其他作者的文章："大运河：宝贵的遗产 流动的文化""司马迁与'水利'词源（寻古探源）"。让学生感受水文化的魅力和博大精深，汲取水文化的精髓，传承优秀水文化的基因；让学生感悟到国民经济的发展离不开水利事业的支撑，以增强责任感和使命感。

本教材由江苏建筑职业技术学院张子贤教授和王文芬副教授主编。第一章、第二章、第五章、第八章、第九章、第十章第一节和附录由张子贤编写；

第三章、第四章、第六章、第七章、第十章第二节与第三节由王文芬编写；河北水利水电勘测设计院有限公司何书会教授级高工参加了防洪工程、水力发电工程、城镇供水工程经济评价案例的部分编写工作。全书由张子贤统稿。

本教材编写过程中，参考、引用了有关文献，除部分已经列出外，其余未能一一注明，在此一并由衷致谢。

本教材在编写过程中，得到了江苏建筑职业技术学院有关部门及其领导和刘家春教授的大力支持和热情帮助，在此表示由衷感谢。

尽管我们在本次修订过程中尽了很大努力，对有关内容反复修改，但由于编者水平与时间有限，书中不妥之处在所难免，恳请读者批评指正。

编者

2023 年 7 月

扫码获取课件

第一版前言

现行规范《水利建设项目经济评价规范》（SL 72—2013）已替代 1994 年颁布的《水利建设项目经济评价规范》（SL 72—94），以往的"水利工程经济"教材已不能满足教学需要，亟需按现行规范更新有关内容。因此，"水利工程经济"教材建设迫在眉睫。该教材既涉及经济理论，又涵盖多方面的水利专业理论与专业知识，内容综合性强，使教材编写具有一定的难度，故教材建设具有重要意义。基于上述原因，笔者新编了本教材，具有如下特点。

（1）教材内容与现行规范有机融合。紧跟行业发展，将现行规范《水利建设项目经济评价规范》（SL 72—2013）和现行政策法规有机地融合到水利经济的理论与计算方法中，删减滞后于时代的内容，补充新理论、新方法，使教材的内容紧扣现行规范，体现规范性。例如，本教材与以往的高职高专"水利工程经济"教材相比，在水利工程经济的基本经济因素中，增加了影子价格的确定方法、递延资产、总成本费用与税金及利润等内容；在财务评价中增加了还本付息费、调整所得税的计算；增加了资本金财务评价；增加了现行规范中偿债能力指标，删减了现行规范中摒弃的评价指标——固定资产投资贷款偿还期；在综合利用水利建设项目费用分摊中，充实了中小型水利建设项目的分摊方法。

（2）既突出高职高专特色，又遵循循序渐进规律。在内容深度和广度的把握上，体现高等职业教育的人才培养目标；引入较多实际案例作为例题，特别是介绍不同功能的水利工程经济评价案例，使理论与实践有机结合，体现实用性、实践性，以利于培养学生应用基本理论解决实际问题的能力；介绍基本知识、基本理论、基本方法循序渐进，各章知识点、技能点有机联系；教材的结构有利于学生从单项技能提高到综合技能；内容叙述科学严谨，体现科学严谨性，以利于培养学生的可持续发展能力。

（3）开拓性编写各章学习指南、设计开放性思考题与技能训练题等，便于教和学，特别是有利于学生自主学习、实训与思考，体现自主性、开放性。

本教材由江苏建筑职业技术学院张子贤教授和王文芬博士主编。第一章、第二章、第五章、第八章、第九章、附录、各章思考题与技能训练题由张子贤编写；第三章、第四章、第六章、第七章、第十章由王文芬编写；河北水利水电勘测设计院有限公司何书会教授级高工参加了防洪工程与水力发电工程经济评价案例的部分编写工作。全书由张子贤修改与统稿。

本教材编写过程中，参考、引用了有关文献，除部分已经列出外，其余未能一一注明，在此一并致谢。

在本教材编写过程中，得到了河北水文水资源勘测局刘惠霞教授级高工的热情帮助，特此表示感谢。

本教材由江苏省高等教育学会组织专家进行了审定，对该教材给予了很高的评价。

限于编者水平，书中不妥之处在所难免，恳请读者批评指正。

编者

2017 年 5 月

"行水云课"数字教材使用说明

"行水云课"水利职业教育服务平台是中国水利水电出版社立足水电、整合行业优质资源全力打造的"内容"＋"平台"的一体化数字教学产品。平台包含高等教育、职业教育、职工教育、专题培训、行水讲堂五大版块，旨在提供一套与传统教学紧密衔接、可扩展、智能化的学习教育解决方案。

本套教材是整合传统纸质教材内容和富媒体数字资源的新型教材，将大量图片、音频、视频、3D动画等教学素材与纸质教材内容相结合，用以辅助教学。读者登录"行水云课"平台，进入教材页面后输入激活码激活，即可获得该数字教材的使用权限。可通过扫描纸质教材二维码查看与纸质内容相对应的知识点多媒体资源，完整数字教材及其配套数字资源可通过移动终端APP、"行水云课"微信公众号或中国水利水电出版社"行水云课"平台查看。

内页二维码具体标识如下：

·▶为知识点视频

·🄿🄳🄵为PDF阅读文件

数 字 资 源 清 单

目录

第一章 绪 论

[学习指南] 通过本章学习，首先应能回答以下问题：水利工程经济是一门什么样的科学？解决哪些问题？按评价层次分，水利建设项目经济评价包括哪两个层次的经济评价？按水利工程类型分，水利建设项目经济评价包括哪些类型水利工程的经济评价？本课程有何特点？主要依据哪些规范？其次，应熟知本课程的总体目标。

本章中介绍水利工程基本建设程序，目的是使学生在学习水利工程基本建设程序的同时，理解在各个阶段对于建设项目投资所作的测算，其详细程度和准确度是有差别的。在项目建议书阶段，对投资的测算称为初步投资估算；在可行性研究阶段，对投资的测算称为投资估算；在初步设计、技术设计阶段，对投资的测算分别称为设计概算、修正概算；在施工图设计阶段，对投资的测算称为施工图预算；在工程竣工后实际的工程造价阶段，对投资的测算称为竣工决算价。另外，通过学习水利工程基本建设程序，进一步理解本课程在水利建设项目各个阶段的作用。

第一节 水利工程经济的任务与发展概况

一、水利工程经济的任务

工程经济学是研究工程技术领域经济问题的一门科学。投入、产出是工程和技术活动中的常用术语。投入是指工程建设与生产过程中所需的人力、材料、机械设备等各类资源的总称，用货币表示，称为费用；产出是指生产出来的各种有用产品或成果，用货币表示，称为效益。也可以说，工程经济学是研究如何用工程技术中的一定投入获得最大产出或者如何用最少投入获得一定产出的一门科学。水利工程经济是应用工程经济学中的基本原理和一般计算方法来研究水利工程经济问题的一门科学。因此，水利工程经济是由水利工程专业理论及专业知识与工程经济理论相结合而形成的一门科学。水利工程经济的基本任务有以下几个方面。

（1）对水利工程经济理论进行研究。例如，研究水利工程经济采用的评价指标、经济评价参数的取值等；确定水利技术政策，引导投资方向以及资源的合理配置；研究水利工程经济要素的计算方法，例如水利工程效益的计算方法。

（2）对新建水利项目，根据水利方面的技术要求、有关规范和财务规定要求，进行经济计算，并评价经济效果；对不同措施、不同方案进行比较优选等。

（3）对已建成的水利建设项目的经济效果进行评价与分析，以便改进现有的经营管理方式，制定符合实际情况的费用标准和管理办法等。

值得说明的是，经济效益与经济效果是两个不同的概念，经济效益指人们从事某项实践活动所得的利益，即用货币量表示的有用产品或成果（成果可以是提供的服务或减少的损失等）；而经济效果指人们从事某项实践活动中的效益与费用的比较，或产出与投入的比较。

二、水利工程经济的发展概况

（一）美国水利经济发展概况

从水利工程经济的理论和实践的发展过程看，美国水利经济的发展可以分为以下几个阶段。

19 世纪初至 20 世纪 30 年代为第一阶段。19 世纪初，随着水利工程的发展，美国有关部门开始研究工程的投资费用和效益的关系。当时的财政部长加勒廷提出："当某一条航运路线的运输年收入超过所花资本的利息和工程的年运行费用（不包括税收）之和时，其差额即为国家的年收入。"其后，国会强调判别工程是否经济的基本准则是，要有一个有利的效益与费用的比值 R，要求 R 值必须大于 1.0。

1930 年格兰特（Grant）编著的《工程经济学原理》一书中采用复利计算方法，首次系统阐述了动态计算方法。1936 年美国国会通过的《防洪法案》规定："兴建的防洪工程与河道整治工程，其所得效益应超过所花费用"。从此以后，大型工程规划设计文件都必须有效益费用分析报告，才能送国会审批。

20 世纪 40—60 年代初期为第二阶段。美国于 1946 年成立了"联邦河流流域委员会效益费用分会"。该会在 1950 年提出了"河流工程经济分析方法"的建议；1962 年参议院颁布了《水土资源工程规划原则和评价的标准》。在这一阶段中制定了较完善的水资源经济评价方法。

20 世纪 60 年代中期以后为第三阶段。1969 年颁布了《国家环境政策法》，从此在水资源工程评价中，除了要考虑经济效益外，还要同时注意环境保护问题。1973 年颁布的《水土资源规划的原则和标准》要求水资源规划除考虑经济、环境两项目标外，还应考虑地区经济发展和社会福利两项目标。1978 年修订了 1973 年颁发的标准。1980 年又制定了《水资源工程评估程序》，规定了工程具体的评估方法和步骤。1982 年提出《水土资源开发利用的经济原则和环境准则》，提出对水土资源开发进行效益费用分析外，还需研究地表水和地下水的水量、水质等问题，要充分考虑保护水资源、保护环境，注意生态平衡。

（二）苏联水利经济发展概况

苏联水利工程全部由国家控制，实行计划经济，由国家机构制定计划并拨款修建各项水利工程，虽然不像美国以市场经济为主，存在着激烈的竞争，但同样注意建设资金的经济效果，在各部门、各工程项目、各建设方案之间进行广泛的经济考核和经济比较。苏联的水利经济发展可分为以下几个阶段。

第一阶段（20 世纪 20—30 年代中期）。20 年代初期，在编制全国电气化计划时，曾接受"资金利率"的概念，方案比较中考虑资金的时间因素，当时把工程效益与基建投资的比值称为经济效率系数，国家计委规定为 6%，这一方法一直使用到 30 年代中期。

第二阶段（20 世纪 30 年代中期至 50 年代末）。30 年代中期，有人认为"资金利率"属于资本主义的经济范畴，于是做了很大修改，经济评价的方法不计时间价值，即不考虑利率。提出以劳动量作为价值的主要尺度，在编制计划和选择工程项目时，主要考虑的是满足国民经济的发展需要和节约总劳动消耗量，而不是所选方案的最大利润。在这一阶段，引进了"抵偿年限"的概念，工程方案比较中采用抵偿年限法和计算支出最小法，并规定了各经济建设部门的标准抵偿年限。40 年代有人主张在方案比较选择时，应利用价值指标对经济效果进行分析，并提出社会主义生产价格＝成本＋投资×某一额定系数。当时也有人提出：要重视计划的作用，不能对价值作用估计过高。在这一时期，国家基本建设资金全部由国家无偿拨付，由于不分情况地无偿拨款使用生产建设资金，则存在大量积压和浪费建设资金以及拖延了施工进度的现象。

第三阶段（20 世纪 60—80 年代）。1960 年苏联颁布了《确定基本建设投资和新技术效果的标准计算方法》（以下简称《标准方法》），规定考虑新建工程施工期、新技术（革新、改造）实施期投资的时间价值，改无偿使用为有偿使用，改拨款为贷款，并以利润及利润率作为企业经营的主要指标。经过 10 年试行，收到了较好的经济效果。于是 1969 年又发布《标准方法》（第二版）。1979 年颁布了《国民经济中采用新技术创造发明和合理化建议的经济效果计算方法》。1980 年颁布了《苏联投资经济效益标准计算方法》，又称《标准方法》（第三版）。新的标准计算方法要求对投资分期投放，年运行费又随时间发生变化，需考虑资金的时间价值，即要求采用动态经济分析方法。90 年代，国家计委颁布了《标准方法》（第四版），规定规划、设计文件要求考虑国民经济总效果，即要求从整体国民经济的观点出发，既要考虑工程投资总效果，也要考虑由此得到的经济与社会的总效果。

（三）我国水利经济发展概况

早在公元前 250 年左右修建的兼有防洪、灌溉和内河航运综合效益的都江堰工程，就有粗略的水利经济计算，已经考虑到工程的所费（稻米若干斗）和所得（浇田若干亩等）。近代水利经济研究，始于冀朝鼎于 20 世纪 30 年代编著的《中国历史上的基本经济区与水利事业的发展》一书。40 年代在《扬子江三峡工程开发方案的初期研究》中，经济计算是学习欧美的效益费用比和净效益等考虑资金时间价值的动态经济分析方法，计算了三峡工程的防洪、发电、航运、灌溉、旅游等效益，并进行了投资分摊计算和贷款偿还计划等。

新中国成立后，我国开始进行大规模水利工程建设。经济活动采用苏联的中央计划经济和无偿拨款进行基本建设的模式，当时水利工程的经济计算广泛采用苏联 50 年代的不考虑资金时间价值的静态经济分析方法，如投资回收年限法、抵偿年限法和计算支出最小法等。基本上是照搬苏联的一套水利经济计算方法，与我国水利建设的实际情况结合不够密切，但由于这一时期比较实事求是，国民经济各部门基本上是有计划按比例发展的，加上当时的有利条件，水利建设成绩很大，工程经济效益是比较好的。

从 20 世纪 50 年代末期到 1978 年党的十一届三中全会召开前的 20 多年间，由于种种因素的影响，忽视了必要的经济评价工作，水利动能经济理论研究工作几乎全部陷于停顿状态，致使有些工程项目投资大、工期长、效益低，工程的经济效果很差，甚至得不偿失。我国水利建设事业遭受了许多不可弥补的损失。

1978 年党的十一届三中全会以后，党中央制定了以经济建设为中心的方针，强调经济建设要实事求是，要千方百计地提高国民经济各部门的经济效益，于是水利经济工作得到了蓬勃发展。1982—1985 年，有关部门先后制定了《电力工程经济分析暂行条例》《水力发电工程经济评价暂行规定》《小水电经济评价暂行条例》《水利工程水费核定、计收和管理办法》以及《水利经济计算规范（试行）》（SD 139—85）等，使水利水电工程在规划、设计、运行管理等各个环节中的经济评价工作，均有了明确的指导准则和较具体的计算方法，为水利水电工程经济评价工作的开展和工程经济理论与实践的迅速发展奠定了良好的基础。1987年、1993年、2006年国家有关部门先后颁布了《建设项目经济评价方法与参数》第一版、第二版和第三版，对建设项目经济评价的实际应用作了详细的规定，并对评价的基础理论和方法也作了必要的阐述。1990年9月电力工业部、水利部水利水电规划设计总院（简称水利部水规总院）颁布了《水电建设项目经济评价实施细则》。1992—1994年，水利部水规总院对《水利经济计算规范（试行）》（SD 139—85）进行修订，修订后更名为《水利建设项目经济评价规范》（SL 72—94），随后历经近20年的使用，该规范又重新修订，被现行规范《水利建设项目经济评价规范》（SL 72—2013）所替代。

　　此外，随着国民经济的发展和技术进步，相继颁布了其他经济评价规范。1995年发布了《水土保持综合治理效益计算方法》（GB/T 15774—1995）、《小水电建设项目经济评价规程》（SL 16—95）、1998年发布了《已成防洪工程经济效益分析计算及评价规范》（SL 206—98）等，并且上述规范目前均已有相应的修订版。

　　党的十一届三中全会以来，经过几十年的实践，我国水利工程经济的理论已日趋完善，逐步形成了具有中国特色的水利工程经济科学体系，并应用于水利工程实践，取得了显著的实践成果。例如，国之重器三峡工程，经对各方案进行经济评价、方案比选，最终选定正常蓄水位175m。实践证明，三峡工程是运用水利经济理论确定水库特征水位的典范。

1-1 《水利建设项目经济评价规范》

1-2 三峡水利工程简介

1-3 5分钟了解三峡工程

1-4 本课程导言

第二节　本课程的性质与主要内容

一、本课程的性质

　　"水利工程经济"是一门专业课程，是全国水利类院校有关专业学生的必修课，是由水利工程专业理论及专业知识与工程经济理论相结合而形成的科学与技术。它既属于工程经济学的一个分支，又属于水利工程的分支。因此，该课程既涉及经济理论，又涵盖多方面的水利专业理论与专业知识，内容综合性强。

二、本课程的主要内容

　　水利建设项目的经济评价按评价层次分为国民经济评价和财务评价。国民经济评价是指在合理配置社会资源的前提下，从国家整体利益的角度出发，计算项目对国民经济的贡献，分析项目的经济效率、效果和对社会的影响，评价项目的经济合理性。财务评价指在国家现行财税制度和价格体系下，从项目的角度出发，计算项目范围内的财务费用和财务收益（财务效益），分析项目的盈利能力、偿债能力和财务生存能力，评价项目的财务可行性。

对于国民经济评价结论和财务评价结论均可行的建设项目，可予以通过；反之应予以否定。对于国民经济评价结论可行而财务评价结论不可行的建设项目，可向国家和主管部门提出经济优惠政策的建议，使其满足财务可行性的条件；对于国民经济评价结论不可行而财务评价结论可行的建设项目，一般予以否定。

按水利工程类型或功能，还可分为防洪、治涝、灌溉、城镇供水、水力发电、水土保持等工程的经济评价。

因此，本课程的主要内容将围绕国民经济评价和财务评价涉及的概念、理论知识、计算技能展开。主要内容分述如下。

1. 水利工程经济的基本经济要素

水利工程经济的基本经济要素包括价值与价格、投资、流动资金、年运行费、总成本费用、税金、利润等，这些要素是进行经济评价的基础。

2. 资金的时间价值及基本公式

现实生活中，人们已普遍认识和接受这样一个事实：现在的一笔资金，与将来同等数额的一笔资金，其价值是不等的。在工程经济分析时，计入资金的时间价值的方法称为动态分析方法，反之称为静态分析方法。水利建设项目经济评价以动态分析方法为主。因此，资金的时间价值及基本公式这部分内容是进行经济评价的基础。

3. 国民经济评价和财务评价

国民经济评价（也称经济分析）和财务评价（也称财务分析）方法是全书的核心部分，将介绍国民经济评价的费用和效益、国民经济评价的参数和经济评价指标等；财务评价的费用和收入、财务评价的参数和财务评价指标等。

4. 不确定性分析

任何一项经济活动，由于各种不确定性因素的影响，会使期望的目的与实际状况发生差异，为此经济分析中，国民经济评价和财务评价均需要进行不确定性分析，需要识别和估计风险。

5. 综合利用水利建设项目费用分摊

对具有综合利用功能的水利建设项目，除应以项目整体进行国民经济评价和财务评价外，还应分析项目各项功能的经济合理性与财务可行性，因此，需对项目的费用进行合理分摊。

6. 不同功能的水利工程的经济评价

对防洪与治涝、灌溉与城镇供水、水力发电和水土保持工程进行经济评价，是应用水利工程经济理论与方法，解决工程实际问题，其重点是不同功能水利工程效益的计算方法。

三、本课程的特点与学习要求

本课程的特点，一是规范性和政策性强，这就要求学习过程中将现行规范《水利建设项目经济评价规范》（SL 72—2013）和现行政策法规有机地融入水利工程经济的理论与计算方法中；二是计算性强，项目评价及方案优选既要进行分析，更需要细致地计算，提高计算技能；三是综合性强，这就要求学习过程中加强知识点与技能点的联系，善于归纳与总结。本课程总体要求是，通过学习掌握本课程中的基本概念、基本理论与基本方法，会应用基本理论与基本方法解决常见的水利工程经济问题。

1-5　本课程性质与特点及学习要求▶

　　建设项目从提出到竣工验收的各阶段中，每一个阶段都需要进行水利经济分析与计算（详见本章第三节）。因此，水利工程经济是实现水利工程措施的有机组成部分。从大的层面上，优化水利工程的建设与管理，提高经济效益，是经济社会发展的客观要求，历史上我国水利工程有成功经验与失败教训；从个人层面上，学会解决水利工程中的经济问题，是水利行业工程技术人员应有的能力，学好该课程对今后从事水利工作及提高自身的综合能力具有重要的意义。

第三节　水利工程基本建设程序

一、水利工程基本建设与建设程序的概念

　　"基本建设"一词源于俄文，我国使用该词始于 20 世纪 50 年代初。水利工程基本建设是指水利部门为了扩大再生产而进行的增加固定资产的建设，包括新建、扩建、改建和恢复工程、设备购置以及与之有关的工作，一般也称为水利工程建设。它是一种经济活动或固定资产投资活动，其结果是形成固定资产。水利工程建设是国民经济和社会发展的重要组成部分，是实现中华民族伟大复兴的重要基础工程，是保障我国粮食安全的可靠支撑。随着国民经济的不断发展，水利工程及水利工程建设将在我国国民经济发展中，以及在我国碳达峰、碳中和（详见课程思政四）目标的实现中发挥着越来越重要的作用。

　　建设程序是指由行政性法规、规章所规定的进行基本建设所必须遵守的阶段及其先后顺序。建设程序是人们在认识项目建设的客观规律和经济规律，科学地总结了建设工作实践经验的基础上，结合经济管理体制制定的，是建设项目科学决策和顺利进行的重要保证。我国最早的基本建设程序文件是 1951 年由国家财政委员会颁布的《基本建设工作程序暂行办法》。"文革"期间，我们经历过"三边"（边勘测、边设计、边施工）工程的教训。经过几十年的实践，我国的基本建设程序得到了逐步完善。鉴于水利工程建设较其他部门的基本建设有一定的特殊性，其具有规模与投资大、技术复杂、工期较长、受自然条件制约、如果工程失事危害巨大等特点，因此水利工程的建设程序较其他部门更为严格，其建设要严格按建设程序进行。

二、水利工程建设程序与内容

　　水利部《水利工程建设项目管理规定（试行）》（水建〔1995〕128 号，2016 年第二次修正）和《水利工程建设程序管理暂行规定》（水建〔1998〕16 号，2019 年第四次修正）中均指出，对于由国家投资、中央和地方合资、企事业单位独资、合资以及其他投资方式兴建的防洪、除涝、灌溉、发电、供水、围垦等大中型工程（包括新建、续建、改

建、加固、修复）建设项目，建设程序一般分为：项目建议书、可行性研究报告、施工准备、初步设计、建设实施、生产准备、竣工验收、项目后评价8个阶段。小型水利工程建设项目可以参照执行。将以往的"初步设计、施工准备"两个阶段调整为"施工准备、初步设计"，是基于2015年水利部取消了将初步设计已经批准作为开展施工准备的条件而调整的。在《水利部关于调整水利工程建设项目施工准备开工条件的通知》（水建管〔2017〕177号）中，进一步对施工准备开工条件作出了调整。

　　水利工程建设程序如图1-1所示。在图1-1中也列出了水利部未作明确要求的有关环节。图1-1中项目建议书、可行性研究报告和初步设计，属于建设前期工作，其中前两个阶段为投资决策阶段。

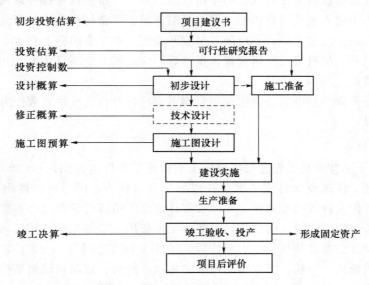

图1-1　水利工程建设程序示意图

（一）项目建议书

　　项目建议书是要求建设某一具体工程项目的建议文件，是水利工程建设程序中最初阶段的工作，是对拟进行建设项目的初步说明。在项目建议书阶段，提出开发目标和任务，对拟建工程项目的建设条件进行调查和必要的勘察工作，择优选定拟建工程项目的建设地点和建设规模等，论证工程项目建设的必要性，初步分析工程项目建设的可行性与合理性。此阶段对建设项目的投资测算称为初步投资估算。项目建议书应根据国民经济和社会发展长远规划、流域综合规划、区域综合规划、专业规划、国家产业政策，以及2021年11月6日起实施的《水利水电工程项目建议书编制规程》（SL 617—2021）进行编制。

　　项目建议书编制一般由政府委托有相应资格的设计单位承担，并按国家现行规定权限向主管部门申报审批。项目建议书被批准后，由政府向社会公布，若有投资建设意向，应及时组建项目法人筹备机构，开展下一建设程序的工作，即根据批准后的项目建议书，开展可行性研究。

（二）可行性研究报告

可行性研究报告是在流域规划的基础上，对拟建项目从技术、经济、环境等方面进行全面综合分析和科学论证后形成的一个重要的技术文件，包括论证项目兴建的必要性、技术可行性、经济合理性、财务盈利性等内容。项目可行性研究报告，为投资者的最终决策提供直接依据，此阶段对建设项目所需全部费用的计算称为投资估算。

可行性研究报告由项目法人（或筹备机构）组织编制。编制可行性研究报告的重要依据是批准的项目建议书，并按 2021 年 11 月 6 日起实施的《水利水电工程可行性研究报告编制规程》（SL 618—2021）进行编制。

可行性研究报告按国家现行规定的审批权限报批。申报项目可行性研究报告，必须同时提出项目法人组建方案及运行机制、资金筹措方案、资金结构及回收资金的办法。

可行性研究报告经批准后，不得随意修改和变更，在主要内容上有重要变动，应经原批准机关复审同意。项目可行性研究报告批准后，应正式成立项目法人，并按项目法人责任制实行项目管理。

可行性研究报告经批准后，该建设项目即可立项，并将投资估算数作为投资控制数进行后续的初步设计。

（三）施工准备

《水利部关于调整水利工程建设项目施工准备开工条件的通知》（水建管〔2017〕177号）指出，水利工程建设项目施工准备开工的条件调整为：项目可行性研究报告已经批准，环境影响评价文件等已经批准，年度投资计划已下达或建设资金已落实，项目法人即可开展施工准备，开工建设。需注意，上述开工是指施工准备工程的开工，而非主体工程开工（在初步设计已批准并具备一定条件后，主体工程方能开工）。施工准备主要内容包括：施工现场的征地、拆迁；完成施工用水、用电、通信、道路和场地平整等工程；必需的生产、生活临时建筑工程；实施经批准的应急工程、试验工程等专项工程；组织招标设计、咨询、设备和物资采购等服务；组织相关监理招标，组织主体工程招标准备工作。

工程建设项目施工，除某些不适应招标的特殊工程项目外（须经水行政主管部门批准），均须实行招标投标。

在图 1-1 中将初步设计与施工准备两阶段用虚箭线连接，表示初步设计不是开展施工准备的条件，但两个阶段是有联系的，因施工准备阶段的工作包括组织招标设计，而招标设计是在批准的初步设计基础上进一步的设计细化，即当初步设计批准后，才能组织招标设计。因此，在可行性研究报告被批准后，即可开展施工准备中除招标设计以外的其他工作，而当初步设计批准后，进行招标设计。可见，施工准备、初步设计两个环节存在一定的合理交叉。经咨询水利部有关部门，目前《水利工程建设程序管理暂行规定》（水建〔1998〕16号，2019 年第四次修正），正在修订中。

（四）设计工作

设计是对拟建工程的实施在技术和经济上所进行的全面而详细的安排，是基本建设计划的具体化，是整个工程的决定环节，是组织施工的依据。它直接关系着工程质量和将来的使用效果。根据建设项目的不同情况，设计过程一般划分为两个阶段，即初步设计和施工图设计。重大项目或技术复杂项目，可根据需要，增加技术设计阶段。

（1）初步设计。初步设计是根据批准的可行性研究报告和必要而准确的设计资料，对可行性研究报告阶段的成果进一步复核、补充和深化，最终确定拟建工程设计方案，阐明其技术上的可行性、经济上的合理性、财务上的盈利性等，规定项目的各项基本技术参数，编制项目的总概算，也称为设计概算。

初步设计任务应择优选择有项目相应资格的设计单位承担，初步设计报告应按 2021 年 11 月 6 日起实施的《水利水电工程初步设计报告编制规程》（SL 619—2021）进行编制。

初步设计文件报批前，一般须由项目法人对初步设计中的重大问题组织论证。设计单位根据论证意见，对初步设计文件进行补充、修改、优化。初步设计由项目法人组织审查后，按国家现行规定权限向主管部门申报审批。

初步设计文件经批准后，其作为项目建设实施的技术文件基础，主要内容不得随意修改、变更。如有重要修改、变更，须经原审批机关复审同意。

按照国家规定，如果初步设计提出的总概算超过可行性研究报告确定的投资估算 10％或其他主要指标需要变更时，要重新报批可行性研究报告。

（2）技术设计。技术设计是针对技术上复杂或有特殊要求的建设项目增加的一个设计环节，用来解决初步设计后尚需解决的重大技术问题，并编制修正总概算。因技术设计不是每项工程的必需环节，故图 1-1 中用了虚线框。

（3）施工图（也称施工详图）设计。按初步设计或技术设计所确定的设计原则、结构方案和控制尺寸，根据施工与建筑安装工作的需要，进行工程的施工图设计，并对建设项目进行投资测算，即编制施工图预算。

一般中小型工程只做初步设计、施工图设计，有些情况甚至二者合一。施工图设计因是设计方案的具体化，由设计单位负责，在交付施工前，须经项目法人或由项目法人委托监理单位审查。

（五）建设实施

建设实施阶段是指主体工程的建设实施，项目法人按照批准的建设文件，组织工程建设，保证项目建设目标的实现。主体工程开工，必须具备以下条件：①项目法人或者建设单位已经设立；②初步设计已经批准，施工（详）图设计满足主体工程施工需要；③建设资金已经落实；④主体工程施工单位和监理单位已经确定，并分别订立了合同；⑤质量安全监督单位已经确定，并办理了质量安全监督手续；⑥主要设备和材料已经落实来源；⑦施工准备和征地移民等工作满足主体工程开工需要。

项目法人或者建设单位应当自工程开工之日起 15 个工作日内，将开工情况的书面报告报项目主管单位和上一级主管单位备案。

（六）生产准备

生产准备是为了使建设项目顺利投产运行在投产前进行的必要准备，是建设阶段转入生产经营的必要条件。项目法人应按照建管结合和项目法人责任制的要求，适时做好有关生产准备工作。生产准备应根据不同类型的工程要求确定，一般应包括生产组织准备（建立生产经营的管理机构及相应管理制度)、生产管理人员准备(招收和培训人员)、生产技术准备(技术资料的汇总、运行技术方案的制定等)、生产的物资准备、正常的生活福利设施准备等。

此外,在生产准备阶段,应及时具体落实产品销售合同协议的签订,提高生产经营效益,为偿还债务和资产的保值增值创造条件。

(七) 竣工验收、投产

竣工验收是工程完成建设目标的标志,是全面考核基本建设成果、检验设计和工程质量的重要步骤。建设项目竣工决算的实际投资,即工程造价,称为竣工决算价。竣工验收合格的项目即从基本建设转入生产或使用,建设项目形成固定资产。

当建设项目的建设内容全部完成,并经过单位工程验收(包括工程档案资料的验收),符合设计要求,以及完成竣工报告、竣工决算等必需文件的编制后,项目法人按《水利工程建设项目管理规定(试行)》(水建〔1995〕128 号,2016 年第二次修正),向验收主管部门提出申请,根据国家和水利部颁布的验收规程,组织验收。

竣工决算编制完成后,须由审计机关组织竣工审计,其审计报告作为竣工验收的基本资料。

工程规模较大、技术较复杂的建设项目可先进行初步验收。不合格的工程不予验收;有遗留问题的项目,对遗留问题必须有具体处理意见,且有限期处理的明确要求并落实责任人。

(八) 项目后评价

项目后评价是对项目达到生产能力后的实际效果与预期效果的分析评价,是固定资产投资管理工作的一项重要内容。建设项目竣工投产后,一般经过 1~2 年生产运营后,要进行一次系统的项目后评价。主要内容包括:①影响评价,即主要对项目投产后对各方面的影响进行评价;②经济效益评价,即对项目投资、国民经济效益、财务效益、技术进步和规模效益、可行性研究深度等进行评价;③过程评价,即对项目的立项、设计、施工、建设管理、竣工投产、生产运营等全过程进行评价。

项目后评价一般按三个层次组织实施,即项目法人的自我评价、项目行业的评价、计划部门(或主要投资方)的评价。

综上所述,在建设项目从提出到竣工验收的各阶段中,每一个阶段都需要进行水利经济分析与计算。在项目建议书阶段,须对工程规模进行经济合理性论证;在可行性研究阶段,须对不同措施或方案论证经济合理性、财务盈利性,例如灌溉引水工程,采用有坝引水、还是无坝引水;采用自流灌溉还是提水灌溉,回答这些问题均需要进行水利经济计算;在设计阶段,须通过经济比较合理的确定工程规模,例如,坝顶高程、溢洪道尺寸、引水渠道尺寸等;在施工阶段,同样需要水利经济分析与计算,例如某施工企业,需购置一台施工机械,有两个付款方案:一是立即全额支付现金,二是采取租赁方式,应考虑哪些因素进行比选、如何比选等。因此,学好该课程对今后从事水利工作具有重要的意义。

思　考　题

1. 解释术语：水利工程经济。
2. 水利工程经济的基本任务有哪些？
3. 解释术语：国民经济评价和财务评价。
4. 试简述水利工程经济的主要内容、学习本课程的总体目标。
5. 何谓水利工程基本建设？2019 年第四次修正的《水利工程建设程序管理暂行规定》中明确水利工程基本建设程序包括哪 8 个阶段？试说明施工准备、初步设计两阶段在实施过程中的相互联系，以及图 1-1 中初步设计与施工准备两阶段为什么用虚箭线连接？

课程思政一　我国水利建设的伟大成就简介 *

[**教学目的**] 通过介绍我国水利建设的伟大成就，增强学生对水利专业的认同感和专业自豪感，激发学习热情和增强专业责任感。

兴水利、除水害，历来是治国安邦的大事业。在兴利与除害的水利史中，大禹治水三过家门而不入、西门豹战胜装神弄鬼的巫婆和危害一方的劣绅，并用科学手段引漳河水灌溉，至今传为佳话。李冰父子修筑的都江堰、开凿于春秋战国时期并完成于隋朝的京杭大运河等水利工程铭记着我国水利史上的辉煌。新中国成立以来，我国的水利建设，取得了举世瞩目的成就，展示了我国现代水利建设的更加宏伟的篇章，不仅规模之大，而且技术创新之多居世界前列。例如，南水北调工程是人类历史上规模最大的调水工程；三峡水利枢纽科技创新成果有 1000 余项，其中 100 余项为世界之最，水电总装机容量（2250 万 kW）世界第一；金沙江白鹤滩水电站取得 6 项世界第一，其中单机容量（1000 万 kW）世界第一；黄河小浪底水利枢纽，是世界上控制泥沙最多、最为复杂的工程。这些具有世界影响力的大型水利水电工程，在国民经济和社会发展中发挥了巨大的作用。

1-6　水文化｜司马迁与"水利"词源㉑

1-7　大运河：宝贵的遗产　流动的文化㉒

我国水资源开发利用至今已有 5000 多年的历史，对水利的认识和定位也在逐步深化和提高。新中国成立初期定位为"水利是农业的命脉"；20 世纪 90 年代定位为"水利是国民经济的基础产业"，当今定位为"水利是现代农业建设不可或缺的首要条件，是经济社会发展不可替代的基础支撑，是生态环境改善不可分割的保障系统，具有很强的公益性、基础性、战略性"。实践证明，水利被赋予当今的定位，是当之无愧的。以下从供水保障、防洪减灾、灌溉高产、水电发展、生态改善几方面，简介我国水利建设的伟大成就。

---

* 张子贤撰稿，未经许可，本文不得全文转载。

一、城乡供水能力和供水质量不断提高

我国水资源具有年际和年内变化大、水旱灾害频繁、地区分布十分不均匀的自然特性，以及人均水资源量约为世界人均量的 1/4 的社会特性，这无疑增加了水资源开发利用的难度。我国高度重视并大力发展城乡供水，城乡供水能力不断提高，为满足经济和生活用水量的大幅度增长，以及为居民生活和城乡发展提供了基础性保障。1949—2022 年，我国人口从 5.4 亿人增至 14.12 亿人；全国用水总量由 1031 亿 m³ 增至 5998.2 亿 m³，其中，生活用水由 6 亿 m³ 增至 905.7 亿 m³，工业用水由 24 亿 m³ 增至 968.4 亿 m³；2022 年我国国内生产总值（GDP）达到 1210207 亿元。这一切，均与我国的供水安全保障密切相关。

我国在水资源优化配置方面取得了令世人瞩目的成就，如陆续修建了引黄入津、引黄济青、引大入秦、引黄入晋、南水北调东中线工程等跨流域调水工程。截至 2023 年 2 月 5 日，南水北调东中线一期工程自通水以来已累计调水超过 600 亿 m³，工程运行安全平稳，设备设施正常，水质稳定达标。沿线河南、河北、北京、天津、安徽、江苏、山东七省（直辖市）受水区 42 座大中城市及 280 多个县市超 1.5 亿人口直接受益。新的优质水源已成为很多城乡供水新的生命线，广大北方地区、黄淮海平原的供水格局、水资源配置得到优化，促进了沿线地区的经济社会发展，同时，为华北地区地下水超采治理和沿线生态环境改善做出了重要贡献。

我国实施城乡饮水安全工程。采取安排专项资金、世界银行贷款，以及动员社会力量等途径，兴建"母亲水窖"、农村饮水安全水厂等，着力解决人民群众的饮水安全问题。农村饮水工程建设，仅 2022 年就完工 18169 处，2023 年开工 2.3 万处。截至 2023 年年底农村自来水普及率和规模化供水工程覆盖农村人口比例分别达到 90% 和 60%。

二、全国性的防洪减灾工程体系已经建设

新中国成立以前，我国只有 22 座大中型水库和一些塘坝、小型水库，江河堤防只有 4.2 万 km，几乎所有的江河都缺乏控制性工程。新中国成立以来，党和政府十分重视水利建设。目前已建成了由堤防、水库、蓄滞洪区、河道整治等工程为主体的挡、蓄滞、泄排、疏导等相结合的全国性防洪减灾工程体系。据水利部统计数据，截至 2022 年年底，全国已建成 5 级及以上江河堤防 33.2 万 km，江河堤防保护人口 6.43 亿人，保护耕地 4200 万 hm²；全国已建成各类水库 95296 座，水库总库容 9887 亿 m³；已建成流量 5m³/s 及以上的水闸 96384 座。这些防洪工程体系显著提高了江河的防洪能力。例如，长江三峡工程，使长江荆江段防洪标准由原来的 10 年一遇提高到 100 年一遇，当 2010 年发生了 1987 年以来的最大洪峰时，没有出现 1998 年千军万马上堤抢险的情况，如果没有三峡工程，这是不可能的。又如，黄河小浪底工程，使黄河下游防洪标准从原来的 60 年一遇提高到 1000 年一遇，并且显著扭转了黄河下游的泥沙淤积状况。再如，2003 年建成的淮河入海水道一期工程，使洪泽湖的防洪标准由 50 年一遇提高到 100 年一遇，建成当年该入海水道行洪 33 天，降低洪泽湖最高水位 0.4m，避免了 33 万人的大转移，直接减灾效益 27.68 亿元，收回该工程总投资的 2/3。

三、农田灌溉取得了巨大的成就

灌溉是农业发展的命脉、国家粮食安全的基石。新中国成立之初，灌溉设施严重不足，全国灌溉面积只有 1600 万 hm^2，即 2.4 亿亩❶。据水利部统计，截至 2022 年年底，全国已建成设计灌溉面积 2000 亩及以上的灌区共 21619 处；已建成各类装机流量 $1m^3/s$ 或装机功率 50kW 及以上的泵站 94030 处；全国灌溉面积（包括耕地灌溉面积和林牧等用水面积）7903.6 万 hm^2，其中：耕地灌溉面积 7035.9 万 hm^2，占全国耕地面积的 55.1%。截至 2023 年 12 月全国节水灌溉面积达 3940 万 hm^2。2018 年以来，每年发展高效节水灌溉 133.33 万 hm^2 以上，截至 2022 年年底高效节水灌溉面积 2668 万 hm^2。灌溉用水效率显著提

> 查一查：
> 耕地灌溉面积、高标准农田的含义。

高，2022 年年底灌溉水利用系数达 0.572。截至 2022 年年底，全国已累计建成 10 亿亩高标准农田。已建成的灌排设施为农业的高产稳产奠定了坚实的基础，彻底改变了新中国成立初期"天雨农业"的局面，全国粮食平均单位面积产量从新中国成立初期约 50kg/亩，到 2023 年达 390kg/亩，实现了飞速发展。据国家统计局统计，2015—2023 年我国粮食产量持续保持在 1.3 万亿斤以上，使 14 亿多人解决了温饱问题。我们"用占世界 7% 的耕地，养活了占世界 22% 的人口"（注：上述两个百分比随时间可能变化），并且是在我国亩均水资源量约为世界亩均水量的 2/3 的情况下实现的，这是全世界瞩目的巨大成就，其中灌溉工程功不可没，灌溉在农业生产中发挥了巨大作用、所带来的增产效益是巨大的。可以说，没有灌溉，就没有我国的粮食安全。

四、水电工程在经济发展和能源低碳转型中做出了突出贡献

据最新统计数据，我国水能资源的理论蕴藏量为 6.89 亿 kW（按多年平均流量估算），技术可开发量为 4.93 亿 kW，蕴藏量和可开发量均居世界首位。1949 年，我国的水电装机容量仅为 16.3 万 kW，年发电量仅 7 亿 kW·h。新中国成立后，国家高度重视水能资源的开发利用，结合江河治理兴建了一大批水电站，同时大力发展农村水电。截至 2022 年年底，我国水电装机容量达 4.135 亿 kW，连续 18 年稳居全球首位，2022 年水电发电量 13522 亿 kW·h，仍是我国第二大发电类型。我国水电设计、施工和设备制造技术均已达到国际先进水平，已成为世界水电行业的领跑者。

水电作为可再生的清洁能源，目前在我国清洁能源中占比最高。水电在国民经济建设、减少温室气体排放，以及在实现碳达峰与碳中和（详见课程思政四）目标中，具有重要的地位。例如，三峡电站机组并网运行，其发电量为华中、华东、华南等地区的经济发展提供了强有力的支撑，有力推动了长江沿线经济发展。三峡电站 2021 年发电量达 1036.49 亿 kW·h，仅次于 2020 年创造的单座水电站年发电量的世界纪录，成为中国水电引领世界的重要标志。截至 2022 年年底，三峡电站发出的优质清洁电力能源相当于节约标准煤 4.85 亿 t，减少二氧化碳排放 12.65 亿 t，节能减排效益显著。

新中国成立前，我国水轮发电机组主要从国外进口，自制的发电机单机容量不超过 200kW。新中国成立后，从 1951 年哈电集团电机公司自制的 800kW 水轮发电机组起步，

---

❶　"亩"为非法定计量单位，考虑我国目前实际情况，此处仍沿用，它与法定单位公顷的关系为 $1hm^2=15$ 亩。

逐步发展到目前我国自主设计制造世界第一的单机容量 100 万 kW 的水轮发电机组，并已于 2021 年 6 月 28 日在金沙江白鹤滩水电站投入运营发电，实现了水电装备自主设计制造的大跨越、实现了高端装备自主设计制造的重大突破，这是中国水电引领世界的又一重要标志。该水电站共有 16 台 100 万 kW 的水轮发电机组，截至 2022 年 11 月 5 日，第 15 台机组已投入商业运行，到 2022 年年底全部机组将投产发电。该工程水电机组不仅单台发电能力 2400（万 kW·h）/d，居世界第一，还实现了研发、制造、安装全部自主创新，是党的二十大报告中关于的"加快实施创新驱动发展战略""增强自主创新能力"的标志性创新成果之一。

白鹤滩水电站将与金沙江上的乌东德、溪洛渡、向家坝梯级电站，以及三峡、葛洲坝水电站共同构成世界上最大的清洁能源走廊，是西电东送工程的重要组成部分，将为实现党的二十大报告中提出的"积极稳妥推进碳达峰碳中和"、促进经济社会发展做出更大贡献。

我国大力发展农村水电，截至 2021 年年底，全国已建成农村水电站 42785 座，装机容量 8290.3 万 kW，占全国水电装机容量的 21.2%；年发电量 2241.1 亿 kW·h，占全国水电发电量的 16.7%。累计解决了 3 亿多农村无电人口的用电问题，不仅解决了农民生活燃料和农村能源不足，加快了农村人口脱贫致富的步伐，而且改善了教育卫生条件，改善了人居环境与生态环境，促进了山区精神文明建设和社会进步。

五、水土流失治理取得显著成效

水土流失是一个长期受到社会多方面关注的全球性环境问题。几十年来，我国水土流失综合治理取得了重要进展，研究并实施了以工程措施、耕作措施和植物措施为主体的水土流失综合治理措施。截至 2022 年年底，我国累计水土流失综合治理面积达 156 万 km²，累计封禁治理保有面积达 30.6 万 km²。仅 2020 年水土流失综合治理竣工小流域达 1155 个。全国森林覆盖率由新中国成立初期的 8.6% 提高到 2021 年年底的 24.02%。从 2018 年开始，我国水土流失动态监测工作已实施全国覆盖，并于近几年持续开展覆盖全国的水土流失动态监测。2022 年全国水土流失动态监测结果显示，全国水土流失面积为 265.34 万 km²，较 2021 年减少 2.08 万 km²，与 20 世纪 80 年代监测的我国水土流失面积最高值相比，减少了近 100 万 km²。这些治理成果，取得了巨大社会、经济和生态环境效益，用实践与实效诠释了"改善生态环境就是发展生产力"的生态文明发展之道。例如，福建省龙岩市长

1-8 我国有关区域水土流失防治掠影❷

汀县，1985 年"山光、水浊、田瘦、人穷"是当时水土流失区生态恶化、生活贫困的真实写照。在习主席亲自关心下，经过长汀人坚持不懈的治理，如今已变得林木葱郁，水土流失面积从 1985 年的 146.2 万亩减少到 2020 年的 31.52 万亩，如今的长汀县生态美百姓富相得益彰，是我国水土流失治理取得显著成效的一个缩影；是党的二十大报告中"我们坚持绿水青山就是金山银山的理念，坚持山水林田湖草沙一体化保护和系统治理"的实践中，取得显著成就的典型事例。

另外，对于生产建设项目，依据《中华人民共和国水土保持法》，必须与主体工程同时设计、同时施工、同时投入使用。我国全面加强生产建设项目人为水土流失监管。对生

产建设项目通过一系列水土流失防治的指标，来考察建设项目区原有水土流失和新增水土流失是否得到有效治理。

六、结束语

我国水利建设已取得了伟大成就，但是应该指出，由于水资源年际年内变化剧烈这一自然特性决定了水旱灾害将是长期威胁我国经济稳定发展的主要自然灾害，兴修水利、治理江河，抗干旱、防洪涝将始终是我国人民的一项长期而艰巨的任务，任重道远。此外，党的二十大报告中指出："生态环境保护任务依然艰巨"，为使我们的"祖国天更蓝、山更绿、水更清"，以及要落实党的二十大报告提出的"全面推进乡村振兴""逐步把永久基本农田全部建成高标准农田"，因此，水利建设与管理肩负重任。总结过去，我国的水利事业围绕安全化、高效化、生态化取得了伟大成就。展望未来，在实现党的二十大报告提出的"高举中国特色社会主义伟大旗帜 为全面建设社会主义现代化国家而团结奋斗"的新征程中，我们要将大国水利建成强国水利，要建设智能化、智慧化水利，加快建设"系统完备、安全可靠，集约高效、绿色智能，循环通畅、调控有序"的国家水网，增强我国水资源统筹调配能力、供水保障能力、战略储备能力；加快推进数字孪生水利建设，推动人工智能技术和水利行业的深度融合。在新的征程上将不断谱写水利事业的新篇章。

在同学们为水利建设的伟大成就感到自豪、为作为水利类专业的学生将来要从事造福人类的水利事业而激情满怀、为水利事业的未来发展愿景感到催人奋进的同时，是否感到生逢盛世，肩负重任？党和人民对同学们寄托着殷切的期望，"青年强，则国家强"。希望同学们不但要刻苦学习，勤奋学习，传承以往的专业技术和智慧、积淀服务社会的本领，而且未来的你们更要在继承中发展，在发展中创新，在创新中跨越，为造福人类的水利事业贡献自己的聪明才智和力量，不负时代，不负韶华，让青春在奋斗中闪光！

注：本文数据来自水利部、国家统计局等部门。

第二章 水利工程经济的基本经济要素

[学习指南] 将建设项目的投入物和产出物货币化后，统称为经济分析中的经济要素。投入物与产出物的价格是确定经济要素的基础，因此本章首先介绍价值与价格，然后介绍投资、固定资产及其折旧费、流动资金、年运行费、总成本费用与税金及利润、水利工程效益[包括经济效益和财务效益（收入）]等水利工程经济的基本经济要素，这些经济要素的概念与有关计算，是学习后续各章的基础。本章概念多，且对初学者来说，比较抽象。从学习方法上，应注意在理解的基础上加强记忆；对有关内容结合各经济要素之间的关系图进行理解和记忆，事半功倍。本章学习目标如下。

（1）能够熟练表述及应用下列术语或基本概念：价值和价格、现行价格、财务价格、影子价格、影子汇率、机会成本；总投资及其构成、固定资产投资及其构成、静态总投资、固定资产原值；固定资产、年折旧费；流动资金、年运行费、年费用；总成本费用、税金、利润；水利工程国民经济效益、财务效益。理解无形资产、递延资产、摊销费的概念。

（2）理解影子价格的确定方法。

（3）理解水利建设项目固定资产投资的构成。

（4）会计算建设期利息、能熟练使用直线折旧法计算年折旧费、会计算摊销费。

（5）能够依据规范，采用分项计算法确定年运行费；会根据总成本费用确定年运行费。

（6）能熟练表述按经济性质分类法，总成本费用的构成；能熟练表述财务收入与总成本费用、税金、利润的关系，并根据其进行有关计算。

（7）理解建设项目利润总额的分配。

第一节 价值与价格

一、价值

商品的价值是凝结在商品中的一般人类劳动，由生产该商品的社会必要劳动时间所决定，是商品交换的共同基础。商品的价值 W 等于生产过程中被消耗的生产资料的价值 C、必要劳动价值 V 和剩余劳动价值 M 三者之和，可用式（2-1）表示。

$$W = C + V + M \tag{2-1}$$

式（2-1）中消耗的生产资料价值 C，即是转移到产品中的物化劳动的价值，包括固定资产的消耗和原材料、燃料等的消耗，而后者是生产运行费中的一部分；必要劳动价值 V 是指劳动者及其家属为补偿劳动力消耗所必需的生活资料费用，即是支付给劳动者的工资，是生产运行费中的另一部分；剩余劳动价值 M，也就是企业上缴国家的利润和税金，以及企业留存利润中用于扩大再生产的那部分资金。

C 和 V 两者之和就是产品的成本 F；而 V 和 M 两者之和，就是新创造的产品价值，也就是国民收入或净产值 N。

国民生产总值（Gross National Product，GNP），即一国公民一年内生产的最终产品（物品与劳务）的市场价值的总和。按照世界上一些国家的计算方法，它由三个部分构成：①国民收入 N，即工业、农业、建筑业、交通运输业和商业等物质生产部门的净产值；②纯收入 P，即银行、保险、旅游等非物质生产部门的纯收入；③固定资产折旧费 Q。它们之间有以下关系，即

$$GNP = N + P + Q \tag{2-2}$$

国民生产总值 GNP 强调的是民族工业，1993 年以前各国计算国民生产总值。随着全球经济一体化，联合国统计司 1993 年要求统计国内生产总值（Gross Domestic Product，GDP），即一国一年内生产的最终产品（物品与劳务）的市场价值的总和。GDP 强调的是境内工业，即本国领土范围之内的工业，以其多少来衡量一个国家现代化的程度和经济发展水平。

二、价格

价格是商品价值的货币表现形式，是商品与货币的交换比率。商品的价值就是商品的理论价格。但商品的市场价格受供求关系影响，将围绕商品的价值自发地上下波动。当供大于求时，价格低于价值；反之则高于价值，这就是市场经济的价值规律。另外，国家宏观政策也会对价格产生影响，例如，油价，国家要进行宏观调控；粮食价格，除市场价格外，我国实行最低保护价。因此，现实中存在不同的价格体系，在经济评价工作中需针对具体情况采用相应的商品价格，主要有现行价格、不变价格、财务价格、影子价格，分述如下。

（一）现行价格

现行价格是指现实经济生活中正在执行着的各种类型的计划价格和市场价格。计划价格是国家在某一时期制定的某种商品的价格，如成品油价格、粮食最低收购价等。市场价格是由市场供求情况所决定的价格。现行价格包含了通货膨胀或通货紧缩的影响。

（二）不变价格

不变价格又称固定价格或可比价格，是指由国家规定的为计算各时期产品价值指标所统一采用的某一时期的平均价格。在计划和统计工作中，采用不变价格，可消除各时期价格变动的影响，使不同时期的计划和统计指标具有可比性。国家统计主管部门通常规定，以某年或某季度的平均价格作为某个时期内不变的统一价格，以此计算该时期各年的工农业产值、国内生产总值（GDP）等指标。新中国成立后，国家统计局曾先后多次制定了全国统一的产品不变价格。例如，1981—1990 年统一采用 1980 年的工业品的出厂价格；1991—2000 年统一采用 1990 年的工业品的出厂价格；从 2001 年开始采用 2000 年的工业品的出厂价格。

进行水利建设项目经济评价时，应选择某一年份的价格作为计算投资、年运行费和效

益的可比价格，但所选的价格水平年不一定与国家规定的不变价格年份相一致。价格水平年的选择，对于新建的工程项目，一般取经济评价工作开始进行的那个年份，也可以选择预计建设开始的那个年份。对于已建的工程项目进行后评价时，可根据不同情况选择不同的价格水平年。

（三）财务价格

财务价格是指水利建设项目在进行财务评价时所使用的以现行价格体系为基础的预测价格。在现行多种价格形式并存的情况下，财务价格应是预计最有可能发生的价格。影响财务价格变动的因素主要有相对价格变动因素和绝对价格变动因素两类。

《水利建设项目经济评价规范》（SL 72—2013）规定，在进行项目偿债能力分析和财务盈利能力分析时，对财务价格中的价格变动因素一般做不同处理。

引入时价和实价的概念。时价是指包括通货膨胀或通货紧缩影响在内的任何时候的当时价格。它不仅体现绝对价格的变化，也反映相对价格的变化。假设在 2000 年年初某商品的时价为 100 元，当时物价年上涨率为 5%，则 2001 年年初的时价应为 105 元。对已发生的费用和效益，如按当年价格计算的，均称为时价。从时价中扣除通货膨胀因素影响后，便可求得实价，实价如以某一基准年价格水平表示的，可以体现相对价格的变化。

进行项目偿债能力分析时，计算期内各年采用的预测价格为时价，即是在基准年（建设期第 1 年年初）物价总水平基础上，既考虑相对价格的变化，又考虑物价总水平上涨因素的价格，物价总水平上涨因素一般只考虑到计算期末。如受条件限制，财务评价中未考虑物价总水平上涨因素时，就要考虑这一因素的变动对项目偿债能力产生的影响，进行敏感性分析。

进行盈利能力分析时，计算期内各年采用的预测价格为实价，即是在基准年（建设期第 1 年年初）物价总水平的基础上，只考虑相对价格的变化，不考虑物价总水平上涨因素的价格。

（四）影子价格

1. 影子价格的概念

影子价格是指社会处于某种最优状态下，能够反映社会劳动消耗、资源稀缺程度和最终产品需求状况的价格。国民经济评价采用影子价格。采用影子价格是为了清除价格扭曲对投资项目决策的影响、合理度量资源、货物与服务的经济价值而测定的理论价格，是一种能反映商品价值的真实价格。当进行建设项目国民经济评价时，则需测算本项目各类投入物（指建设项目使用的各种材料、设备、人力投入等的总称）的影子价格，其目的在于正确估算建设项目的投入费用，即全社会为项目的各类投入物究竟付出了多少国民经济代价。当估算建设项目的国民经济效益时，则需测算建设项目的产出物（指建设项目所提供的水利产品和服务）的影子价格，以便正确估算这些产出物究竟为全社会提供了多少国民经济效益。

2. 水利建设项目投入产出物的分类与影子汇率

水利建设项目投入产出物分为外贸货物、非外贸货物、特殊投入物。计算外贸货物的影子价格时要用到影子汇率，是指国民经济评价中所采用的能反映国家外汇经济价值的汇率。影子汇率＝外汇牌价×影子汇率换算系数。《建设项目经济评价方法与参数》（第三版），规定影子汇率换算系数为1.08。

3. 影子价格的确定方法

理论上，影子价格是在现有资源约束下，从资源最优配置和生产的角度，采用各种商品运用系统工程中线性规划的方法来确定，但要把一个国家的成千上万种的资源和商品的配置及生产，都建立在一个庞大的线性规划数学模型中进行求解，这是十分困难的。因此，实际工作中采用实用测算方法。

（1）外贸货物。外贸货物是指其生产、使用将直接或间接影响国家进出口的货物。外贸货物的影子价格按式（2-3）、式（2-4）计算：

进口货物的影子价格（到厂价）＝到岸价（CIF）×影子汇率＋进口费用

$$＝到岸价×影子汇率＋国内影子运杂费＋贸易费用$$
$$(2-3)$$

出口货物的影子价格（出厂价）＝离岸价（FOB）×影子汇率－出口费用

$$＝离岸价×影子汇率－国内影子运杂费－贸易费用$$
$$(2-4)$$

式（2-3）中，到岸价（Cost，Insurance and Freight，CIF），是指进口货物运抵我国进口口岸交货的价格，包括货物进口货价、运抵我国口岸之前所发生的境外的运费和保险费；式（2-4）中，离岸价（Free On Board，FOB），是指出口货物运抵我国出口口岸交货的价格。

【例2-1】 某灌区主要产出物为冬小麦，按外贸进口货物考虑。小麦到岸价为0.285美元/kg，外汇牌价按1美元＝6.46元人民币计算。国内影子运杂费近似按国内运杂费计，且采用铁路运输。根据运距以及《铁路货物运价规则》测算，国内运杂费为0.0751元/kg。货物的贸易费用率按规定为6%。试测算小麦的影子价格。

解 在国民经济评价中，小麦一般按外贸进口货物测算其影子价格。

进口货物的贸易费用＝到岸价×影子汇率×贸易费用率。故由式（2-3）可得

小麦的影子价格＝到岸价×影子汇率×（1＋贸易费用率）＋国内影子运杂费

$$＝(0.285×6.46×1.08)×(1＋6\%)＋0.0751＝2.18(元/kg)$$

（2）非外贸货物。非外贸货物是指其生产、使用不影响国家进出口的货物。对于竞争性市场，非外贸货物的影子价格，应采用市场价格作为计算投入物或产出物的影子价格的依据，即

非外贸投入物影子价格＝市场价格＋国内运杂费   (2-5)

非外贸产出物影子价格＝市场价格－国内运杂费   (2-6)

当建设项目投入物或产出物规模很大时，应采用"有项目"和"无项目"两者市场价格的平均值作为测算非外贸货物的影子价格的依据。

对项目产出物不具备市场价格的，应遵循消费者支付意愿或接受补偿意愿的原则，测算其影子价格。消费者支付意愿价格，是指消费者愿意为商品或服务支付的价格；消费者接受补偿意愿价格，是指消费者愿意提供商品而得到相应补偿的价格。

电力产品的影子价格，一般采用成本分解法或根据供电范围内用户愿意支付的电价分

析确定。

2－1　影子
价格的概念
及其确定
（一）▶

2－2　影子
价格的确定
（二）▶

（3）特殊投入物。特殊投入物是指建设项目使用的劳动力、土地等。在学习特殊投入物的影子价格确定之前，先介绍机会成本的概念，它是工程经济中常用且重要的概念。

机会成本是指有限资源用作某种用途后不能再用于其他用途因而失去的潜在利益或需付出的代价（或造成的损失）。机会成本也叫"择一成本""机会费用"。例如，某工程单位在甲、乙两个生产方案中优选一个方案。甲方案预计收入为 100 万元，成本为 70 万元，利润为 30 万元；乙方案预计收入为 120 万元，成本为 80 万元，利润为 40 万元。当只能选择其中一个方案并优选乙方案时，甲方案的利润 30 万元，即构成乙方案的机会成本。再如：某水库可以向工业部门供水，也可以向农业部门供水，但总的供水量是有限度的，如果必须增加向工业部门的供水量，则必须减少农业供水量，则相应减少的农业收益，就是增加工业供水量的机会成本；若采用替代措施，如开发地下水资源，则开发地下水资源而额外增加的费用，也可认为是所增加工业供水量的机会成本。

劳动力的影子价格，即影子工资，是指建设项目使用劳动力资源，国家为此所付出的代价。理论上：

$$劳动力的影子工资＝劳动力的机会成本＋新增资源消耗 \quad (2-7)$$

实用计算式为

$$劳动力的影子工资＝财务工资×影子工资换算系数\ K_G \quad (2-8)$$

其中，财务工资为建设项目概（估）算中的工资及工资附加费；依据《水利建设项目经济评价规范》（SL 72—2013），一般水利建设项目影子工资换算系数可采用 1.0，非技术劳动的影子工资换算系数可采用 0.5。某些特殊项目，根据当地劳动力的充裕程度及所用劳动力的技术熟练程度，可适当提高或降低影子工资换算系数。

土地的影子价格，是指建设项目使用土地资源，国家为此所付出的代价。在建设项目国民经济评价中以土地的影子价格计算土地费用，也称为土地影子费用。

建设项目占用的土地分为生产性用地和非生产性用地。生产性用地，指农业、林业、牧业、渔业及其他生产用地。非生产性用地，指住宅、休闲用地等。

对于建设项目所占用的生产性用地其影子价格，按照其未来对社会可提供的消费产品的支付意愿或按因改变土地用途而发生的机会成本和新增资源消耗进行计算，对于后者，即按式（2-9）计算：

$$土地的影子价格＝土地的机会成本＋新增资源消耗 \quad (2-9)$$

土地的机会成本，是指项目占用土地而使国民经济放弃该土地最可行用途的净效益。该净效益按现值计算，即可根据项目占用土地的种类，选择包括现行用途在内的 2～3 种可行用途，以其最大年净效益为基础，适当考虑年净效益的平均增长率，按式（2-10）或式（2-11）计算该土地在整个占用期间的净效益现值，即为该土地的机会成本。

$$OC＝nNB_0(1+j)^r \quad (i_s＝j) \quad (2-10)$$

$$OC = NB_0(1+j)^{\tau+1}\frac{(1+i_s)^n-(1+j)^n}{(i_s-j)(1+i_s)^n} \quad (i_s \neq j) \quad\quad (2-11)$$

式中　　OC——土地机会成本，元/亩或元/hm^2；

　　　　n——项目占用土地的年数，年，宜为项目计算期的年数；

　　　NB_0——基年（年末）土地最可行用途的单位面积年净效益，元/亩或元/hm^2，基年指该土地最可行用途的单位面积年净效益相应的年份；

　　　　τ——基年（年末）距项目开工年份（建设期第 1 年年初）的年数，年；

　　　　j——土地最可行用途的年净效益平均增长率；

　　　　i_s——社会折现率，其含义详见第四章。

此处涉及的现值、社会折现率的概念，分别在第三章、第四章有详细介绍；对于式（2-10）、式（2-11），读者可在学习第三章的等比级数增长系列折算公式之后，加深理解。

另需指出，此处式（2-11）相应于《水利建设项目经济评价规范》（SL 72—2013）中的式（A.0.3-2），式（A.0.3-2）中的 $NB_0(1+g)^{\tau+t}$ 应为 $NB_0(1+g)^{\tau+1}$，该式中 g 为土地最可行用途的年净效益平均增长率。

若建设项目所占用的土地是没有什么用途的荒山野岭，其机会成本可视为 0。

新增资源消耗是指建设项目占地所造成的附属财产的损失及其他资源的消耗费用。

对于建设项目所占用的非生产性用地，市场完善的，应根据市场交易价格估算其影子价格；无市场交易价格或市场机制不完善的，应根据支付意愿价格估计其影子价格。

需要指出，水利建设项目若在建设占地和水库淹没土地补偿的概（估）算基础上，确定土地的影子费用，则需按土地的机会成本调整土地补偿费，苗青补偿费；按影子费用调整拆迁补偿费、农民安置费等新增资源消耗，并剔除不属于国民经济评价的转移支付。

第二节　水利建设项目投资及固定资产年折旧费

一、总投资与固定资产投资的构成

建设项目的总投资是指建设项目自前期工作开始至建成投产达到设计规模时所投入的全部资金。

固定资产投资是指建设项目自前期工作开始至工程建成投产达到设计规模时所需投入的全部基本建设资金。

依据《水利建设项目经济评价规范》（SL 72—2013），建设项目的总投资包括固定资产投资、建设期利息，其构成如图 2-1 所示。

另需指出，国家发展改革委与建设部发布的《建设项目经济评价方法与参数》（第三版）中指出，建设项目总投资包括固定资产投资、建设期利息、流动资金。

（一）工程投资

对于固定资产投资中工程投资所包括的各项投资分述如下。

（1）建筑工程投资，包括水工建筑物和土建工程投资。如水库工程的大坝、溢洪道；

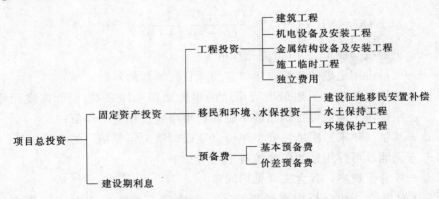

图 2-1   水利建设项目总投资构成图

水电站的厂房；灌溉工程的渠道、渠系建筑物；治涝工程的排水沟渠、管道；防洪工程的堤防、涵闸；航运工程的船闸、码头等的建设费用等。

（2）机电设备及安装工程投资，包括水轮发电机、水轮机、水泵等机电设备购置费、运杂费和安装费。

（3）金属结构设备及安装工程投资，包括金属结构设备，如闸门及启闭设备、金属结构设备安装、压力钢管制作及安装等金属结构的购置费、制作费、运杂费和安装费等。

（4）施工临时工程投资，包括为施工服务的临时工程投资（如施工导流工程、施工场外交通工程、施工临时房屋建筑工程、施工场外供电及通信线路工程）和其他临时工程投资等。

（5）独立费用，包括：①建设管理费（包括工资、办公费、差旅费、固定资产使用费、工具使用费、劳动保护费、检验试验费、警卫消防费等）；②工程建设监理费；③联合试运转费；④生产准备费［包括生产与管理单位提前进厂（场）费、生产职工培训费、管理用具与备品备件及工器具购置费等］；⑤科研勘测设计费（包括科研、试验、工程勘测与设计费等）；⑥其他费，如工程质量检测费、工程咨询审查费、工程审计费等。

（二）移民和环境、水保投资

对于固定资产投资中移民和环境与水保投资包括的各项投资分述如下。

（1）建设征地移民安置补偿，包括农村部分补偿费、城（集）镇部分补偿费、工业企业补偿费、专业项目补偿费、防护工程费、库底清理费、其他（独立）费用等。

（2）水土保持工程投资，包括开发建设项目水土保持工程措施投资、植物措施投资、施工临时工程投资、独立费用（建设单位管理费、工程建设监理费、科研勘测设计费、水土流失监测费）等。

（3）环境保护工程投资，包括环境保护措施、环境监测措施、环境保护仪器设备及安装、环境保护临时措施等投资（费用），以及独立费用等。

（三）预备费

固定资产投资的预备费，包括基本预备费和价差预备费。基本预备费指为解决在工程施工过程中，设计变更和有关技术标准调整而增加的投资及工程遭受一般自然灾害所造成的损失和预防自然灾害所采取的措施费用。对图 2-1 中工程投资与移民和水保、环境投资的概（估）算编制时，可分别计算其相应的基本预备费，且基本预备费率应一致，也可按工程投资与移民和水保、环境投资之和乘以基本预备费率计算，并按有关规定确定基本预备费率。价差预备费指为解决在工程项目建设过程中，因人工工资、材料和设备价格上涨以及费用标准调整而增加的投资，应根据建设期中逐年投资和预测的物价上涨指数计算。物价上涨指数采用有关部门适时发布的年物价指数。

项目总投资中扣除价差预备费和建设期利息，称为静态总投资。相对于静态总投资，项目的总投资也有人称为动态投资。

水利建设项目的固定资产投资中，工程投资与移民和水保、环境投资是根据不同设计阶段，依据相应的概（估）算编制规范或编制规定进行计算的。在初步设计阶段，根据初步设计文件和概算定额编制项目总概算。在技术设计阶段，根据实际变化情况编制修正总概算。在施工图设计阶段，根据工程量、现行定额和单位价格等资料编制施工总预算。在工程建设完工后，则编制工程决算，以确定工程的实际投资。在项目建议书或可行性研究阶段的投资估算可适当简化。小型水利工程在投资决策前期可采用扩大指标法，参考类似工程估算固定资产投资，并需根据历史资料的价格与现行价格的差异，进行调整，以消除价格变动的影响。

二、建设期利息

项目的建设期是指项目开工第一年至项目完成建设投资、开始投产的这段时间。建设期一般按照项目的设计工期或建设进度计划合理确定。建设期利息是指在筹措债务资金时在建设期内发生并按规定允许在投产后计入固定资产原值的利息，即资本化利息。债务资金包括贷（借）款（例如向国内和国外银行贷款、政府贷款等）、债券、融资租赁等方式筹集的资金。需要说明，本书中对于"借款""贷款"不严格区分。

计算建设期利息时，在规划设计阶段对于国内银行的贷款，为简化计算，假定借款当年在年中支用，按半年计息，其后年份按全年计息；还款当年在年末偿还，按全年计息。每年应计利息计算式为

$$\text{建设期每年应计利息} = \left(\text{年初借款本息累计} + \frac{\text{本年借款额}}{2}\right) \times \text{年利率} \qquad (2-12)$$

对于国外银行借款的建设期利息按借款协议规定计算。

【例 2-2】　某县城自来水供水建设项目，建设期 3 年，固定资产投资 3000 万元，其中一部分需向国内银行贷款。第 1 年贷款 300 万元，第 2 年贷款 600 万元，第 3 年贷款 400 万元。年利率为 6%，试计算建设期利息、项目总投资。

解　根据式（2-12），计算建设期各年利息如下：

第 1 年应计利息 = 300/2 × 6% = 9（万元）

第 2 年应计利息 =（300 + 9 + 600/2）× 6% = 36.54（万元）

第 3 年应计利息 =（300 + 9 + 600 + 36.54 + 400/2）× 6% = 68.73（万元）

将上述各年应计利息合计，则得建设期利息为 114.27 万元。

项目总投资 = 固定资产投资 + 建设期利息 = 3000 + 114.27 = 3114.27（万元）。

2-3　水利建设项目的总投资▶

三、固定资产净投资

固定资产净投资又称为固定资产造价，是构成工程固定资产的价值，数值上等于固定资产投资扣除净回收余额、应核销投资和转移投资后的剩余部分。

（1）净回收余额。净回收余额是指施工期末可回收的残值扣除清理处置费后的余值。水利工程可回收的残值分为两部分：一是临时工程残值；二是施工机械和设备的残值。

（2）应核销投资。如职工培训费、施工单位转移费、子弟学校经费、劳保支出、停缓建工程的维修费等。

（3）转移投资。水利工程完建后移交给其他部门或地方使用的工程设施的投资。如铁路专用线、永久性桥梁、码头及专用的电缆、电线等投资。

固定资产造价与固定资产投资的比值称为固定资产形成率。水利水电工程的固定资产形成率一般约为 0.90。

四、固定资产原值与净值及重置价值

按资金保全原则，建设项目的总投资可分别形成固定资产原值、无形资产原值和递延资产原值（后两项见本章第三节）。

（1）固定资产原值。固定资产原值是指项目投产时（达到预定使用状态），按规定由总投资形成固定资产的部分，也称为固定资产原始价值。

对于水利建设项目，由于无形资产和递延资产较少而不单列，因此固定资产原值是指固定资产净投资与建设期利息之和。当固定资产净投资与固定资产投资相差较小时：

$$固定资产原值 \approx 固定资产投资 + 建设期利息 \tag{2-13}$$

（2）固定资产净值。固定资产净值是指固定资产原值减去历年已提取折旧累计值后的余额，也称为固定资产的账面价值。

（3）固定资产的重置价值。"重置价值"是"固定资产完全重置价值"的简称，指估计在某一日期重新建造或购置或安装同样的全新固定资产所需的全部支出。固定资产重置价值需要通过价值评估确定。在评估时应同时考虑由于通货膨胀、价格上涨使固定资产的账面价值提高；也应考虑由于技术进步、劳动生产率提高有可能使一部分固定资产价值降低。

五、更新改造投资

在水利建设项目运行期中，为了维持固定资产的原有功能，保证正常安全运行，有些设备经过规定的运行年限后必须进行更换，同时随着科学技术的不断进步，也需要更新陈旧落后的设备，这些在项目运行期间为维持项目正常运行所需要投入的更新和技术改造的固定投资，称为更新改造投资。水利建设项目的更新改造投资主要用于机电、金属结构等设备的有效使用寿命到期更换。更新改造投资尽管发生在运行期间，但该投资投入后延长了固定资产的使用寿命，故该投资要计入固定资产原值。

六、固定资产及其年折旧费

（一）固定资产及其年折旧费的概念

固定资产是指使用期限超过一年，单位价值在规定标准以上，并在使用过程中保持原

有物质形态的物质资料与生产资料。例如，在生产过程中使用期限超过一年的机器设备、厂房及水利工程中的各种水工建筑物等，均为固定资产。有些生产资料虽然能多次使用但不保持原有物质形态，称为低值易耗品。固定资产的规定价值因行业不同而不同，根据有关财务规定确定。对于非企业单位，如机关或事业单位的房屋、建筑物和各种设备，单位价值在规定价值以上，能长期使用并不改变原有实物形态，均为固定资产。

固定资产在使用过程中，由于磨损而使其价值逐渐减少的现象，称为折旧。磨损包括有形磨损和无形磨损。有形磨损是指机械磨损、腐蚀变形、性能衰退等；无形磨损是指由于技术进步，修建同等工程或购买同种设备的投资减小或生产效率更高，从而使原固定资产贬值。

固定资产年折旧费（过去也称为年基本折旧费），是指固定资产价值在使用过程中转移到工程、产品成本里，折算成每年所需支出的费用。一方面，在生产过程中，固定资产的价值逐年递减，以折旧的形式逐渐地转移到产品（水利水电工程包括产品和提供的服务）的成本中，因此年折旧费计入项目的总成本费用（详见本章第五节）。另一方面，为了保证再生产的顺利进行或者说保证固定资产价值变化的连续性，必须把固定资产转移到产品中去的那部分价值从销售产品的收入中取得补偿，并以折旧基金形式逐年积累，直到固定资产达到经济寿命，此时所积累的全部折旧基金可用来更新固定资产，进行再生产。因此，固定资产年折旧费也可以理解为每年从产品销售收入中所提取的用于补偿固定资产价值磨损的那部分资金。

（二）固定资产年折旧费的计算方法

固定资产年折旧费的计算方法分为两类，一类是平均折旧法，另一类是加速折旧法。

1. 平均折旧法

平均折旧法具体又分为平均年限法和工作量法。

（1）平均年限法。平均年限法是按固定资产使用年限平均计算折旧的方法，也称为直线法，其计算公式为

$$年折旧费 = \frac{固定资产原值 - 预计净残值}{固定资产预计使用年限（即折旧年限）} \qquad (2-14)$$

净残值是指固定资产至使用期末可以回收的价值扣除清理费用后的余额。净残值与固定资产原值之比称为净残值率。净残值率一般为 $3\% \sim 5\%$；低于 3% 或高于 5% 的，由企业自行确定，并报主管财政机关备案。

年折旧费与固定资产原值之比，称为年折旧率。实际工作中常用年折旧率计算年折旧费，即由式（2-15）计算年折旧率，并由式（2-16）计算年折旧费。

$$年折旧率 = \frac{1 - 预计净残值率}{折旧年限} \times 100\% \qquad (2-15)$$

$$年折旧费 = 固定资产原值 \times 年折旧率 \qquad (2-16)$$

水利建设项目固定资产折旧一般采用平均年限法。

水利建设项目堤、坝、闸与溢洪设施的折旧年限，见表 2-1，其他固定资产折旧年限详见《水利建设项目经济评价规范》（SL 72—2013）附录 C。

表 2 - 1　　　　　　　　　　　　堤、坝、闸与溢洪设施的折旧年限

固 定 资 产 分 类	折旧年限/年
一、堤、坝、闸建筑物	
1. 大型混凝土、钢筋混凝土的堤、坝、闸	50
2. 中小型混凝土、钢筋混凝土的堤、坝、闸	50
3. 土、土石混合等当地材料堤、坝	50
4. 混凝土、沥青等防渗的土、土石、堆石、砌石等当地材料堤、坝	50
5. 中小型涵闸	40
6. 木结构、尼龙等半永久闸、坝	10
二、溢洪设施	
1. 大型混凝土、钢筋混凝土溢洪道	50
2. 中小型混凝土、钢筋混凝土溢洪道	40
3. 混凝土、钢筋混凝土护砌溢洪道	30
4. 浆砌块石溢洪设施	20

【例 2 - 3】　一供水井为深井，价值 200000 元，折旧年限为 20 年，不计净残值，试计算年折旧费和年折旧率。

解　根据式（2 - 14），得

$$年折旧费 = \frac{固定资产原值 - 预计净残值}{折旧年限} = \frac{200000}{20} = 10000（元）$$

由式（2 - 15）易知，当不计残值时，年折旧率即为折旧年限的倒数，故

$$年折旧率 = 1/20 \times 100\% = 5\%$$

对于包含各类工程设施和设备的水利工程，可采用分类计算法和一次性法。

分类计算法，按式（2 - 17）计算年折旧费：

$$年折旧费 = \sum_{i=1}^{n}（第\ i\ 类固定资产原值 \times 第\ i\ 类固定资产年折旧率）\qquad (2-17)$$

一次性法，按式（2 - 18）计算年折旧费：

$$年折旧费 = 固定资产原值 \times 年综合折旧率 \qquad (2-18)$$

$$年综合折旧率 = \frac{\sum_{i=1}^{n}（第\ i\ 类固定资产原值 \times 第\ i\ 类固定资产年折旧率）}{\sum_{i=1}^{n}第\ i\ 类固定资产原值} \times 100\%$$

$$(2-19)$$

年综合折旧率也可参照已建类似项目确定。

（2）工作量法。工作量法是按照固定资产所完成的工作量计算年折旧费的方法。该法弥补了平均年限法只重视使用时间，不考虑使用强度的缺点。计算某些生产设备或运输设备的年折旧费常用此法，其计算公式如下。

按行驶里程计算年折旧费的公式为

$$单位里程折旧费 = \frac{固定资产原值 - 预计净残值}{总行驶里程} \qquad (2-20)$$

$$年折旧费 = 单位里程折旧费 \times 年行驶里程 \qquad (2-21)$$

按工作小时计算年折旧费的公式为

$$每工作小时折旧费 = \frac{固定资产原值 - 预计净残值}{总工作小时} \qquad (2-22)$$

$$年折旧费 = 每工作小时折旧费 \times 年工作小时 \qquad (2-23)$$

按台班计算年折旧费的公式为

$$每台班折旧费 = \frac{固定资产原值 - 预计净残值}{工作总台班数} \qquad (2-24)$$

$$年折旧费 = 每台班折旧费 \times 年工作台班数 \qquad (2-25)$$

上述三种方法都表明:在工作量法下,首先需要预定固定资产在其预计使用年限内的工作总量,然后据以确定每单位工作量的折旧费,进而确定年折旧费。可见,工作量法是以固定资产预定工作总量来表示其耐用期限的,应提折旧总额按预定工作量进行平均计提,所以它也是一种平均折旧方法。

【例 2-4】 有一大型施工机械,价值 245000 元,估计耐用总时数为 8000h,第 1~4 年分别使用了 2200h、2500h、2000h、1300h,预计净残值为 5000 元,试计算每使用 1h 的折旧费和每年的年折旧费、每年末固定资产的净值。

解 每使用 1h 的折旧费为

$$\frac{245000 - 5000}{8000} = 30(元)$$

每年的年折旧费、每年末固定资产的净值计算结果,见表 2-2。

表 2-2 折旧计算表(工作量法)

时间/年	年折旧费/元	累计折旧金额/元	净值/元
1	66000 (30×2200＝66000)	66000	245000 179000
2	75000 (30×2500＝75000)	141000	104000
3	60000 (30×2000＝60000)	201000	44000
4	39000 (30×1300＝39000)	240000	5000

工作量法比较适合于那些在不同期间负荷很不均衡的固定资产折旧的计算。同时,由于只考虑了有形磨损而未考虑无形磨损,所以只适用于负荷不均衡且磨损形式主要与负荷有关的以有形磨损为主的一些固定资产,如企业专用车队的客、货运汽车,大型施工机械和设备等。

2. 加速折旧法

加速折旧法又称递减折旧法,是指各期计提的固定资产折旧费,在使用早期提得多,后期则提得少的一种折旧计算方法。该法加快了提取固定资产折旧的速度,使固定资产的价值在有效使用年限中加快得到补偿。加速折旧法主要有固定百分率法、双倍余额递减法和年数总和法。一般在国民经济中具有重要地位、技术进步快的电子生产企业、船舶工业企业、飞机制造企业、化工生产企业、机械制造企业及其他经财政部门批准的特殊行业的企业，其机器、设备可采用加速折旧法计算年折旧费。以下介绍双倍余额递减法，其他方法可参阅有关书籍。

双倍余额递减法：设折旧年限为 n 年，双倍余额递减法在第 $1\sim(n-2)$ 年，每年折旧率为 $2/n\times100\%$，因此，第 $1\sim(n-2)$ 年每年的年折旧费为：每年初固定资产净值×年折旧率；在最后两年每年的年折旧费为：（第 $n-2$ 年末的固定资产净值－预计净残值)/2。该法特点是除最后两年外，其他各年的年折旧率均相同且为 $2/n$，而每年的折旧费不同。

【练习】　某机器设备原始价值 12 万元，预计使用年限 5 年，净残值率 6%。试用双倍余额递减法计算每年的年折旧费。

答案：第 $1\sim5$ 年每年的折旧费分别为 4.8 万元、2.88 万元、1.728 万元、0.936 万元、0.936 万元。

第三节　无形资产与递延资产及其摊销费

一、无形资产及其摊销费

（一）无形资产的概念与特征

现行《企业会计准则第 6 号——无形资产》中指出，无形资产是指企业或单位拥有或者控制的没有实物形态的可辨认非货币资产，包括专利权、非专利技术、商标权、著作权、土地使用权、特许经营权等。

1. 专利权

专利权是指国家专利主管机关依法授予发明创造专利申请人对其发明创造在法定期限内所享有的专有权利，包括发明专利权、实用新型专利权和外观设计专利权。

2. 非专利技术

非专利技术也称为专有技术，是指不为外界所知、在生产经营活动中已采用了的、不享有法律保护的各种技术和经验。非专利技术一般包括工业专有技术、商业贸易专有技术、管理专有技术等。非专利技术可以用蓝图、配方、技术记录、操作方法的说明等具体资料表现出来，也可以通过卖方派出技术人员进行指导，或接受买方人员进行技术实习等手段实现。非专利技术具有经济性、机密性和动态性等特点。

3. 商标权

商标权指用来辨认特定的商品或劳务的标记权。商标通过注册登记后即获得法律上的保护。商标的价值在于它能够使拥有者具有较大的获利能力。

4. 著作权

著作权也称为版权，是指著作者按照法律规定对自己的著作所享有的专有权利。包括发表权、署名权、修改权和保护作品完整权、使用权和获得报酬权等，其中获得报酬权，指以出版、表演、广播、展览、录制唱片、摄制影片等方式使用作品以及因授权他人使用作品而获得经济利益的权利。

5. 土地使用权

土地使用权是指国家准许某企业在一定期间内对国有土地享有开发、利用、经营的权利。根据我国土地管理法的规定，我国土地实行公有制，任何单位和个人不得侵占、买卖或者以其他形式非法转让。企业取得土地使用权的方式大致有行政划拨取得、外购取得、投资者投入取得等。有些单位对水利建设项目支付水库移民费后所获得的土地及其使用权，在经济评价中按无形资产考虑。

6. 特许经营权

特许经营权又称为专营权，是指企业间签订合同，并依据合同限期或无限期使用另外一家企业的商标、商号、技术秘密等的权利。

由无形资产的定义可以看出，无形资产具有如下特征。

（1）不具有实物形态。无形资产表现为某种权利、某项技术或是某种获取超额利润的综合能力。这是无形资产区别于固定资产及其他有形资产的主要标志。

（2）具有可辨认性。无形资产的可辨性表现为，是能够从企业中分离或者划分出来，并能用于出售、转移、授予许可、租赁或者交换的资产。而商誉无法与企业自身分离，不具有可辨认性，因此商誉不属于无形资产。现行《企业会计准则第 6 号——无形资产》把商誉作为不可辨认的特殊资产，从无形资产中分离出来。这与之前的企业会计准则将商誉作为无形资产有所不同。

需要指出，关于商誉，是否作为无形资产，目前有不同的看法。在《建设项目经济评价方法与参数》（第三版）、《水利建设项目经济评价规范》（SL 72—2013）中，将商誉作为无形资产。

（3）无形资产属于持有的非货币性长期资产，能在企业的多个经营周期内发挥作用，为企业创造经济利益，其价值应在受益期间逐渐摊销。

此外，无形资产还具有以下两个特征：持有的主要目的是为企业使用而非出售；在创造经济利益方面具有较大不确定性。

（二）无形资产的计价

企业取得无形资产一般有三种情况：①从外部购入无形资产，如专利权、商标权等；②接受联营单位投资转入的无形资产，如接受投资取得的土地使用权等；③企业内部自创（或自行开发）的无形资产。依照规定，无形资产应按照取得时的实际成本计价。由于取得无形资产的途径和方式不同，所以无形资产的计价也应分别按不同情况进行处理。

（1）企业购入的无形资产。按实际支付的全部款项计价入账。

（2）企业接受投资者作为资本金或者合作条件投入的无形资产。按照评估确认或者合同、协议约定的金额计价。

（3）企业自行开发并按照法律程序认可的无形资产。按照开发过程中实际支付计价。

（4）企业接受捐赠的无形资产。按照所附单据或者参照同类无形资产的市场价格计价。

（三）无形资产的摊销费

当企业取得无形资产时，应分析判断其使用寿命。对使用寿命有限的无形资产，应估计其使用寿命的年限；对无法预见为企业带来经济利益期限的无形资产，则视为使用寿命不确定的无形资产。

无形资产能为企业在较长时期内取得经济效益，其价值将随生产经营活动逐渐减少以至消失，因此，对使用寿命有限的无形资产，应从受益之日起在使用年限内进行合理摊销，并计入总成本费用。一般可采用直线法摊销（其残值可视为0），即：

$$无形资产年摊销费 = \frac{无形资产应摊销金额}{使用年限} \qquad (2-26)$$

《企业会计准则第 6 号——无形资产》中指出，对使用寿命不确定的无形资产不应摊销。

如果确认无形资产预期不能为企业带来经济利益，从而不再符合无形资产的定义，或已超过法律保护期限时，应按该无形资产的账面价值全部转入当期损益，记入相关期间费用（期间费用的概念详见第五节）。

二、递延资产及其摊销费

递延资产，也称为其他资产，是指企业已经支付的费用，但不能全部计入当年损益，应在以后年度内分期摊销的各项费用。例如，企业在筹建期间的开办费（筹建期间人员的工资、培训费、注册登记费等）属于递延资产。开办费从项目开始运行的次月起，按照不少于 5 年的期限平均摊销。递延资产的年摊销费按式（2-27）计算：

$$递延资产年摊销费 = \frac{递延资产价值}{摊销年限} \qquad (2-27)$$

递延资产年摊销费，需计入总成本费用中，通过产品的销售收入得到补偿。

前已述及，总投资中包括了建设该项目所需的全部支出，可分别形成固定资产原值、无形资产原值和递延资产原值。而对于水利建设项目，无形资产和其他资产较少，例如取得的土地所有权虽然可作为无形资产，但目前常将征地移民费用物化体现在固定资产投资中；开办费可作为递延资产，但实际处理中也计入固定资产投资中。因此，水利建设项目可将总投资作为固定资产原值，见式（2-13）。

第四节　流动资金与年运行费及年费用

一、流动资金

（一）流动资金的概念

流动资金是指运行期内长期占用并周转使用的运营资金。流动资金是企业进行生产和经营活动的必要条件，作为一个建设项目建成投入运行时，必须垫付一定的资金用于购置材料、燃料、备品、备件和支付职工工资等开支才能进行正常生产，这些垫付的资金即为流动资金。流动资金投入生产，经过加工，制成产品，通过销售，再收回货币。因此，流动资金的特点是在生产过程中处于不断的运动（周转）之中，一般情况下，其价值一次转移并随着产品销售的实现，被耗用的价值一次得到补偿。流动资金投入生产之后，尽管不断周转，但不能收回，只要项目继续进行生产运行，这部分流动资金就被长期占用下去。简单地说，流动资金周转和循环的过程是：货币资金→生产资金→成品资金→货币资金。

经济评价时，流动资金应从项目运行的第一年开始投入，当运行期逐步达到设计效益时，其数值根据每年的投产规模分析确定，而在经济计算期末一次回收。

此外，生产性建设项目中还常用"铺底流动资金"这一术语，它是指生产性建设项目为保证生产和经营的正常运行，按规定应列入建设项目总投资中的流动资金，一般为流动资金的 30%。

（二）流动资金的估算

流动资金的估算可采用扩大指标法和分项详细估算法。水利建设项目常用扩大指标法，即参照已建同类工程流动资金占年运行费、占销售收入、占固定资产投资的比例来估算。当按年运行费的比例计算时，《水利建设项目经济评价规范》（SL 72—2013）指出，缺乏资料时，灌溉、供水工程比例数取 8%～10%。关于分项详细估算法，读者可参阅有关书籍。

二、年运行费

（一）年运行费的概念

年运行费，也称为年经营费、年经营成本，它是指维持建设项目正常运行每年所需支出的各项费用。年运行费是经济评价中常用的一个重要经济要素。

我国水利产业政策将水利水电建设项目划分为甲类项目和乙类项目。甲类项目是以社会效益为主的公益性较强的项目，如防洪除涝、农田灌排骨干工程等项目；乙类项目是以经济效益为主的兼有一定社会效益的项目，如城镇供水、水力发电等项目。甲类项目的年运行费不能从销售产品或提供服务的收入中得到补偿，需由各级财政预算支出；乙类项目的年运行费由企业营业收入支付。

（二）年运行费的组成及估算方法

年运行费包括以下各部分，其估算办法视具体情况而定。

1. 职工薪酬

职工薪酬是指对职工提供的服务而给予各种形式的报酬以及其他相关支出。职工薪酬包括：职工工资（指工资、奖金、津贴和补贴等各种货币报酬）；职工福利费；医疗保险费、养老保险费、失业保险费、工伤保险费和生育保险费等社会保险费；住房公积金；工会经费和职工教育经费等。

职工人数应符合国家规定的定员标准，可参考水利部、财政部 2004 年联合颁发的《水利工程管理单位定岗标准》。人员工资、奖金、津贴和补贴按当地统计部门公布的独立核算工业企业（国有经济）平均工资水平的 1.0～1.2 倍测算，或参照邻近地区同类工程运行管理人员工资水平确定。

职工福利费、工会经费、职工教育经费、住房公积金以及社会基本保险费的计提基数按照核定的相应工资标准确定。职工福利费、工会经费、职工教育经费的计提比例按照国家统一规定的比例 14%、2%和 2.5%计提；社会基本保险费和住房公积金等的计提比例按当地政府规定的比例确定。缺乏资料时，可按《水利建设项目经济评价规范》(SL 72—2013) 的附录 D 中给出的计提比例确定。

当工资总额确定后，也可根据表 2-3 给出的费率确定职工薪酬。

2. 材料费

材料费是指水利工程运行维护过程中自身需要消耗的原材料、原水、辅助材料、备品备件等各项费用。可根据邻近地区近 3 年同类水利建设项目统计资料分析计算。对于水库工程缺乏资料时，可按表 2-3 确定。

3. 燃料及动力费

燃料及动力费是指水利工程运行过程中的抽水电费、北方地区冬季取暖费及其他所需的燃料费等。抽水电费应根据泵站特性、抽水水量和电价等计算确定；取暖费支出以取暖建筑面积作为计算依据；其他费用可根据邻近地区近 3 年同类水利建设项目统计资料分析计算。对于水库工程缺乏资料时，可按表 2-3 确定。

4. 修理费

修理费是指各类建筑物、设备的日常维修养护费和每年需计提的大修理费（也称为大修理基金）等。

(1) 维修养护费，是指水利工程设施各类建筑物和设备的日常性养护、维修、岁修等项费用，其费用大小与建筑物或设备的规模、类型、质量等因素有关，一般是参照类似已建成项目实际资料分析确定，也可按工程投资的某一百分数计算。

(2) 大修理费，是指工程设施及设备进行大修理所需的费用。大修理是对固定资产的主要组成部分或损耗部分进行彻底地检修并更换某些部件，其目的是恢复固定资产的原有性能。每次大修的时间长，费用大，甚至要停产一段时间，因此大修理费每隔几年才使用一次。为简化计算，可将使用期内的大修理费用总额平均分摊到各年，作为年运行费的一部分，每年可按一定的大修理费率提取，大修理费积累几年后集中使用。年大修理费率和年大修理费可分别用式 (2-28)、式 (2-29) 计算。

$$年大修理费率 = \frac{在使用年限内预计大修理费用总额}{固定资产原值 \times 使用年限} \times 100\% \qquad (2-28)$$

$$年大修理费 = 固定资产原值 \times 年大修理费率 \qquad (2-29)$$

年大修理费率可参照已建成的同类水利工程来确定。

维修养护和大修理费也可综合考虑，参照已建同类工程实际运行资料确定，对于水库工程可按表 2-3 确定。

5. 管理费

管理费是指水利工程管理机构的差旅费、办公费、咨询费、审计费、诉讼费、排污费、绿化费、业务招待费、坏账损失等。可根据近 3 年邻近地区同类水利建设项目统计资料分析计算。对于水库工程缺乏资料时，可按表 2-3 确定。

6. 库区基金

库区基金是指水库蓄水后，为支持实施库区及移民安置区基础设施建设和经济发展规划、支持库区防护工程和移民生产生活设施维护、解决水库移民的其他遗留问题等需花费的费用。根据国家现行规定，装机容量在 2.5 万 kW 及以上有发电收入的水库和水电站，根据水库实际上网销售电量，按 0.001~0.008 元/(kW·h) 的标准计算。

7. 水资源费

水资源费是指直接从江河、湖泊或者地下取用水资源的单位和个人，应缴纳的取用水资源的费用。根据取水口所在区域县级以上水行政主管部门确定的水资源费征收标准和多年平均取水量确定。

8. 其他费用

其他费用是指水利工程运行维护过程中的工程观测费、水质监测费、临时设施费等。该项费用可参照类似项目近期调查资料分析计算。对于水库工程缺乏资料时，可按表 2 - 3 确定。

9. 固定资产保险费

该项为非强制性险种，有经营性收入的水利工程在有条件的情况下可予以考虑，保费按与保险公司的协议确定。在未明确保险公司或保险公司没有明确规定时，可按表 2 - 3 确定。

表 2 - 3　　　　　　　　　水库工程年运行费中各项费用的费率表

序号	项目	费率	计 算 基 数			备注
			发电	防洪	供水（含灌溉）	
1	职工薪酬	162%	工资总额	工资总额		固定资产原值中不包括占地淹没补偿费用
2	材料费	发电 2~5 元/kW；防洪供水 0.1%	装机容量	固定资产原值		
3	燃料及动力费	0.1%	固定资产原值	固定资产原值		
4	修理费	1%	固定资产原值	固定资产原值		
5	管理费	1~2 倍	职工薪酬	职工薪酬		
6	库区基金	0.001~0.008 元/(kW·h)	上网电量			
7	水资源费	根据各省区有关规定执行	年发电量	年引水量		
8	其他费用	发电 8~24 元/kW；防洪供水 10%	装机容量	第1~4项之和		水电站装机容量小于 30 万 kW 采用 24 元/kW；水电站装机容量不小于 30 万 kW 采用 8 元/kW
9	固定资产保险费	0.05%~0.25%	固定资产原值			与保险公司有协议时按协议执行。固定资产原值中不包括占地淹没补偿费用

注　引自《水利建设项目经济评价规范》（SL 72—2013）中附录 D。

上述介绍了年运行费的分项计算法。对于堤防工程的年运行费计算，资料具备时，应采用分项计算法。缺乏资料时，可根据有关部门相关规定或参照邻近地区同类已建堤防工程的情况分析计算；或以堤防或河道长度为基数，乘以各级堤防相应的费率计算年运行费；也可以堤防工程的固定资产原值或重估值为基数，乘以各级堤防相应的费率计算年运行费。关于计算堤防工程年运行费的费率取值详见《水利建设项目经济评价规范》（SL 72—2013）中附录 D。

供水、灌溉等水利建设项目一般由水库、输水干线、泵站等工程组成，其中水库工程可按表 2-3 采用分项计算法确定年运行费；输水和泵站工程，资料具备时应采用分项计算法确定年运行费，缺乏资料时，也可采用综合费率确定年运行费，关于综合费率及其相应的基数，详见《水利建设项目经济评价规范》（SL 72—2013）中附录 D。

此外，年运行费也可按项目的总成本费用扣除年折旧费、年摊销费和财务费用（包括工程运行期各种利息净支出、汇兑净损失以及相关的手续费等）后得到。对于年运行费的计算，进行财务评价时，采用财务价格计算；进行国民经济评价时，采用影子价格计算，此外，还需剔除有关项目，详见第四章。

三、年费用

在水利建设项目经济评价中，费用是指建设项目在建设期、运行初期、正常运行期所发生的支出，主要包括固定资产投资、更新改造投资、流动资金和年运行费等。所有费用可以用经济计算期（包括建设期、运行初期、正常运行期）内的总值表示，称为总费用，其计算见式（2-30）。也可求出经济计算期的年费用（见第三章）、正常运行期的年费用。对于正常运行期的年费用，若按静态经济分析方法，其计算见式（2-31）；若为动态的经济分析方法，其计算见式（2-32）、式（2-33）。

$$总费用 = 折算到基准点各年费用现值之和 \qquad (2-30)$$

$$静态方法年费用 = 年折旧费 + 年运行费 \qquad (2-31)$$

$$动态方法年费用 = 折算年投资 + 年运行费 \qquad (2-32)$$

$$折算年投资 = 折算到正常运行期第 1 年年初的各年投资之和 \times 资金年回收因子$$

$$(2-33)$$

式中，资金年回收因子又称为资金回收系数，也称本利摊还因子；折算年投资又称资金年回收值，也称本利年摊还值。

第五节　总成本费用与税金及利润

一、总成本费用

总成本费用是指建设项目投入使用后，在一定时期内（通常按年计）为生产、运行以及销售产品和提供服务所花费的全部成本和费用。水利建设项目销售产品是指所提供的水力发电和水利供水；水利建设项目提供服务是指所提供的防洪和治涝等功能。

总成本费用可以按经济性质、经济用途、是否随产量变化进行分类。现分述于下。

（一）总成本费用按经济性质分类

按经济性质分类，也称生产要素分类法。总成本费用包括年折旧费、年运行费、年摊销费、财务费用。前三项在前面已经介绍。财务费用是指生产经营者为筹集资金而发生的费用，包括工程运行期间利息净支出、汇兑净损失以及相关的金融机构的手续费等。在建设项目财务评价中主要考虑利息支出，包括长期借款利息、流动资金借款利息、短期借款利息。长期借款利息指建设期末的借款本金和利息之和在运行期各年产生的利息，其计算方法与还款方式有关，详见第五章。流动资金借款利息也与还款方式有关。短期借款利息，指建设项目运行期间由于资金临时需要而发生的短期借款所产生的利息。短期借款按照随借随还的原则，即当年借款尽可能于下年偿还，采用一年期借款利率。

在建设项目经济评价中，总成本费用通常按经济性质分类法（生产要素分类法）进行计算。

财务收入（详见本章第六节）与总成本费用、销售税金及附加和利润总额的关系，如图 2-2 所示，其中增值税为价外税，不含在财务收入中，仅为城市维护建设税和教育费附加的计税依据。

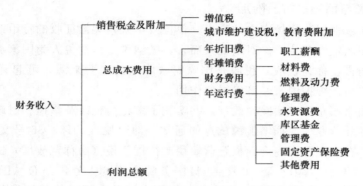

图 2-2　财务收入与总成本费用、税金和利润总额的关系图

【例 2-5】　经计算，某供水工程每年材料、燃料及动力费 322 万元，折旧费 170 万元，修理费 134 万元，职工薪酬（工资、福利费及住房公积金等）85 万元，库区维护及建设基金 70 万元，管理费 100 万元，保险费 60 万元，其他费用 70 万元，利息净支出 100 万元。试计算该项目的年运行费和总成本费用。

解　年运行费＝材料、燃料及动力费＋修理费＋职工薪酬＋库区维护及建设基金
　　　　　　＋管理费＋保险费＋其他费用
　　　　　＝322＋134＋85＋70＋100＋60＋70＝841（万元）
　　　总成本费用＝年折旧费＋年运行费＋年摊销费＋利息净支出
　　　　　　　＝170＋841＋0＋100＝1111（万元）

（二）总成本费用按经济用途分类

总成本费用按经济用途分为生产成本和期间费用。

生产成本是指构成产品实体、计入产品成本的那部分费用。水利工程供水的生产成本是指正常供水生产过程中发生的职工薪酬、直接材料费、其他直接支出、制造费用以及水资源费等。

期间费用是指在一定会计期间发生的与产品生产无直接联系的各项费用，包括销售费用、管理费用和财务费用。水利工程供水的期间费用是指水利工程经营者为组织和管理供水生产经营而发生的合理销售费用、管理费用和财务费用。

在水利工程供水价格的核算时，总成本费用按经济用途分类法计算。

（三）总成本费用按是否随产量变化分类

总成本费用按是否随产量变化分为固定成本和可变成本。

固定成本是指在一定的生产规模限度内，不随产品产量增减而变动的那部分成本费用，也称为不变成本。例如，职工薪酬、折旧费、摊销费、修理费、管理费、财务费用等。

可变成本是指在一定的生产规模限度内，随产品产量增减而变动的那部分成本费用。例如，材料费、燃料及动力费、库区基金、水资源费和其他费用等。

在建设项目财务评价的盈亏平衡分析中，总成本费用按是否随产量变化分类法计算。

二、增值税与销售税金及附加

税金是指国家根据法律规定向纳税人（单位或个人）无偿征收的货币或实物，具有强制性、无偿性和固定性等特征。对纳税人而言，缴纳税金是纳税人为国家提供积累的主要方式；对国家而言，称为税收，税收是国家财政收入的主要来源，可起到调节生产和消费、发展国际贸易、维护国家经济发展的作用。

近几年，国家颁布了多项减税政策，并实施了多项财税改革举措。财政部、国家税务总局关于全面推开营业税改征增值税试点的通知，即财税〔2016〕36号文件，明确2016年5月1日起，在全国范围内全面推开营业税改征增值税（简称营改增）试点，由缴纳营业税改为缴纳增值税。2017年11月19日国务院令第691号，公布《国务院关于废止〈中华人民共和国营业税暂行条例〉和修改〈中华人民共和国增值税暂行条例〉的决定》，自公布之日起施行，自此我国取消了营业税。以下介绍增值税和销售税金及附加。

1. 增值税

增值税是以商品生产和流通中各环节的新增价值为征收对象的一种税。增值税是在产品定价以外增收的，称为价外税。销售者向买方收取并代缴给国家。

增值税应纳税额计算式为

$$应纳税额＝产品销售额×增值税税率－当期进项税额 \tag{2-34}$$

由于增值税是价外税，因此产品销售额或产品价格中不包含增值税额。

水力发电、城市自来水工程等建设项目，需计算增值税，以作为有关税赋的计税依据。

当水利建设项目可以扣减的进项税额非常有限时，一般可按不包含增值税额的销售收入乘以增值税税率来计算增值税额。

关于增值税税率，国家进行了多次调整，实施了多次减税惠民举措，详见2017年修订的《中华人民共和国增值税暂行条例》（第二次修订）、财税〔2018〕32号文件《关于调整增值税税率的通知》、财政部税务总局海关总署公告2019年第39号《关于深化增值税改革有关政策的公告》等。目前电力产品税率为13%，城市自来水供水税率为9%。

此外，国税发〔1993〕154号文《关于增值税若干具体问题的规定》（注：该文件中的部分条款已失效，详见国税局有关文件）中，现行有效条款第一条第七款明确："供应或开采未经加工的天然水（如水库供应农业灌溉用水，工厂自采地下水用于生产），不征收增值税"。

对于符合财税〔2009〕9号文件（目前此文件部分条款有效）、财税〔2014〕57号文件的一般纳税人，也可以选择简易征收增值税的计税方法，详见上述两个财税文件。

财税〔2018〕33号文件指出，增值税小规模纳税人标准为年应征增值税销售额500万元及以下。对于小规模纳税人采用简易计算式，即

$$增值税额＝不含增值税额的销售额×征收率 \qquad (2-35)$$

小规模纳税人征收率为3%。近年来国家对小规模纳税人增值税的优惠政策，详见课程思政二。

强调指出，增值税为价外税，经济评价中增值税不计入销售收入，仅作为计算城市维护建设税等的计税基础。

2. 销售税金及附加

取消营业税后，销售税金及附加仅包括城市维护建设税和教育费附加，这属于价内税。

依据2020年8月11日颁布，2021年9月1日起施行的《中华人民共和国城市维护建设税法》，城市维护建设税，指在中华人民共和国境内缴纳增值税、消费税的单位和个人，对城市维护建设应缴纳的税种。

教育费附加，指为扩大地方教育经费的资金来源，而征收的一种附加税。依据国务院《征收教育费附加的暂行规定》，教育费附加以增值税、营业税、消费税的税额为计征依据，教育费附加率为3%。此外，有些地区另外征收地方教育费附加。

水利建设项目不在应缴纳消费税的税目范围（见国务院令第539号《中华人民共和国消费税暂行条例》），故其城市维护建设税和教育费附加的计算式分别为式（2-36）、式（2-37）。

$$城市维护建设税＝增值税额×城市维护建设税率 \qquad (2-36)$$

城市维护建设税率为：市区7%；县城、镇5%；其他1%。

$$教育费附加＝增值税额×附加率 \qquad (2-37)$$

没有地方教育费附加规定的，附加率取3%。

三、利润与企业所得税

利润是劳动者为社会创造的价值，是发展生产、改善人民生活的基础。从财务收入中扣除总成本费用、销售税金及附加后得到的利润总额，称为所得税前利润或税前利润，即

$$利润总额＝财务收入－总成本费用－销售税金及附加 \qquad (2-38)$$

企业所得税指企业根据其生产经营所得和其他收入所得，应纳税的金额。按式（2-39）计算：

$$企业所得税＝应纳税所得额×税率 \qquad (2-39)$$

根据现行财会制度，利润总额应在弥补以前年度亏损（弥补亏损年限不得超过前5年）后缴纳所得税。利润总额扣除允许弥补的以前年度亏损后的余额，为应纳税所得额，即

$$应纳税所得额＝利润总额－弥补以前年度亏损额（前5年内） \qquad (2-40)$$

全国人民代表大会于 2007 年通过，并于 2017 年第一次修正的《中华人民共和国企业所得税法》规定，企业所得税的税率为 25％。对于国家有另外规定减征或免征的按其规定执行。例如，为稳就业保民生及促进小微企业的发展，国家对小微企业所得税的优惠政策，详见课程思政二。

利润总额扣除企业所得税后的余额称为税后利润，也称为净利润（如果有弥补以前年度的亏损，不是在计算当年净利润时扣除，而是在计算可供分配利润时扣除）。税后利润加上企业期初未分配利润减去弥补以前的年度亏损（前 5 年内），为可供分配利润。按有关规定，可供分配利润的分配顺序如图 2-3 所示，其分配顺序如下。

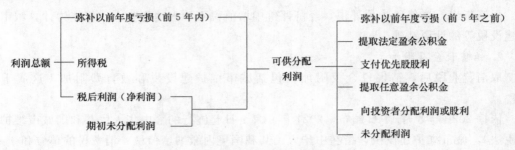

图 2-3   建设项目利润总额分配图

（1）弥补以前年度亏损（前 5 年之前）。若项目发生的亏损未能在 5 年内补足，则需要用缴纳所得税后的利润弥补。

（2）提取法定盈余公积金。公积金又称储备金，是企业为了巩固自身的财产基础，提高公司的信用和预防意外亏损，依照法律和公司章程的规定，在公司资本以外积存的资金。公积金分为法定盈余公积金和任意盈余公积金，在《中华人民共和国公司法》（2018 年 10 月第五次修改）中分别称为法定公积金和任意公积金。依照该公司法，水利建设项目的法定盈余公积金，应按当年税后利润的 10％提取，当法定盈余公积金累计额达到公司注册资本的 50％以上时，可不再提取。法定盈余公积金有三个用途：弥补可能出现的亏损、以增加投资形式扩大公司的生产经营、增加公司的注册资本。

可供分配利润减去弥补以前年度的亏损（前 5 年之前）、减去提取法定盈余公积金后的余额，称可供投资者分配的利润，简称可分配利润。它用于支付优先股股利、提取任意盈余公积金、向投资者分配利润或股利。

（3）支付优先股股利。股份有限公司应按股东会决议支付优先股的股利。

（4）提取任意盈余公积金。任意盈余公积金是指根据公司章程或股东会议决议提取的公积金。提取比例由企业自行决定。

（5）向投资者分配利润或股利。一般来说，有限责任公司按照股东实缴的出资比例分配利润；股份有限公司按照股东持有的股份分配现金股利（货币方式）或股票股利（股份方式）。

（6）未分配利润。它是指可供分配利润扣除以上各项后的余额。

需要强调的是，企业以前年度的亏损未弥补完，不得提取法定盈余公积金。在法定盈余公积金未提足前，不得向投资者分配利润。

【例 2 - 6】 续［例 2 - 2］。该供水项目建设期贷款本金和利息见［例 2 - 2］。按贷款协议，建设期借款在项目开始运行后的 6 年内还清，经计算第 4 年的利息支出为 84.86 万元（第五章学习计算方法）。该项目固定资产综合折旧率为 4.5%，预计项目建成后固定资产形成率为 0.96。该项目第 4 年开始运行，达设计规模的 60%；第 5 年达到设计规模，相应年运行费为 350 万元、销售收入 750 万元（不含增值税）。试计算第 4 年的总成本费用（本项目无摊销费）、销售税金及附加、利润总额、企业所得税、税后利润。

解 依据式（2 - 18），计算年折旧费。

$$年折旧费 = 固定资产原值 \times 年综合折旧率$$
$$= (3000 \times 0.96 + 114.27) \times 4.5\%$$
$$= 134.74（万元）$$

则总成本费用 = 年折旧费 + 年运行费 + 年摊销费 + 利息净支出
$$= 134.74 + 350 \times 60\% + 84.86 = 429.60（万元）$$

利用式（2 - 34）计算增值税（忽略进项税额，增值税税率为 9%）；利用式（2 - 36）、式（2 - 37）分别计算城市维护建设税（项目位于县城，税率为 5%）和教育费附加（税率为 3%），由二者之和得销售税金及附加，即

销售税金及附加 = （销售收入 × 增值税税率）（城市维护建设税税率 + 教育费附加率）
$$= (750 \times 60\% \times 9\%) \times (5\% + 3\%) = 3.24（万元）$$

利用式（2 - 38），得

利润总额 = 财务收入 - 总成本费用 - 销售税金及附加 = $750 \times 60\% - 429.60 - 3.24$
$$= 17.16（万元）$$

因以前年度无亏损，则由式（2 - 39）、式（2 - 40）得

企业所得税 = 利润总额 × 税率 = $17.16 \times 25\% = 4.29（万元）$

税后利润 = 利润总额 - 企业所得税 = $17.16 - 4.29 = 12.87（万元）$

第六节 水利工程的效益

一、水利工程效益的分类

工程效益的分类方法有很多种，从不同的角度分析，有不同的分类。

（一）按效益的性质分类

（1）经济效益。它指修建水利工程后，给国家或财务核算单位增加的经济收入或减免的灾害损失，包括直接的和间接的经济效益。

（2）社会效益。它指水利工程的兴建，促进国家经济发展，提高人民生活水平等方面的效益。例如，水利工程的兴建促进工农业各部门发展，增加社会就业机会，缩小地区之间经济发展和人民收入水平的差别；改善城乡饮水条件，减少各种传染病和地方病的发生，有利于提高人民的健康水平。

（3）生态环境效益。它是生态效益和环境效益的总称，指水利工程的兴建对改善生态、提高环境质量带来的有利影响。例如，有利于野生禽类的栖息和林草植被的发展；可

开辟扩大风景游览区；调节改善小气候等。

（4）政治效益。它指水利工程的兴建可提高农村和少数民族地区人民的生活水平，有利于巩固社会主义制度和民族团结，加强或改善与邻国的友好关系等效益。例如，我国与邻国合作利用澜沧江-湄公河流域的水资源，有利于加强或改善与邻国的友好关系等。

（二）按效益发生的时序分类

（1）直接效益。它指修建水利工程后，给国家或当地增加的直接经济收入或减免的灾害损失。如水费收入、电费收入以及其他经营收入、减少的洪灾损失和涝灾损失等。

（2）间接效益。它指修建水利工程后，给国家或当地带来的间接好处。例如由于水利水电工程向城市及工矿企业供水、供电，促进了国民经济各部门的发展及人民物质、文化、生活水平的提高，使国家税收增加和对该地区的补贴与救济支出减少，以及对社会、生态环境、政治等方面带来的有利影响等。此处从广义上介绍间接效益，与下述国民经济评价中的间接效益不尽相同。

（三）按效益的形态分类

（1）有形效益。它指能定量的，可用实物指标或货币指标表示的效益。如修建水库利用水力发电，每年发电量可达数亿或数十亿千瓦时，每年可收入电费数千万元或数亿元人民币，这都是有形效益。

（2）无形效益。它指不易定量的，不能用实物或货币数量表示，只能用文字加以描述的效益。如修建水库，美化了周围环境，改善了小气候，有益于居民的身心健康，避免了洪水灾害，减少了洪水灾害给人民带来的痛苦等都是无形效益。

（四）按经济评价角度不同分类

（1）国民经济效益。它指水利建设项目为国民经济所作出的全部贡献，包括直接和间接效益。直接效益指用影子价格计算的项目产出物的经济价值；间接效益指项目为国家作出的其他贡献，而项目本身并未得到的部分。

按水利建设项目的功能分类，国民经济效益可分为防洪效益、治涝效益、灌溉效益、城镇供水效益、乡村人畜供水效益、水力发电效益、航运效益、水土保持效益、水产养殖效益、环境保护效益、旅游效益等。

此外，水利建设项目对社会、经济、环境造成的不利影响，称为负效益。在国民经济评价时，要计入避免或减少建设项目造成不利影响而采取补救措施的费用，当难以补救或不能全部补救时要计入全部或部分负效益。

（2）财务效益。它指水利建设项目销售水利产品和提供服务所获得的收入及补贴收入，也称为财务收入、财务收益。

二、水利工程效益的特点

由于水利工程效益受许多因素影响，故其效益具有以下特点。

（一）时间不同性

水利工程的效益，往往随时间推移而变化。有的工程效益是随时间推移而增长的。例如，防洪、治涝工程运行初期，由于防护区经济发展和人民生活水平较低，受到洪涝灾害损失较小。随着时间的推移，社会经济发展水平的提高，受到同频率的洪涝灾害，其损失就较大，故防洪、治涝工程效益也就较大。而灌溉工程效益，也是随配套工程的进展及灌水技术和管理水平的提高而增加的。与上述相反，有些水利工程由于各种原因其效能将逐年降低，其效益则随时间推移而逐年减少。如水库工程产流区水土流失严重，由于泥沙淤积，有效库容将逐年减少，故其效益也逐年减少。灌排渠沟，如不及时清淤，其效益将逐年减少。水利工程效益在一年内的不同季节也是不同的。例如，供水工程在枯水期和工农业迫切需水季节，单位水量的效益就较大，相反在汛期和非大量需水季节，单位水量的效益就较低。

（二）随机性

由于水利工程的效益直接与降雨量和河川径流量相关，降雨量和径流量具有随机性，年际间不同频率的降雨和产生的径流变差很大，故其水利工程的效益变幅也很大，具有随机性。例如，对于防洪、治涝工程，如遇大水年份，其防洪、治涝效益就较大；如遇一般或小水年份，由于洪、涝水量本来就较小，故其工程效益也就较小。对于灌溉工程来说，遇多雨年份，天然降水多，农作物需补充的水量少，故其灌溉效益就较小，反之则大。水力发电工程与灌溉工程相反，丰水年水量多，发电量也多，发电效益就较大，反之则小。因此，水利工程的效益随降雨量和水文现象的随机性而不同。

（三）复杂性

许多水利工程，特别是大中型水利工程，往往具有防洪、治涝、灌溉、发电、城镇供水、航运、水产养殖、旅游、环保等综合效益。各部门对综合利用水利工程的要求和获得的效益是错综复杂的，有时利益是一致的；有时利益是有矛盾的。如水库工程，防洪库容留大些，增加了防洪效益，但由于有效调节库容减少，调节径流的能力降低，供水和发电等兴利效益必然减少。一项水利工程的兴建，除了对国民经济各部门的利益必须综合考虑外，还需对其给上、下游，左、右岸带来的效益和损失进行综合研究。如在河流的上游兴建水库工程，库区要受到淹没、浸没损失，但由于水库的调控，削减了洪峰流量，增加了下游枯水期流量，给下游带来一定的效益。若从上游水库直接引用水量过多，必然减少下游引用水量，下游水利工程引用水量将受到影响。因此水利工程的效益是复杂的，各部门或各地区间的效益有时要相互转移，称为效益再分配。

为了较全面、准确地反映一项水利工程的效益，在分析计算时，既要估算不同年份的效益，还要计算其多年平均效益；既要计算某一水平年的效益，还要计算随着国民经济的发展水利工程效益的增长效益；既要估算本工程的直接效益，又要估算工程带来的间接效益。

三、水利工程效益指标

水利工程的性质不同，其指标体系是不尽相同的，通常用来描述和表达工程效益的指标有以下三类。

（一）实物效益指标

实物效益指标指用具有使用价值的实物量表示的效益指标，如城镇供水量、农作物的增产量、发电量等。实物效益指标是计算货币效益指标的依据。实物指标的优点在于能够反映产品的真实价值。

（二）货币效益指标

货币效益指标指用统一的货币单位表示的效益指标。在进行财务评价时，应根据实物效益指标，采用产品的财务价格，计算其财务货币效益；进行国民经济评价时，应根据实物效益指标，采用产品的影子价格计算其货币效益。货币效益指标的优点在于能统一用货币数量表示各种效益，便于各部门间或各工程方案间的比较。

（三）水利效能指标

水利效能指标指用水利工程的效能来表示其效益的指标。水利效能指标虽不能给人以直接经济效益的印象，但由于其比较直观、形象，经常在水利工程效益的计算与方案的评价中采用到。比如，防洪工程常见的指标有防洪面积、防洪标准、调蓄分泄的洪水量等防洪能力指标；灌溉工程常见的指标有灌溉面积、灌溉保证率、改良盐碱地面积等指标；水力发电工程常见的指标有装机容量、多年平均年发电量、保证出力等；水产养殖工程常见的指标有可养水面面积、已养水面面积等。

思考题与技能训练题

【思考题】

1. 什么是现行价格？进行经济评价在什么情况下采用以现行价格体系为基础的预测价格？

2. 什么是机会成本？试举例说明。

3. 什么是影子价格、影子汇率？国民经济评价中为什么要用影子价格？

4. 如何计算贸易货物、非贸易货物、特殊投入物的影子价格？

5. 水利建设项目总投资包括哪些？什么是静态总投资、动态投资？

6. 水利建设项目固定资产投资由哪几部分构成？什么是固定资产净投资（造价）、固定资产原值、净值（账面价值）、固定资产形成率、固定资产净残值（固定资产余值）？

7. 何谓折旧？为什么要计提折旧费？简述直线折旧法及其优缺点。

8. 何谓年运行费，并说明它由哪些项目组成？如何确定年运行费？

9. 何谓流动资金？它有何特征？在经济评价中何时投入流动资金？何时回收流动资金？

10. 何谓国民经济效益、财务效益、直接效益、间接效益、社会效益？试结合水利水电工程举例说明。

【技能训练题】

1. 某水利工程灌排设备原值为 100 万元，折旧年限为 10 年，净残值为固定资产原值的 5%。（1）试用直线法计算年折旧费和年折旧率；（2）若 10 年内需大修费 35 万元，试求年大修理费及大修理费率。

2. 有一台水泵，固定资产原值为 20000 元，估计运转 12000h 后报废，其余值（即残值）为 800 元。试计算每小时折旧费；若第 1 年实际使用 1200h，试用工作量法计算第 1

年的折旧费及第 1 年年末此固定资产的净值。

3. 某城市供水建设项目，建设期 2 年。固定资产投资 4300 万元，建设期第 1 年、第 2 年分别投入 60％、40％。各年的建设投资中 40％需向国内银行贷款，贷款年利率为 5.15％。预计项目建成后固定资产形成率为 0.96，固定资产折旧年限为 20 年，净残值率为 5％。该项目第 3 年开始运行，且达到设计规模，年运行费为 400 万元、销售收入 1000 万元（不含增值税）。按贷款协议，建设期借款在项目开始运行后的 8 年内还清，经计算运行期第 1 年还贷利息支出为 93.67 万元。试计算：（1）建设期利息；（2）项目总投资；（3）年折旧费（按平均年限法）；（4）运行期第 1 年的总成本费用（本项目无摊销费）、销售税金及附加（增值税计算忽略进项税额；不考虑地方教育费附加）、利润总额、企业所得税、税后利润。

课程思政二　小规模纳税人与小微企业的税收改革及感悟*

[**教学目的**] 学习小规模纳税人增值税与小微企业所得税等税率的确定方法（注意要依据现行法规）；利用文中矩形框中的问题，使学生加深对增值税、企业所得税、利润等经济要素及其之间联系的理解；通过国家重视民生民情的税收改革，使学生加深对税收的理解并受到教育，感悟和践行家国情怀，把个人的前途和命运同国家的前途和命运紧密相连。

税收是国家依法通过征税所得到的收入。税收具有强制性、无偿性和固定性。税收是国家财政收入的主要来源；是国家调控经济的重要杠杆之一，国家通过税种的设置以及在税目、税率、加成征收或减免税等方面的规定，可以调节社会生产、交换、分配和消费，促进社会经济的健康发展。

近年来，国家实施了多项财税改革举措，特别是对小微企业实施税收优惠。党的二十大报告中再次指出："支持中小微企业发展"，以下介绍的小规模纳税人与小微企业的税收改革，为稳就业保民生、为促进小微企业的发展注入了活力，也为"大众创业万众创新"战略的实施提供了强有力的支撑；是我国税收改革中坚持以人民为中心，重视民生民情的缩影。关于小微企业的界定，详见《中华人民共和国企业所得税法实施条例》。

一、对小规模纳税人增值税征收率的优惠政策

为支持小规模纳税人在做好新冠肺炎疫情防控的同时加快复工复业，财政部　税务总局公告（以下简称财税公告）2020 年第 13 号和财税公告 2021 年第 7 号指出，对于湖北省增值税小规模纳税人适用 3％征收率的应税销售收入，自 2020 年 3 月 1 日至 2021 年 3 月 31 日，免征增值税，自 2021 年 4 月 1 日至 2021 年 12 月 31 日，减按 1％征收率征收增值税；其他省、自治区、直辖市的增值税小规模纳税人适用 3％征收率的应税销售收入，自 2020 年 3 月 1 日至 2021 年 12 月 31 日，减按 1％征收率征收增值税。财税公告 2022 年

---

* 张子贤撰稿，未经许可，本文不得全文转载。

第 15 号指出，上述优惠政策期限延长至 2022 年 3 月 31 日，自 2022 年 4 月 1 日至 2022 年 12 月 31 日，增值税小规模纳税人适用 3％征收率的应税销售收入，免征增值税。财税公告 2023 年第 1 号指出，自 2023 年 1 月 1 日至 2023 年 12 月 31 日，增值税小规模纳税人适用 3％征收率的应税销售收入，减按 1％征收率征收增值税。

二、对小规模纳税人增值税起征点的优惠政策

为进一步加大对小规模纳税人的税收优惠力度，财税〔2019〕13 号文件，将小规模纳税人月销售额 3 万元以下免征的增值税，调整为月销售额 10 万元以下（含本数）；财税公告 2021 年第 11 号指出，自 2021 年 4 月 1 日至 2022 年 12 月 31 日，对月销售额 15 万元以下（含本数）的增值税小规模纳税人，免征增值税；财税公告 2023 年第 1 号指出，自 2023 年 1 月 1 日至 2023 年 12 月 31 日，对月销售额 10 万元以下（含本数）的增值税小规模纳税人，免征增值税。对小规模纳税人多次提高增值税起征点，实际上是对部分小规模纳税人和小微企业免税，增加其利润，进而增强其抗风险能力。

三、对小微企业所得税的优惠政策

财税〔2019〕13 号文件指出，对小微企业年应纳税所得额不超过 100 万元的部分，减按 25％计入应纳税所得额，按 20％的税率缴纳企业所得税；对年应纳税所得额超过 100 万元但不超过 300 万元的部分，减按 50％计入应纳税所得额，按 20％的税率缴纳企业所得税。这实质是将小微企业不超过 100 万元部分、超过 100 万元但不超过 300 万元的部分所得税税率分别降至 5％、10％。财税公告 2021 年第 12 号指出，2021 年 1 月 1 日至 2022 年 12 月 31 日，对小微企业年应纳税所得额不超过 100 万元的部分，在财税〔2019〕13 号文件优惠政策的基础上，再减半征收企业所得税。这实际上是对小微企业年应纳税所得

> 答一答：
> 1. 试结合教材图 2-2 回答问题：对小规模纳税人增值税起征点的优惠政策、对小微企业所得税的优惠政策，是否降低了这些企业的生产成本？为什么？
> 2. 为什么说财税公告 2021 年第 12 号对小微企业所得税的优惠政策，实质是对小微企业年应纳税所得额不超过 100 万元的部分，所得税税率降至 2.5％？试结合教材式（2-39）回答。

额不超过 100 万元的部分，所得税税率降至 2.5％，仅为原来法定税率的 1/10。财税公告 2022 年第 13 号指出，2022 年 1 月 1 日至 2024 年 12 月 31 日，对小微企业年应纳税所得额超过 100 万元但不超过 300 万元的部分，减按 25％计入应纳税所得额，按 20％的税率缴纳企业所得税。上述对小微企业所得税的优惠政策，增加了小微企业的税后利润和增强了发展活力，对吸纳就业、稳定民生发挥着重要作用。

四、小微企业税收优惠事例与感悟

2021 年 3 月 11 日李克强总理在回答记者问时讲了一个事例。在 2020 年新冠肺炎疫情肆虐的时候，李克强总理到地方考察，看了不少店铺，其中一个小店店主跟李总理说："3 个月没有营业了，因为政府减免税费，支持减免房租、水电费，稳岗补贴资金到位，我们没有裁员，挺过来了。"李总理问员工的工资怎么办？店主说当时只发生活费了。在场的 20 多位员工都说："店里管吃管住，不让我们下岗，我们还有什么说的。"企业和员工都明白，只要保住了企业、稳住了岗位，一复工复产，生意就会旺起来。

上述事例只是国家减税降费，帮助千千万万个企业渡过难关和稳就业保民生的缩影。2020 年，在新冠肺炎疫情给财政运行带来前所未有的困难和挑战，财政增支减收压力加

大的情况下，我国实施阶段性大规模减税降费，全年为市场主体减负超 2.6 万亿元，帮助企业尽快走出困境、复工复产。

　　国家重视民生民情的税收改革政策，以及 2020 年新冠肺炎疫情防控期间上述事例，均充分证明了社会主义制度的优越性；表明了祖国永远是我们的坚强后盾；告诉我们要把个人的前途和命运与祖国的前途和命运紧紧连在一起，把热爱祖国的激情转化为发奋学习和工作的动力，用实际行动报效祖国。

第三章 资金的时间价值及基本公式

[学习指南] 在进行经济评价时，必须考虑资金的时间因素对现金流量产生的影响。本章主要讨论资金的时间价值与资金等值计算的有关问题。这些内容不仅是学习后续有关内容的基础，也是今后实际工作中必备的技能。学习目标如下。

（1）能熟练表述与应用下列术语或基本概念：资金时间价值，利息与利率，名义年利率与有效年利率，资金流程图，计算基准点，现值、期值与等额年值，折现率，等值，一次收付期值因子，一次收付现值因子，分期等付期值因子，基金存储因子，本利摊还因子，分期等付现值因子，经济寿命。

（2）掌握单利法与复利法计息方法。

（3）会进行名义年利率与实际年利率之间的相互转换，并熟悉其应用。

（4）能正确与熟练地绘制资金流程图。

（5）熟知规范中对水利建设项目投入与产出物发生时间的规定、对计算基准点的规定。

（6）理解经济寿命的概念、掌握计算分析期的确定。

（7）熟练掌握现值与期值、等额年值与期值、等额年值与现值的关系式，并熟练运用其进行等值计算（包括各因子的含义、符号及查表确定各个因子）。

（8）理解等比级数增长系列折算公式，了解其他公式。

第一节 资金的时间价值及其重要意义

一、资金的时间价值

资金是属于商品经济范畴的概念，参与社会再生产的货币称为资金。在商品经济条件下，资金是不断运动着的。资金在运动中主要经历三个阶段：①购买阶段，企业用货币资金形态转化为储备资金形态；②生产阶段，劳动者和生产资料相结合，制造出符合社会需要的产品，储备资金形态转化为生产资金形态；③销售阶段，企业将生产出来的产品销售出去，从流通中收回货币，资金又恢复货币资金形态，并使资金增值，即产生利润。从投资者的角度来看，资金的增值使资金具有时间价值。因此，货币资金在经济活动中随时间推移产生的增值能力称为资金的时间价值。

资金的时间价值来源于劳动者新创造的价值。同样，放弃使用资金而将其存入银行，银行放贷给借款者，经借款者的劳动使资金产生了利润增值；借款者将利润中的一部分用于还贷，从而使存款者得到放弃使用资金的补偿，即获得了利息。从消费者的角度来看，资金时间价值又体现为对放弃使用资金而得到的补偿。

由于资金具有时间价值，因此必须要用动态的观点去看待资金。一定数额的资金，在不同的时点上具有不同的价值。例如，今天的 10000 元资金与 1 年后的 10000 元资金虽然数额上相同，但其价值却是不同的。因此，在对工程项目进行经济计算与比较时，必须将不同时点上的资金价值换算成相同时点上的价值，才能使它们具有可加性与可比性，这就是资金时间价值等值原理。

　　正确理解资金的时间价值，还需注意以下两点：

　　(1) 资金的时间价值与通货膨胀引起的货币贬值不同。通货膨胀是一种特定时期的社会经济现象，是国家为了弥补财政赤字而大量发行纸币，导致纸币的发行量超过商品流通中所需要的货币量而引起的货币贬值、物价上涨的现象。而资金的时间价值却是一个普遍的现象。只要生产劳动存在，资金的时间价值就会存在。资金的时间价值是客观存在的，是符合经济规律的，而不是人为的。正确理解资金的时间价值，有利于我们从资金运动的时间观念上，即从贷款期和投资周期上选择筹资方式，在资金的使用上合理分配资金，有效地利用资金，减少资金成本，提高资金的利用率。

　　(2) 资金的时间价值与银行的利率不同。在流通领域，银行的利率是资金时间价值的表现形式，但银行的利率并非完全体现资金的时间价值。

二、影响资金时间价值的因素

　　影响资金时间价值的因素很多，主要有资金的使用时间、资金数量的大小、资金投入和回收的特点、资金周转的速度等。

　　(1) 资金的使用时间。在单位时间的资金增值率一定的条件下，资金使用时间越长，资金的时间价值越大；使用时间越短，资金的时间价值越小。

　　(2) 资金数量的大小。在其他条件不变的情况下，资金数量越大，资金的时间价值就越大；反之，资金的时间价值则越小。

　　(3) 资金投入和回收的特点。在总资金一定的情况下，前期投入的资金越多，资金的负效益越大；反之，后期投入的资金越多，资金的负效益越小。在资金回收额一定的情况下，离现在越近的时间回收的资金越多，资金的时间价值就越大；反之，离现在越远的时间回收的资金越多，资金的时间价值就越小。

　　(4) 资金周转的速度。资金周转越快，在一定的时间内等量资金的时间价值越大；反之，资金的时间价值越小。

三、资金时间价值的重要意义

　　资金时间价值具有重要的意义，主要可以归纳为以下两个方面。

　　(1) 促使合理有效地利用资金。1980 年以前，我国的建设投资一直实行无偿使用的模式。这种投资管理模式助长了各部门、各地区、各企业盲目争投资、争项目的倾向，甚至造成基本建设战线过长，施工项目工期拖延，项目投产后达不到建设预期，国家投资长期得不到回收等现象。1980 年以后，我国对无偿使用资金的管理模式进行了改革，相当多的财政拨款改为财政贷款。这种改革涉及到还本付息，促使资金使用者必须考虑如何将借用的资金转化成最大的收益。由于项目投资决策者认识到资金具有时间价值，就会自觉地运用资金在生产、流通过程中的增值原理，合理有效地利用资金。在建设过程中尽力缩短建设周期，在生产经营中加速资金的周转，努力降低成本，以取得更大的投资经济效果。

（2）有利于正确的投资决策。任何一个技术方案、技术措施的实施，都必须消耗人力、物力，这些消耗都要以资金的形式表现出来。同时，任何一个技术方案、技术措施从规划到完成都要经过一段时间。尤其是大型工程项目，不仅投资数额大，而且施工周期通常也较长。所以在进行投资决策时，要考虑资金的时间价值。例如某一水利工程建设项目需投资总额为 1000 万元，建设期为 3 年。现有两个方案可供选择：甲方案第 1 年投入 500 万元，第 2 年投入 300 万元，第 3 年投入 200 万元；乙方案第 1 年投入 200 万元，第 2 年投入 300 万元，第 3 年投入 500 万元。若资金为自有资金且不考虑资金时间价值，这两个方案从决策上来说差异不大。若资金来源为银行贷款，考虑资金使用价值，依据第二章第二节建设期利息的计算，可求得乙方案的建设期利息明显低于甲方案。

第二节　资金的时间价值的表现形式

资金时间价值的表现形式可概括为绝对形式和相对形式两大类。绝对形式有利润、利息、股息等；相对形式有利润率、利率、股息率等。通常以利息和利率两个指标表示，即常用利息作为衡量资金时间价值的绝对尺度，用利率作为衡量资金时间价值的相对尺度。

一、利息

利息是指借入资金需付出的代价或借出资金所获得的报酬。例如，将一笔资金存入银行，这笔资金就称为本金，经过一段时间之后，储户在本金之外又可得到一笔报酬，即把钱借给银行所获得的利息。

$$L = F - P \tag{3-1}$$

式中　L——利息；

　　　F——本利和；

　　　P——本金。

利息是衡量资金时间价值的绝对尺度。从本质上看，利息是由贷款发生利润的一种再分配。在工程经济分析中，利息常常被看成是资金的一种机会成本。这是因为如果放弃资金的使用权利，相当于失去收益的机会，也就相当于付出了一定的代价。事实上，投资就是为了在未来获得更大的收益而对目前的资金进行某种安排。很显然，未来的收益应当超过现在的投资，正是这种预期的价值增长才能刺激人们从事投资。因此，在工程经济分析中，利息常常是指占用资金所付的代价（如住房贷款利息）或者是放弃使用资金所得的补偿（如银行存款利息）。

二、利率

利率是指在一个计息周期内所得的利息与产生这一利息所投入的资金（本金）的比值，一般以百分数表示，即

$$i = L/P \times 100\% \tag{3-2}$$

式中　i——利率。

每计息一次所需的时间称为计息周期。根据计息周期的不同，一般有年利率、季利率、月利率、日利率等。

利率是衡量资金时间价值的相对尺度，反映了资金随时间变化的增值率或报酬率。利率是各国发展国民经济的重要杠杆之一。利率的高低有如下主要影响因素。

（1）利率的高低随社会平均利润率变动。在通常情况下，社会平均利润率是利率的最高界限。因为如果利率高于利润率，无利可图就不会去借款。

（2）在社会平均利润率不变的情况下，金融市场上借贷资本的供求情况影响利率的高低。借贷资本供过于求，利率便下降；反之，求过于供，利率便上升。

（3）借出资本要承担一定的风险，风险越大，利率也就越高。

（4）通货膨胀对利息的波动有直接影响，资金贬值往往会使利息无形中成为负值。

（5）借出资本的期限长短影响利率的高低。贷款期限长，不可预见因素多，风险大，利率就高；反之利率就低。

第三节　计算资金时间价值的基本方法

计算资金时间价值的基本方法有两种：单利法与复利法。

一、单利法

单利法是指在计算利息时，仅用最初本金来计算，而不计入先前计息周期中所积累增加的利息，即"利不生利"的计息方法。

设本金为 P，每一个计息周期的利率为 i，计息期数为 n，每一计息周期末的本利和为 F，则第 n 期末本利和为

$$F = P + nPi = P(1+ni) \tag{3-3}$$

单利法计息不符合经济发展的客观规律，没有反映资金随时间都在"增值"的概念，即不能完全反映资金的时间价值。因此，在工程经济分析中单利使用较少，通常只适用于短期投资或短期贷款。

【例3-1】　某公司以单利方式借入 1000 万元，年利率 4.75％，第 4 年年末偿还，则需偿还的本利和是多少？

解　此处 $P=1000$ 万元，$n=4$ 年，$i=4.75\%$。根据式（3-3），得
$$F = P(1+ni) = 1000 \times (1+4 \times 4.75\%) = 1190(万元)$$

二、复利法

复利法是指在计算某一计息周期的利息时，除本金外，其先前周期中所累积的利息也要计算利息，即"利生利""利滚利""利上加利"的计算方法。

按复利法计息，本利和 F 与本金 P、利率 i、计息期数 n 之间的关系为

$$F = P(1+i)^n \tag{3-4}$$

复利计算法能比较客观反映资金的时间价值，我国基本建设贷款等都是按复利计算利息的。需要特别指出的是，在工程经济中，若无特别说明，均按复利法计息。单利法计算公式较简单，我国银行存款和国库券的利息就是按单利法计算的，但为了考虑复利的因

素，它以存款时间越长利率越高这种方式来体现，实际是一种间接的复利计算法。

【例 3-2】 某公司以复利方式借入 1000 万元，年利率 4.75％，第 4 年年末偿还，则需偿还的本利和是多少？

解 此处 $P=1000$ 万元，$n=4$ 年，$i=4.75\%$。根据式（3-4），得

$$F=P(1+i)^n=1000\times(1+4.75\%)^4=1203.97（万元）$$

由［例 3-1］、［例 3-2］可以看出，同一笔借款，在利率和计息周期均相同的情况下，用复利计算出的利息金额比用单利计算出的利息金额多。本金越大，利率越高，计息周期越多时，两者差距就越大。

三、名义年利率和有效年利率

在工程经济分析中，一般利率周期通常以年为单位。但在实际经济活动中，计息周期可能小于年，如半年、季度、月、周、天等。当计息周期小于一年时，就出现了名义年利率和有效年利率的概念。

（一）名义年利率 r

名义年利率，简称名义利率，是指当年内计息次数 m 大于 1 时，以单利法计算所得的年利率。名义年利率的计算公式为

$$r=mi_m \tag{3-5}$$

3-1 名义年利率和有效年利率▶

式中　r——名义年利率；

　　　i_m——每一计息周期利率；

　　　m——年计息次数。

（二）有效年利率 i

有效年利率，也称实际年利率，是指当年计息次数 m 大于 1 时，以复利法计算所得的年利率。为进一步理解有效年利率的定义以及建立有效年利率 i 与计息周期利率 i_m 之间的关系式，分析如下。

已知某年年初有资金 P，名义利率为 r，一年内计息 m 次，每一计息周期利率为 i_m，则该年的本利和 F 为

$$F=P(1+i_m)^m \tag{3-6}$$

根据利息的定义，该年的利息 L 为

$$L=F-P=P(1+i_m)^m-P=P[(1+i_m)^m-1] \tag{3-7}$$

再根据利率的定义，可得该年的有效年利率 i，即

$$i=\frac{L}{P}=(1+i_m)^m-1 \tag{3-8}$$

（三）名义年利率 r 与有效年利率 i 的关系

由式（3-5）、式（3-8）可推导出名义年利率 r 与有效年利率 i 的关系

$$i=\left(1+\frac{r}{m}\right)^m-1 \tag{3-9}$$

当 $m=1$ 时，有效年利率等于名义年利率；当 $m>1$ 时，有效年利率大于名义年利率。当 $m\to\infty$ 时，即按连续复利计算时，i 与 r 的关系为

$$i=\lim_{m\to\infty}\left[\left(1+\frac{r}{m}\right)^{m}-1\right]=\lim_{m\to\infty}\left[\left(1+\frac{r}{m}\right)^{m/r}\right]^{r}-1=e^{r}-1 \qquad (3-10)$$

【例 3-3】 设名义年利率 $r=10\%$，若计息周期分别为年、半年、季、月、日，试分别计算有效年利率。

解 根据式（3-9），列表计算有效年利率，具体结果见表 3-1。

表 3-1 [例 3-3] 有效年利率计算结果

名义年利率 $r/\%$	计息周期	年计息次数 m	计息周期利率 $r/m/\%$	有效年利率 $i/\%$
10	年	1	10	10
	半年	2	5	10.25
	季	4	2.5	10.38
	月	12	0.833	10.46
	日	365	0.0274	10.51

第四节 资金流程图与计算基准点

一、资金流程与资金流程图

一切建设项目都可以抽象为一个系统。现金流量是指某一系统（如某投资项目或方案）在一定时期内，向该系统流入或由该系统流出的资金系列。系统中同一时间点的现金流入与现金流出之差称为净现金。净现金为正值表示现金流入大于现金流出；反之，则表示现金流入小于现金流出。净现金流量则是指一定时期内的净现金系列。按时间顺序表示的资金收支的过程，称为资金流程。

为了直观清晰地表达建设项目各年投入的费用和取得的收益，避免计算时发生错误，经常绘制按时间顺序表示资金收支过程的图形，即资金流程图。

资金流程图一般以横轴为时间轴，向右延伸表示时间的延续，轴线等分成若干间隔，轴上每一刻度表示一个时间单位，可表示年、半年、季或月等。时间轴上的点称为时点，以时间单位为年为例，该时点通常表示的是本年的年末，同时也是下一年的年初。整个横轴又可看成考察的"系统"。

垂直于时间坐标的箭线代表不同时点流入或流出这个"系统"的资金流程，箭线的长度根据资金流程的大小按比例画出，并在各垂线上方（或下方）注明其现金流量的数值；横轴上方表示现金流出，即表示投入、费用、成本，箭头指向横轴；横轴下方表示现金流入，即表示产出、收入、收益，箭头方向离开横轴。箭线与时间轴的交点即为现金流量发生的时间。时间序号标注在相邻资金发生点之间。

要正确绘制资金流程图，必须把握好现金流量的三要素，即现金流量的大小（资金的数额）、方向（资金的流向）和作用点（资金的发生时点）。

为了计算方便和统一，《水利建设项目经济评价规范》（SL 72—2013）规定，投入物和产出物除当年借款利息外，均按年末发生和结算。

根据上述规定，分别绘制某水电站 A 和某水电站 B 的资金流程图，如图 3-1、图

3-2所示。

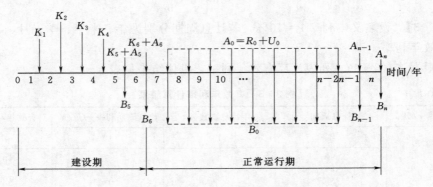

图3-1 某水电站A资金流程图

在图3-1中，第1～4年，每年投资记 $K_t(t=1,2,3,4)$。第5年与第6年（$t=5$，6），部分工程或部分机组设备陆续投入运行，项目的支出除投资 K_t 外，还包括年运行费 U_t 及还本付息费用 R_t，且逐年增加，记 $A_t=U_t+R_t$，年效益 B_t 也相应增加。根据《水利建设项目经济评价规范》（SL 72—2013），建设期是指项目开工第一年至项目完成建设投资相应的时期。对于一些水电站项目或供水工程在未完全建成时即有部分机组陆续投产，部分地区先期通水等情况，鉴于工程仍在建设，故该段时间仍属于建设期，不划分为运行初期。故图3-1中第1～6年为建设期。正常运行期是指建设项目达到设计效益相应的时期。在图3-1中，第7年开始达到设计效益，第7～n年为正常运行期，一般认为此段时间设计效益 B_0 为常数，支出 $A_0=U_0+R_0$ 为常数。但也有人认为，由于部分机组先行投入生产，在各机组的经济寿命相同的情况下，在正常运行期的最后几年这部分先行投入运行的机组，应陆续提前退出运行，按这种处理方法，在图3-1中正常运行期的最后两年，年效益、年运行费、还本付息费逐渐减少。由于水电站正常运行期较长，上述两种处理方法中无论哪种方法，经过动态经济分析，两者折现后的计算结果极为接近。

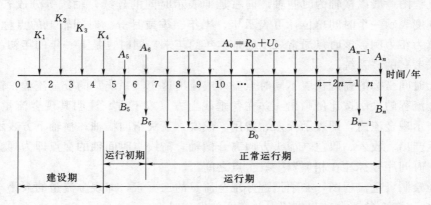

图3-2 某水电站B资金流程图

在图3-2中，第1～4年，每年投资记 $K_t(t=1,2,3,4)$，项目在第4年已完成全部建设投资，故第1～4年为建设期。第5年与第6年（$t=5$，6），部分工程或部分机组设备陆续投入运行，相应支出 A_t 也逐年增加，年效益 B_t 也相应增加，至第 7 年达到设计效益。通常将工程完成全部建设投资后，项目开始投产但尚未达到设计效益这段时间，称为运行初期。在图 3-2 中，第 5 年与第 6 年为运行初期，第 7～n 年为正常运行期。运行初期和正常运行期统称为项目的运行期。在正常运行期中第 7 年至第 n-2 年以及第 n-1 年、第 n 年的设计效益及支出与图 3-1 处理方法相同，如图 3-2 所示。

需要指出，图 3-1、图 3-2 中仅绘出了主要的资金收入和支出，在国民经济评价、财务评价中的资金收入和支出的构成，将分别在后续第四章和第五章中详细介绍。

二、资金时间价值的计算基准点

由于水利工程建设过程中，资金收入和支出的数量在各个时间均不相同，为了统一核算，便于综合分析与比较，需引入计算基准点的概念。

通常将不同时点上发生的费用和效益折算到同一时点，这一时点称为计算基准点，即在建设项目的经济评价中，作为费用、效益时间价值折算基准的年份。

计算基准年可以任意选定计算期内任一年，完全取决于计算习惯与方便，对工程经济评价的结论并无影响，通常以项目建设开始年作为计算基准年。《水利建设项目经济评价规范》（SL 72—2013）规定，资金时间价值的计算基准点，应定在建设期的第一年年初。但必须说明的是：计算基准点一经确定后就不能随意改变，否则影响综合分析与方案评价的结果。

三、计算分析期

（一）经济寿命的概念

工程或设备使用期间，年费用（年运行费与年折旧费之和）最小时，相应的使用年限为经济寿命，如图 3-3 所示。根据历史资料统计，水利水电工程的主要建筑物如大坝、溢洪道等土建工程的实际使用寿命，一般超过 100 年以上，但根据前述方法，水电站（土建部分）的经济寿命一般为 40～50 年，即在此经济寿命期内平均年费用最小。

一般情况下，正常运行期与经济寿命相等，常以经济寿命当作折旧年限。分析表明，不必详细分析工程或设备的经济寿命，参照固定资产的折旧年限即可。

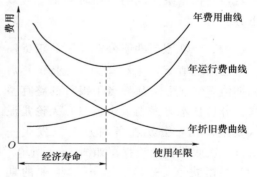

图 3-3 费用与使用年限关系图

（二）计算分析期的确定

计算分析期一般包括建设期和运行期两大部分。建设项目计算期的长短主要取决于建设项目本身的特性，因此无法对计算期作出统一规定。计算期不宜定得太长：一方面是因为按照现金流量折现的方法，把后期的净收益折为现值的数值相对较小，很难对经济效果分析结论产生有决定性的影响；另一方面由于时间越长，预测的数据会越不准确。

项目的建设期一般按照项目的设计工期或建设进度计划合理确定。对于正常运行期，

《水利建设项目经济评价规范》（SL 72—2013）规定，防洪、治涝、灌溉等工程为 30～50 年；大中型水电站、城镇供水工程等为 30～50 年；机电排灌站等工程为 15～25 年。

第五节　基　本　公　式

在资金时间价值的计算中，等值是一个十分重要的概念，它是指在考虑资金时间价值的情况下，不同时间、不同数额但其价值相等的资金。例如，现在的 10000 元与一年后的 10200 元，在数量上不相等，但如果将这 10000 元以年利率 2％存入银行，则两者是等值的。如果两个现金流量等值，则它们在任何时间折算的相应价值必定相等。利用资金等值概念，将一个时点发生的资金金额换算成另一时点的等值金额的过程称为等值计算。影响资金等值计算的要素有三个，即资金金额、资金的时点、计算的利率。

下面介绍等值计算的几个基本公式。

基本公式常用符号说明如下：

P——现值，本金，初始值，即 present worth；

F——到期的本利和，称为期值、终值或将来值，即 future worth；

A——每年年末的一系列连续等额数值，称为年均值、等额年值，即 annual worth；

G——等差系列的相邻级差值，即 gradation；

i——折现率或利率，％，即 interest；

n——期数，计算期，存期，一般以年数计。

需要指出，现值 P、期值 F、等额年值 A 是支出还是收益，需根据实际问题来确定，并根据绘图规则绘在时间轴上方或下方。

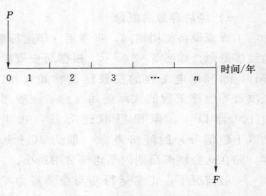

图 3-4　一次收付资金流程图

一、一次收付期值公式（由 P 求 F）

已知现值 P，年利率为 i，求 n 年后的期值 F。这个问题相当于银行的整存整取。分析技术方案的现金流量，无论是流入或是流出，分别在各时点上只发生一次。一次收付资金流程图如图 3-4 所示。

根据式（3-4），第 n 年年末的期值为

$$F = P(1+i)^n = P[F/P, i, n] \qquad (3-11)$$

式中　$(1+i)^n$——一次收付期值因子或一次收付复利因子（Single Payment Compound Amount Factor，SPCAF），通常用符号 $[F/P, i, n]$ 表示。

【例 3-4】　某企业因资金短缺，需向银行借款 100 万元，年利率 $i=5\%$，问 10 年后一次归还银行的本利和为多少？

解　此处 $P=100$ 万元，$n=10$ 年，$i=5\%$。

方法一：根据式（3-11），$F=P(1+i)^n=100\times(1+5\%)^{10}=162.89$（万元）。

方法二：查附表 1-2 可得，$[F/P，5\%，10]=1.6289$，则 $F=P\times[F/P，5\%，10]=100\times1.6289=162.89$（万元）。

如果年利率 $i=5\%$ 不变，但要求每月计息一次，则 10 年共有 120 个计息月数，即 $n=120$，相应的月利率 $i=5\%/12=4.2‰$。根据式（3-11），得

$$F=P(1+i)^n=100\times(1+4.2‰)^{120}=165.36\text{（万元）}$$

此步还可以先确定有效年利率，然后利用其进行计算，这里留给读者完成。

二、一次收付现值公式（由 F 求 P）

已知 n 年后的期值 F，年利率为 i，求现值 P。资金流程图如图 3-4 所示。

这个问题是一次收付期值公式的逆运算。由式（3-11）直接求得一次收付现值公式为

$$P=F(1+i)^{-n}=F[P/F,i,n] \tag{3-12}$$

式中　$(1+i)^{-n}$——一次收付现值因子（Single Payment Present Worth Factor，SPP-WF），用符号 $[P/F，i，n]$ 表示。

将期值折算成现值的方法称为折现或贴现。折现时所用的利率即为折现率，体现了经济活动中投入资金的增值能力。折现率越大，资金的增值能力越强。当国家规定此值时，则反映了国家对资金增值能力的估量，即为社会折现率。社会折现率表征社会对资金时间价值的估算，是从整个国民经济角度所要求的资金投资收益率标准，代表占用社会资金所应获得的最低收益率。

【例 3-5】 某企业因资金短缺，需向银行借款，年利率 $i=5\%$，10 年后需一次归还银行的本利和 162.89 万元，问该企业向银行借了多少钱？

解　此处 $F=162.89$ 万元，$n=10$ 年，$i=5\%$。

方法一：根据式（3-12），$P=F(1+i)^{-n}=162.89\times(1+5\%)^{-10}=100$（万元）

方法二：查附表 1-2 可得，$[P/F，5\%，10]=0.6139$，则 $P=F\times[P/F，6\%，10]=162.89\times0.6139=100$（万元）。

将此计算结果对比 [例 3-4]，验证了一次收付期值公式和一次收付现值公式互为逆运算。

由式（3-11）、式（3-12）可以看出，一次收付期值因子与一次收付现值因子互为倒数，即 $[P/F,i,n]=1/[F/P,i,n]$。

三、分期等付期值公式（由 A 求 F）

每年年末有一等额现金流序列，每年的金额均为 A，称为等额年值。在年利率为 i 的情况下，求 n 年后的期值 F。这个问题相当于银行的零存整取，每个等额年值 A 发生在年末。分期等付资金流程图如图 3-5 所示。

可将上述问题视为 n 个一次收付期

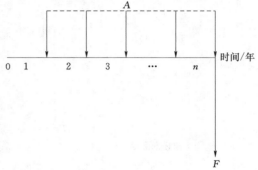

图 3-5　分期等付资金流程图

值计算的组合，可利用一次收付期值公式推导出分期等付期值公式。第 1 年年末的 A 折算到第 n 年年末可得期值 $F_1 = A(1+i)^{n-1}$，第 2 年年末的 A 折算到第 n 年年末可得期值 $F_2 = A(1+i)^{n-2}$，…，第（$n-1$）年年末的 A 折算到第 n 年年末可得期值 $F_{n-1} = A(1+i)$，第 n 年年末的 A 折算到第 n 年年末可得折算到期值 $F_n = A$，所以折算到第 n 年年末的总期值为

$$F = F_1 + F_2 + \cdots + F_{n-1} + F_n = A(1+i)^{n-1} + A(1+i)^{n-2} + \cdots + A(1+i) + A$$
$$= A[(1+i)^{n-1} + (1+i)^{n-2} + \cdots + (1+i) + 1]$$

利用等比级数求和公式，得分期等付期值计算公式为

$$F = A\left[\frac{(1+i)^n - 1}{i}\right] = A[F/A, i, n] \tag{3-13}$$

式中　$\left[\dfrac{(1+i)^n - 1}{i}\right]$——分期等付期值因子（Uniform Series Compound Amount Factor,

USCAF）或称等额系列复利因子，用符号 $[F/A, i, n]$ 表示。

【例 3-6】　某人每年年末存入银行 10000 元，年利率 $i = 5\%$，第 6 年年末可从银行得款多少？

解　此处 $A = 10000$ 元，$n = 6$ 年，$i = 5\%$。

方法一：根据式（3-13）进行计算，得

$$F = A\left[\frac{(1+i)^n - 1}{i}\right] = 10000 \times \left[\frac{(1+5\%)^6 - 1}{5\%}\right] = 10000 \times 6.8019 = 68019（元）$$

方法二：查附表 1-2 可得，$[F/A, 5\%, 6] = 6.8019$，则 $F = A \times [F/A, 5\%, 6] = 10000 \times 6.8019 = 68019$（元）。

思考：如果年利率不变，每年年初存入银行 10000 元，第 6 年年末可从银行得款又如何求呢？

首先绘制资金流程图，如图 3-6（a）所示。由图 3-6（a）可以看出，本例不符合分期等付期值计算公式的标准图形，在利用分期等付期值公式计算前，首先将图 3-6（a）换算成标准图形，如图 3-6（b）所示，即将每年年初存入的 $A = 10000$ 元，折算为每年年末存入 $A' = 10000 \times (1+5\%) = 10500$（元）。

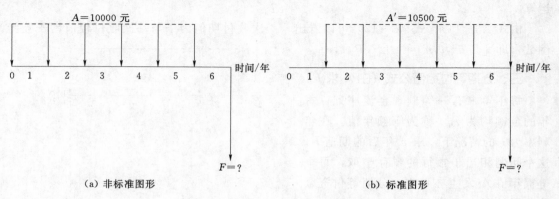

(a) 非标准图形　　　　　　　　　　　　(b) 标准图形

图 3-6　[例 3-6] 资金流程图

查附表 1-2 或根据式（3-13）进行计算，得

$$F = A'\left[\frac{(1+i)^n-1}{i}\right] = 10500 \times \left[\frac{(1+5\%)^6-1}{5\%}\right] = 10500 \times 6.8019 = 71419.95（元）$$

四、基金存储公式（由 F 求 A）

已知 n 年后更新机组设备需费用 F，年利率为 i，为此需在 n 年内每年年末预先存储一定的等额基金 A。资金流程图如图 3-5 所示。

这个问题是分期等付期值公式的逆运算。即已知期值 F，求与之等值的等额年值 A。由式（3-13）直接求得基金存储公式，即

$$A = F\left[\frac{i}{(1+i)^n-1}\right] = F[A/F, i, n] \tag{3-14}$$

式中 $\left[\dfrac{i}{(1+i)^n-1}\right]$——基金储存因子（Sinking Fund Deposit Factor，SFDF）或偿债基金因子、基金积累因子，表示符号为 $[A/F, i, n]$，它和分期等付期值因子互为倒数。

【例 3-7】 已知某水电站 25 年后需更新机组设备费 $F = 500$ 万元，年利率 $i = 6\%$，为此需在它的经济寿命 25 年内每年年末应提取多少基本折旧基金？

解　此处 $F = 500$ 万元，$n = 25$ 年，$i = 6\%$。

方法一：根据式（3-14），$A = F\left[\dfrac{i}{(1+i)^n-1}\right] = 500 \times \left[\dfrac{6\%}{(1+6\%)^{25}-1}\right] = 500 \times 0.0182 = 9.10$（万元）。

方法二：查附表 1-3 可得，$[A/F, 6\%, 25] = 0.0182$，则 $A = F \times [A/F, 6\%, 25] = 500 \times 0.0182 = 9.10$（万元）。

五、本利摊还公式（由 P 求 A）

已知某企业现在从银行借入一笔资金 P，年利率为 i，为保证在 n 年后偿清全部本金和利息，问在 n 年内每年年末需等额摊还多少本金和利息？这个问题相当于银行的整存零取，即已知 P，i，n，求 A。资金流程图如图 3-7 所示。

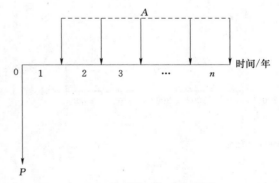

图 3-7　本利摊还资金流程图

将式（3-11）代入式（3-14）可得

$$A = F\left[\frac{i}{(1+i)^n-1}\right] = P(1+i)^n\left[\frac{i}{(1+i)^n-1}\right]$$

故而，本利摊还公式为

$$A = P\left[\frac{i(1+i)^n}{(1+i)^n-1}\right] = P[A/P, i, n] \tag{3-15}$$

式中 $\left[\dfrac{i(1+i)^n}{(1+i)^n-1}\right]$——本利摊还因子（Capital Recovery Factor，CRF）或资金回收因

子，用符号 $[A/P,i,n]$ 表示。

这是一个重要的因子，对项目进行技术经济评价时，它表示在考虑资金时间价值的条件下，对应于项目的单位投资，在项目寿命期内每年至少应该回收的金额。如果对应于单位投资的实际回收金额小于这个值，在项目的寿命期内就不可能将全部投资收回。

顺便指出，本利摊还因子还可表示为

$$[A/P,i,n]=\frac{i(1+i)^n}{(1+i)^n-1}=\left[\frac{i}{(1+i)^n-1}\right]+i=[A/F,i,n]+i \qquad (3-16)$$

即本利摊还因子等于基金存储因子与利率之和。

【例 3-8】 某工程于 2000 年年末从银行借到 100 亿元建设资金，年利率 $i=5\%$。试完成如下计算。

（1）若于 2020 年年末一次偿还本息，则应还金额为多少？

（2）若规定从 2001 年起每年年末等额偿还本息 A，于 2020 年年末正好还清全部本息，问每年年末应还多少？

（3）若规定于 2011 年开始每年年末等额偿还本息 A'，仍于 2020 年年末正好还清全部本息，问每年年末应还多少？

（4）若已知该工程 2020 年年末尚可回收残值 $L=10$ 亿元，问从 2001 年起每年年末等额还本息 A'' 为多少？

解 （1）该问题是已知 P、i、n，求 F 的问题。绘制资金流程图，如图 3-8 （a）所示。

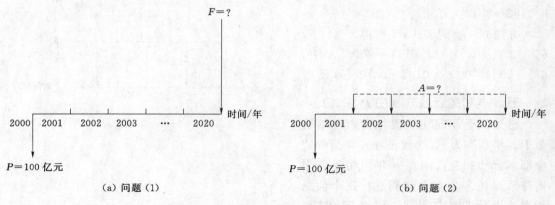

图 3-8　[例 3-8] 资金流程图（1）

根据式（3-11）可得，$F=P\times[F/P,i,n]=100\times[F/P,5\%,20]=100\times2.6533=265.33$（亿元）

（2）该问题是已知 P、i、n，求 A 的问题。绘制资金流程图，如图 3-8 （b）所示。

根据式（3-15），可得

$A=P\times[A/P,i,n]=100\times[A/P,5\%,20]=100\times0.0802=8.02$（亿元）

（3）绘制资金流程如图 3-9 （a）所示。由此可以看出，该问题不是本利摊还计算的标准图形，在利用本利摊还公式计算前，首先将图 3-9 （a）换算成标准图形，如图 3-9 （b）所示。

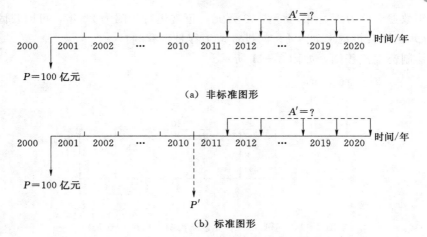

图 3-9 ［例 3-8］资金流程图（2）

根据一次收付期值公式求出 2010 年年末期值，为方便理解，这里用 P' 表示，即

$$P'=P[F/P,i,n]=100\times[F/P,5\%,10]=100\times1.6289=162.89（亿元）$$

自 2011 年开始至 2020 年每年年末等额偿还本息 A' 为

$$A'=P'[A/P,i,n]=162.89\times[A/P,5\%,10]=162.89\times0.1295=21.09（亿元）$$

（4）绘制资金流程如图 3-10 所示。

由于残值 L 可用来还款，与本题第二问比较，有残值 L 时，每年年末则可少还与残值 L 等值的 A_L，即 $A''=A-A_L$。而由残值 L 推求 A_L 属于已知期值求等额年值的计算，即

$$A_L=L[A/F,5\%,20]=10\times0.0302$$
$$=0.30（亿元）$$

图 3-10 ［例 3-8］资金流程图（3）

因此，自 2001 年开始至 2020 年每年年末等额偿还本息 A'' 为

$$A''=A-A_L=8.02-0.30=7.72（亿元）$$

还可采用其他方法计算 A''，请读者思考。

六、分期等付现值公式（由 A 求 P）

在图 3-7 中，若已知年利率为 i，n 年中每年年末发生支出 A，求与 n 个等额年值 A 等值的现值 P。这个问题是本利摊还公式公式的逆运算。由式（3-15）直接求得基金存储公式，即

$$P=A\left[\frac{(1+i)^n-1}{i(1+i)^n}\right]=A[P/A,i,n] \tag{3-17}$$

式中 $\left[\dfrac{(1+i)^n-1}{i(1+i)^n}\right]$——分期等付现值因子（Uniform Series Present Worth Factor, US-PWF），或称等额系列现值因子，用符号 $[P/A,i,n]$ 表示。

【例 3-9】 某工程需要总投资 800 万元，分 2 年投入，分别投入 400 万元，第 3 年开

始投产，年效益 300 万元，年运行费 40 万元，正常运行年限为 20 年，可回收固定资产余值为 80 万元，社会折现率为 8%。问投资该工程是否有利？

解　绘制资金流程图，如图 3-11 所示。

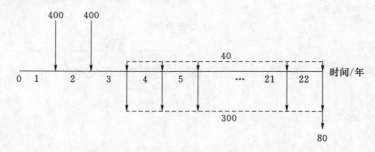

图 3-11　[例 3-9] 资金流程图（单位：万元）

由式（3-12）、式（3-17），可求出该工程在经济寿命期内总效益（包括效益、回收固定资产余值）现值为

$$PB = 300 \times [P/A, 8\%, 20] \times [P/F, 8\%, 2] + 80 \times [P/F, 8\%, 22]$$
$$= 300 \times 9.8181 \times 0.8573 + 80 \times 0.1839 = 2539.83 (万元)$$

该工程在经济寿命期内总费用（包括投资、年运行费）现值为

$$PC = 400 \times [P/F, 8\%, 1] + 400 \times [P/F, 8\%, 2] + 40 \times [P/A, 8\%, 20] \times [P/F, 8\%, 2]$$
$$= 400 \times 0.9259 + 400 \times 0.8573 + 40 \times 9.8181 \times 0.8573 = 1049.96 (万元)$$

因 $PB > PC$，所以投资该工程是有利的。

七、等差系列折算公式

对于水利水电工程，其建设往往历时较长，常常随着工程的进展，机组设备逐年增加，发电效益和年运行费也随之逐年递增，直至全部发电机组安装完毕。这时，现金流量表现为逐年递增的等差系列。

设有一系列等差现金流量 0，G，$2G$，$\cdots$，$(n-1)G$ 分别发生在第 $1,2,3,\cdots,n$ 年年末，资金流程图如图 3-12 所示。若已知年利率为 i，求该等差系列在第 n 年年末的期值 F、在第 1 年年初的现值 P，以及相当于等额系列的年摊还值 A。

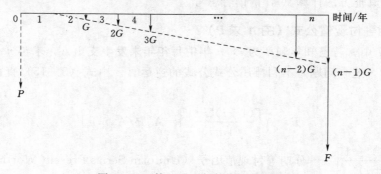

图 3-12　等差系列折算资金流程图

需要特别强调的是：等差系列的第一个值必须为 0。

（一）等差系列期值公式（已知 G 求 F）

可将上述问题视为 $n-1$ 个一次收付期值计算的组合，可利用一次收付期值公式推导出等差系列期值公式。第 2 年年末的 G 折算到第 n 年年末可得期值 $F_1=G(1+i)^{n-2}$，第 3 年年末的 $2G$ 折算到第 n 年年末可得期值 $F_2=2G(1+i)^{n-3}$，…第 $(n-1)$ 年年末的 $(n-2)G$ 折算到第 n 年年末可得期值 $F_{n-2}=(n-2)G(1+i)$，第 n 年年末的 $(n-1)G$ 折算到第 n 年年末可得折算到期值 $F_{n-1}=(n-1)G$，所以折算到第 n 年年末的总期值 F 为

$$F=G(1+i)^{n-2}+2G(1+i)^{n-3}+\cdots+(n-3)G(1+i)^2+(n-2)G(1+i)+(n-1)G$$
$$(3-18)$$

将式（3-18）左右两边同时乘以 $(1+i)$，得

$$F(1+i)=G(1+i)^{n-1}+2G(1+i)^{n-2}+\cdots+(n-3)G(1+i)^3+(n-2)G(1+i)^2$$
$$+(n-1)G(1+i) \qquad (3-19)$$

用式（3-19）减式（3-18）得

$$Fi=G[(1+i)^{n-1}+(1+i)^{n-2}+\cdots+(1+i)^3+(1+i)^2+(1+i)+1-n]$$

利用等比级数求和公式，整理可得等差支付期值公式为

$$F=\frac{G}{i}\left[\frac{(1+i)^n-1}{i}-n\right]=\frac{G}{i}\{[F/A,i,n]-n\}=G[F/G,i,n] \qquad (3-20)$$

式中 $\dfrac{1}{i}\left[\dfrac{(1+i)^n-1}{i}-n\right]$——等差系列期值因子（Arithmetic Series Compound Amount Factor，ASCAF），用符号 $[F/G,\ i,\ n]$ 表示。

（二）等差系列现值公式（已知 G 求 P）

将式（3-20）代入一次收付期值公式 $P=F(1+i)^{-n}$，可得

$$P=\frac{\dfrac{G}{i}}{(1+i)^n}\left[\frac{(1+i)^n-1}{i}-n\right]=\frac{G}{i}\left[\frac{(1+i)^n-1}{i(1+i)^n}-\frac{n}{(1+i)^n}\right]$$
$$=\frac{G}{i}\{[P/A,i,n]-n[P/F,i,n]\}=G[P/G,i,n] \qquad (3-21)$$

式中 $\dfrac{1}{i}\left[\dfrac{(1+i)^n-1}{i(1+i)^n}-\dfrac{n}{(1+i)^n}\right]$——等差系列现值因子（Arithmetic Series Present Worth Factor，ASPWF），用符号 $[P/G,\ i,\ n]$ 表示。

（三）等差系列年值公式（已知 G 求 A）

将式（3-20）代入基金存储公式 $A=F\dfrac{i}{(1+i)^n-1}$，可得

$$A=\frac{G}{i}\left[\frac{(1+i)^n-1}{i}-n\right]\left[\frac{i}{(1+i)^n-1}\right]=G\left[\frac{1}{i}-\frac{n}{(1+i)^n-1}\right]=G[A/G,i,n]$$
$$(3-22)$$

式中 $\left[\dfrac{1}{i}-\dfrac{n}{(1+i)^n-1}\right]$——等差系列年值因子（Arithmetic Series Capital Recovery

Factor，ASCRF），用符号 $[A/G，i，n]$ 表示。

不同利率下等差系列复利因子可查附录 1 复利因子表得到。

【例 3-10】　某一水电站由于机组台数较多，建设期长达 10 年。随着水力发电机组容量的逐年增加，效益逐年成等差递增，具体各年效益见表 3-2。

表 3-2 　　　　　　　　　　　某水电站各年效益表

时间/年	1	2	3	4	5	6	7	8	9	10
效益/万元	100	200	300	400	500	600	700	800	900	1000

已知 $i=8\%$，试求：

（1）该水电站到第 10 年年末的总效益期值。

（2）该水电站在建设期内总效益的现值。

（3）该水电站在建设期内总效益的等额年效益。

解　绘制资金流程图如图 3-13 所示。

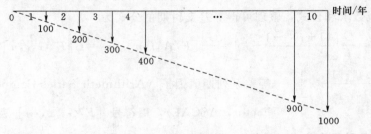

图 3-13　[例 3-10] 资金流程图（1）（单位：万元）

对比图 3-12 可以看出，本例不符合等差系列折算公式的标准图形，在利用等差系列折算公式计算前，首先对图 3-13 进行处理，即把其分解为两部分：① $A=100$ 万元，$n=10$ 年的分期等付系列，如图 3-14（a）所示；② $G=100$ 万元，$n=10$ 年的等差系列，如图 3-14（b）所示。

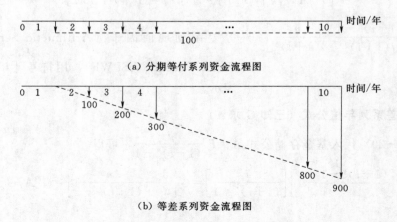

（a）分期等付系列资金流程图

（b）等差系列资金流程图

图 3-14　[例 3-10] 资金流程图（2）（单位：万元）

（1）现分别求这两个系列的期值 F。

对于图 3-14（a）所示分期等付系列，已知 $A=100$ 万元，$n=10$，$i=8\%$，根据式（3-13）有

$$F_1=A[F/A,i,n]=100\times[F/A,8\%,10]=100\times14.4866=1448.66（万元）$$

对于如图 3-14（b）所示的等差系列，已知 $G=100$ 万元，$n=10$ 年，$i=8\%$，根据式（3-20）有

$$F_2=G[F/G,i,n]=100\times[F/G,8\%,10]=100\times56.0820=5608.20（万元）$$

则该水电站到第 10 年年末的总效益期值为

$$F=F_1+F_2=1448.66+5608.20=7056.86（万元）$$

（2）该水电站在建设期内总效益的现值 P 为

$$P=A[P/A,8\%,10]+G[P/G,8\%,10]=100\times6.7101+100\times25.9768=3268.69（万元）$$

（3）该水电站在建设期内总效益的等额年效益 A 为

$$A=100+G[A/G,8\%,10]=100+100\times3.8713=487.13（万元）$$

必须注意，在利用资金时间价值计算公式解决实际问题时，一定要注意公式应用的资金流程图的标准式，只有符合标准形式的资金流程才可直接利用公式进行计算。对于不符合标准式的资金流程，必须先将其转化成标准形式，否则不能直接应用公式进行计算。

八、等比级数增长系列折算公式

随着国民经济的发展，在防洪保护区内的财产是逐年递增的，一旦遭受淹没，其单位面积的损失值也是逐年递增的，即防洪工程对应的防洪效益逐年递增。这时，现金流量表现为逐年递增的等比级数增长系列，下面就这种等比级数增长系列进行讨论。

3-2 等比级数增长系列折算公式及应用▶

设有一系列每年按百分比 j 递增的现金流量 $G_1,G_2,\cdots,G_{n-1}$ 分别发生在第 $1,2,3,\cdots,n$ 年年末，即 $G_2=G_1(1+j),\cdots,G_{n-1}=G_1(1+j)^{n-2}$，$G_n=G_1(1+j)^{n-1}$，资金流程图如图 3-15 所示。已知年利率为 i，求该等比级数增长系列在第 n 年年末的期值 F、在第 1 年年初的现值 P，以及相当于等额系列的年摊还值 A。

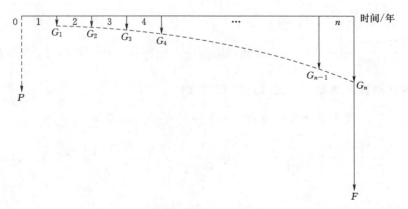

图 3-15 等比级数增长系列折算资金流程图

设 $G_1 = G$，则 $G_2 = G(1+j), \cdots, G_{n-1} = G(1+j)^{n-2}, G_n = G(1+j)^{n-1}$。

（一）等比级数系列期值公式（已知 G 求 F）

我们可将上述问题视为 n 个一次收付期值计算的组合，可利用一次收付期值公式推导出等比级数期值公式。第 1 年年末的 G 折算到第 n 年年末可得期值 $F_1 = G(1+i)^{n-1}$，第 2 年年末的 $G(1+j)$ 折算到第 n 年年末可得期值 $F_2 = G(1+j)(1+i)^{n-2}$，$\cdots$，第 $(n-1)$ 年年末的 $G(1+j)^{n-2}$ 折算到第 n 年年末可得期值 $F_{n-1} = G(1+j)^{n-2}(1+i)$，第 n 年年末的 $G(1+j)^{n-1}$ 折算到第 n 年年末可得折算到期值 $F_n = G(1+j)^{n-1}$，所以折算到第 n 年年末的总期值 F 为

$$
\begin{aligned}
F &= F_1 + F_2 + \cdots + F_{n-1} + F_n = G(1+i)^{n-1} + G(1+j)(1+i)^{n-2} + \cdots \\
&\quad + G(1+j)^{n-2}(1+i) + G(1+j)^{n-1} \\
&= G(1+j)^{n-1}\left[1 + \frac{(1+i)}{1+j} + \cdots + \left(\frac{1+i}{1+j}\right)^{n-1}\right]
\end{aligned} \tag{3-23}
$$

将式（3-23）左右两边同时乘以 $\left(\dfrac{1+i}{1+j}\right)$，则得

$$
\left(\frac{1+i}{1+j}\right)F = G(1+j)^{n-1}\left[\frac{1+i}{1+j} + \left(\frac{1+i}{1+j}\right)^2 + \cdots + \left(\frac{1+i}{1+j}\right)^n\right] \tag{3-24}
$$

以式（3-24）减式（3-23），则得

$$
\left(\frac{i-j}{1+j}\right)F = G(1+j)^{n-1}\left[\left(\frac{1+i}{1+j}\right)^n - 1\right]
$$

整理可得等比级数期值公式为

$$
F = G\frac{(1+i)^n - (1+j)^n}{i-j} = G[F/G, i, j, n] \quad (i \neq j) \tag{3-25}
$$

式中 $\dfrac{(1+i)^n - (1+j)^n}{i-j}$——等比级数期值因子，用符号 $[F/G, i, j, n]$ 表示。

（二）等比级数系列现值公式（已知 G 求 P）

将式（3-25）代入一次收付期值公式 $P = F(1+i)^{-n}$，可得

$$
P = G\frac{(1+i)^n - (1+j)^n}{(i-j)(1+i)^n} = G[P/G, i, j, n] \quad (i \neq j) \tag{3-26}
$$

式中 $\dfrac{(1+i)^n - (1+j)^n}{(i-j)(1+i)^n}$——等比级数现值因子，用符号 $[P/G, i, j, n]$ 表示。

（三）等比级数系列年值公式（已知 G 求 A）

将式（3-25）代入基金存储公式 $A = F\dfrac{i}{(1+i)^n - 1}$，可得

$$
A = G\frac{(1+i)^n - (1+j)^n}{i-j}\left[\frac{i}{(1+i)^n - 1}\right] = G\frac{i[(1+i)^n - (1+j)^n]}{(i-j)[(1+i)^n - 1]} = G[A/G, i, j, n] \quad (i \neq j)
$$
$$\tag{3-27}$$

式中 $\dfrac{i[(1+i)^n - (1+j)^n]}{(i-j)[(1+i)^n - 1]}$——等比级数年值因子，用符号 $[A/G, i, j, n]$ 表示。

当 $i=j$ 时，由（3-23）式第二个等号右边容易得出

$$F=Gn(1+i)^{n-1} \quad (i=j) \tag{3-28}$$

$$P=Gn/(1+i) \quad (i=j) \tag{3-29}$$

而等额年值 A，可由 F 求得，或由 P 求得。

【例 3-11】 某水利工程于 2001 年投产，该年年底获得年效益 $B=200$ 万元，以后拟加强经营管理，年效益将以 $j=5\%$ 的速度按等比级数逐年递增。设年利率 $i=8\%$，试求：

（1）2010 年年末该工程可获得的年效益为多少？

（2）在 2001—2010 年的 10 年内总效益现值 P 及其效益年值 A 各为多少？

解 （1）根据 $B=200$ 万元，$j=5\%$，$n=10$ 年，预计该工程在 2010 年年末的年效益为

$$G_{10}=G(1+j)^{n-1}=200(1+0.05)^9=200\times1.5513=310.26(万元)$$

（2）根据式（3-26），查附表 1-13 可知，$[P/G,8\%,5\%,10]=8.1836$。则该工程在 2001—2010 年的总效益现值为

$$P=G[P/G,i,j,n]=200\times[P/G,8\%,5\%,10]=200\times8.1836=1636.72（万元）$$

（3）根据式（3-27），该工程在 2001—2010 年的效益年值为

$$A=G\frac{i[(1+i)^n-(1+j)^n]}{(i-j)[(1+i)^n-1]}=200\times\frac{0.08\times[(1+0.08)^{10}-(1+0.05)^{10}]}{(0.08-0.05)\times[(1+0.08)^{10}-1]}=243.92(万元)$$

或者利用由现值 P 求等额年值 A 的公式计算该年值 A，则更为简单，结果与上述相同，读者可自行验证。

对等值计算基本公式进行小结，见表 3-3。

表 3-3 **等值计算基本公式小结**

支付类型	计算简图	公式名称	计 算 公 式
一次收付		一次收付期值公式	$F=P(1+i)^n=P[F/P,i,n]$
		一次收付现值公式	$P=F(1+i)^{-n}=F[P/F,i,n]$
等额多次收付		分期等付期值公式	$F=A\left[\dfrac{(1+i)^n-1}{i}\right]=A[F/A,i,n]$
		基金存储公式	$A=F\left[\dfrac{i}{(1+i)^n-1}\right]=F[A/F,i,n]$
		本利摊还公式	$A=P\left[\dfrac{i(1+i)^n}{(1+i)^n-1}\right]=P[A/P,i,n]$
		分期等付现值公式	$P=A\left[\dfrac{(1+i)^n-1}{i(1+i)^n}\right]=A[P/A,i,n]$

强调指出：使用 P 与 F 关系式，必须符合 P 发生在第一计息期期初（0 点），F 发生在计算期期末。等额年值 A 发生在各期期末，使用 P 与 A 关系式，必须符合 P 发生在第一个 A 所在计息期的期初，使用 A 与 F 关系式，必须符合系列的最后一个 A 与 F 同时发生。

思考题与技能训练题

【思考题】

1. 如何理解资金的时间价值？考虑资金的时间价值有何意义？

2. 什么是利息、利率？单利计息与复利计息有何区别？

3. 什么是计息周期？

4. 什么是名义年利率、有效年利率？名义年利率、有效年利率、计息周期利率三者的关系式？

5. 什么是资金流程图？其作用是什么？如何绘制？

6. 什么是等值计算？试写出等值计算的 6 个基本公式，说明每一公式的名称、使用条件和相应的资金流程图。

7. 什么是折现和折现率？

3－3　等值计算公式小结与综合例题▶

3－4　Excel 软件在等值计算中的应用▶

【技能训练题】

1. 从甲银行取得贷款，年利率为 5%，计息周期为年。从乙银行取得贷款，年利率为 4.95%，每月计息一次。试回答向甲、乙两银行贷款的名义年利率和有效年利率各为多少？若贷款使用时间超过一年，试说明向哪个银行贷款较为有利。

2. 已知名义年利率为 4.75%，若实际计息周期分别为年、半年、季度、月、日，则有效年利率分别为多少？

3. 已知名义年利率为 4.75%，每月计息一次，则半年的名义利率和有效利率分别为多少？

4. 某工程年初向银行贷款 100 万元，年利率为 4.75%，问第 5 年年末应偿还的本利和为多少？

5. 某单位想在 10 年后拥有 2000 万元技改资金，若年利率为 2%，问现在应一次存入银行多少现金（要求绘出资金流程图）？

6. 某灌溉工程，多年年平均效益为 8 万元，折现率为 8%，问第 12 年年末累计效益为多少（要求绘出资金流程图）？

7. 设 10 年内每年年初存款 10 万元，年利率为 2%，问第 10 年年末本利和为多少（要求绘出资金流程图）？

8. 某企业为了在 5 年后筹款 100 万元，在年利率为 2% 的条件下，问每年年末应等额存入多少现金（要求绘出资金流程图）？

9. 某灌溉工程，2011 年兴建，当年发挥效益，使用寿命为 30 年，年平均效益为 80 万元，折现率 $i=8\%$。

（1）将全部效益折算到 2011 年年初的现值为多少（要求绘出资金流程图）？

（2）若将折现率增大到 $i=12\%$，将全部效益折算到 2011 年年初的现值是增大还是减小？试计算并分析说明。

10. 某单位年初以 10 万元资金购买喷灌机，在折现率为 8% 的条件下，准备 5 年内通过发挥喷灌效益回收全部投资，问每年应等额回收多少资金（要求绘出资金流程图）？

11. 某单位于 2000 年年末借贷到 1 亿元建设资金，年利率 $i=6\%$。（1）若于 2020 年年末一次偿还本息，则应还金额为多少？（2）若规定从 2001 年起每年年末等额偿还，于 2020 年年末正好全部还清，问每年年末应还多少？（3）若规定于 2011 年开始每年年末等额偿还，仍于 2020 年年末正好还清，问每年年末应还多少？

12. 若复利年利率为 2％，要使自今后第 6 年年末提取 5000 元，第 8 年年末提取 10000 元，第 10 年年末提取 9000 元，三次把本利和提取完毕。问现在应一次性存入多少元？若改为前 5 年筹集这笔款项，每年年末应等额存入多少元？

13. 某灌溉工程 2000 年开始兴建，2002 年年末完工，2003 年开始受益，使用寿命为 30 年，年平均灌溉效益为 80 万元，折现率 $i = 8\%$，问将各年灌溉效益折算到 2000 年年初的现值为多少（要求绘出资金流程图）？

第四章 国民经济评价

[学习指南] 经济评价包括财务评价和国民经济评价，是建设项目可行性研究的重要组成部分。本章在简要说明国民经济评价的内容、程序的基础上，系统阐述国民经济评价中费用和效益的识别，并介绍费用效益流量表的编制、国民经济评价指标及效果分析等内容。本章学习目标如下。

（1）熟练表述国民经济评价、社会折现率、转移支付等术语。

（2）能区别直接费用与间接费用、直接效益与间接效益。

（3）熟练识别转移支付。

（4）会区分独立方案、互斥方案；理解方案的可比性条件。

（5）熟悉表述社会折现率的作用，并能正确确定与使用。

（6）理解国民经济评价中效益、费用的构成；会编制国民经济评价报表。

（7）熟练掌握经济净现值、经济内部收益率、经济效益费用比、经济净年值各评价指标的定义、定义式与计算方法，能熟练应用其进行单一项目的经济评价。

（8）能利用经济净现值法、经济净年值法、增量经济效益费用法、差额经济内部收益率法进行互斥方案的比选。

（9）能熟练应用费用年值法与费用现值法、效益年值法与效益现值法解决方案比选的两种特殊情况。

（10）能用投资收益率法、静态投资回收期法对项目进行评价。

第一节 国民经济评价的目的与基本步骤

国民经济评价是项目经济评价的重要组成部分，它是指在合理配置社会资源的前提下，从国家经济整体利益的角度出发，计算项目对国民经济的贡献，分析项目的经济效率、效果和对社会的影响，评价项目的经济合理性。项目经济评价的基本原理就是通过比较所获得的收益与所付出的耗费，判断项目的经济合理性。

一、国民经济评价的目的

国民经济评价是一种宏观评价，建设项目为国家所做的贡献应该大于或等于国家为此付出的代价。国民经济评价的目的主要有以下两个方面。

（1）促进国家资源的合理配置。例如，国家或行业将根据国家经济政策适时调整国民经济评价中的社会折现率，以起到鼓励或抑制某些行业发展或项目建设的作用。

（2）正确反映项目对社会的净贡献，评价项目的经济合理性，并从多个经济合理的方案中选优。由于存在国家给予项目的补贴、企业向国家缴纳的税金、某些货物市场价格不能反映其真实价值、项目具有间接效益和间接费用等，项目利益与国家和社会利益不总是完全一致。因而需要从国家的角度判断项目对社会的净贡献，进而评价项目的经济合理性。

二、国民经济评价的一般规定

（一）关于国民经济评价中影子价格的规定

进行国民经济评价时，投入物和产出物的价格原则上都使用影子价格。考虑到水利建设项目的费用和效益涉及的货物种类十分复杂，要测算每一货物的影子价格工作量浩大，远非规划设计单位所能办到，同时有些货物的价值量占项目总费用或总效益的比例很小，也没有必要都进行影子价格的计算，为此，在不影响评价结论的前提下，可采用适当简化的办法调整主要投入物或产出物的价格，也可只对其价值在费用或效益中所占比重较大的部分采用影子价格，其余部分的取值采用财务价格。影子价格的计算见第二章。

（二）关于国民经济评价中社会折现率的规定

社会折现率表征社会对资金时间价值的估算，是从整个国民经济角度所要求的资金投资收益率标准，代表占用社会资金所应获得的最低收益率。

社会折现率是建设项目国民经济评价的重要通用参数。采用适当的社会折现率进行项目国民经济评价，有助于合理使用建设资金，引导投资方向，调控投资规模，促进资金的合理配置。目前，国家规定全国各行业、各地区都统一采用8％的社会折现率。考虑到水利建设项目的特殊性，特别是防洪除涝等属于社会公益性质的建设项目，有些效益，如政治影响、社会效益、环境效益、地区经济发展的效益等很难用货币表示，使得这些项目中用货币表示的效益比它实际发挥的效益要小。因此，规定对属于或主要为社会公益性质的项目，可同时采用一个略低的社会折现率6％进行国民经济评价，供项目决策参考。

三、国民经济评价的基本步骤

对建设项目进行国民经济评价时，其基本步骤可以概括为以下几点：

（1）计算项目的直接效益。

（2）分别估算项目固定资产投资、年运行费、流动资金、更新改造费等直接费用。

（3）识别项目的间接效益和间接费用，能定量计算的应定量计算，难以定量的应作定性描述。

（4）编制国民经济评价费用效益流量表。

（5）计算国民经济评价指标，并判断其经济合理性。

第二节　国民经济评价的费用和效益

正确识别和计算建设项目的费用和效益，是保证国民经济评价是否合理的重要条件和必要前提。

一、国民经济评价的转移支付

转移支付是指从国家的角度，不造成资源消耗或增加的各种支付。如国内银行贷款利息、税金、各种补贴等，是国民经济内部各部门之间所发生的效益或费用的互相转移，并不导致实际的资源的增加或消耗，因此转移支付不计入国民经济评价的费用或效益。但是，项目从国外融资的贷款利息不属于转移支付，必须计入项目的费用。

二、国民经济评价的费用

水利建设项目国民经济评价中所指建设项目的费用，应是国家为项目建设和运行投入的全部代价，包括直接费用和间接费用。

4-1　识别国民经济评价中的效益和费用▶

水利建设项目国民经济评价中的直接费用，是指用影子价格计算的项目投入物的经济价值，如水利建设项目中的固定资产投资、更新改造费、流动资金和年运行费用等均为直接费用。

间接费用也称外部费用，是指国民经济为项目付出的其他代价，而项目本身并不实际支付的费用，如上游建库后引起下游干旱、历史文化遗产造成的破坏或损失等不利影响、环境与社会造成的负面影响所需的费用等。

需要指出，国民经济评价中的投资，应依据《水利建设项目经济评价规范》（SL 72—2013）附录 B 在工程设计概（估）算投资基础上进行调整，剔除工程设计概（估）算中属于国民经济内部的转移支付，主要有设备储备国内的贷款利息、税金；按影子价格调整项目所需主要材料的费用；按影子价格调整主要设备的投资；按土地影子费用调整项目占地、淹没土地补偿费；按影子工资调整劳动力费用；调整基本预备费；剔除预备费中的价差预备费。国民经济评价中的年运行费，可采用影子价格按第二章介绍的分项计算法确定，也可根据项目总成本费用调整计算，需剔除项目总成本费用中的折旧费、摊销费、利息净支出及水资源费、固定资产保险费等。

三、国民经济评价的效益

水利建设项目国民经济评价中的效益指按有无项目对比可获得对国民经济的全部贡献，包括直接效益和间接效益。

水利建设项目国民经济评价中的直接效益，是指用影子价格计算的项目产出物（水利产品和服务）的经济价值；不增加产出的项目，其效益表现为投入的节约，即释放到社会上的资源的经济价值。如水利建设项目建成后水电站的发电收益，减少的洪灾损失，增加的农作物等主、副产品的价值等，均为水利建设项目的直接效益。

间接效益又称外部效益，是指项目为国民经济作出的其他贡献，而项目本身未得到的那部分效益。如项目的兴建促进了地区的经济发展，河流上游建设水利水电工程后增加了河流下游水电站的发电效益等，均为水利建设项目的间接效益。

四、计算费用和效益时的有关说明与注意事项

（1）水利建设项目国民经济评价中的费用和效益宜用货币表示；不能用货币表示的，应用其他定量指标表示；确实难以定量的，可定性描述。

（2）国民经济评价中的费用和效益，原则上都应使用影子价格。在不影响评价结论的前提下，也可只对其价值在费用和效益中所占比重较大的部分采用影子价格，其余部分的取值采用财务价格。国民经济评价的投资应在工程设计概（估）算投资编制的基础上按影子价格进行调整，依据《水利建设项目经济评价规范》（SL 72—2013）附录 B 进行编制，并增加工程设计概（估）算中未计入的间接费用，即为实现项目最终效益所需的其他环节

费用。

（3）"间接"和"直接"是相对的。当把项目与项目以外其他措施结合起来进行评价时，相应的间接费用和间接效益就转变为直接费用和直接效益，即"外部效果内部化"。

（4）影子价格中已体现了项目的某些外部费用和效益，则计算间接费用和间接效益时，不得重复计算该费用和效益。

（5）只计算与项目一次相关比较明显、能用货币计量的间接费用和间接效益，不宜扩展过宽。

（6）费用与效益的计算口径要对应一致，即效益计算到哪一个层次（范围），费用也相应要计算到哪一个层次（范围）。

五、国民经济评价费用效益流量表

对建设项目进行费用效益分析，应编制费用效益流量表，见表 4-1。该表中包括计算期内各年的费用、效益和净效益等，据此可计算建设项目的各项经济评价指标，用以评价其经济合理性。

表 4-1　　　　　　　　　　　费 用 效 益 流 量 表　　　　　　　　　　单位：

| 序号 | 项　　目 | 计算期（年份） | | | | | | 合计 |
| | | 建设期 | | | 运行期 | | | |
		1	2	...	...	$n-1$	n	
1	效益流量 B							
1.1	项目各项功能的效益							
1.1.1	×××××							
1.1.2	×××××							
1.1.3	×××××							
1.2	回收固定资产余值							
1.3	回收流动资金							
1.4	项目间接效益							
1.5	项目负效益							
2	费用流量 C							
2.1	固定资产投资							
2.2	流动资金							
2.3	年运行费							
2.4	更新改造费							
2.5	项目间接费用							
3	净效益流量（$B-C$）							
4	累计净效益流量 $\sum(B-C)$							

评价指标：经济内部收益率
　　　　　经济净现值（$i_s=$　　）
　　　　　经济效益费用比（$i_s=$　　）

注　项目各功能的效益应根据该项目的实际功能计列；项目负效益用负值表示。

第三节　工程方案的分类与方案比较的前提

一、工程方案的分类

由于技术经济条件的不同，实现同一目的的工程方案也不同。因此，经济效果评价的基本对象就是实现预定目的的各种工程方案。工程方案可分为单方案和多方案，多方案又分为互斥型多方案、独立型多方案和混合型多方案。

（一）单方案

单方案又称独立方案，指建设项目的一个具体方案或一种确定型号的设备。

单方案的经济合理性取决于方案自身的经济特性，即只要方案满足预定的评价标准，则方案在经济上是合理的。单方案通常采用净现值法、内部收益率法、效益费用比法、投资收益率法、投资回收期法等进行评价。

（二）互斥型多方案

对于作为评价对象的一组方案，若各方案之间是互不相容、互相排斥的，即选择其中一方案则不能选择其他任何方案，则这一组方案为互斥方案。例如，水库不同坝高方案的选择，则是互斥型多方案。又如，方案 A：整治某一条河道使其泄量 $Q=1000\text{m}^3/\text{s}$；方案 B：整治某一条河道使其泄量 $Q=2000\text{m}^3/\text{s}$（方案 A 和方案 B 中的河道为同一条河道）。如果选择了方案 A，必然不能选择方案 B。方案 A 和方案 B 即为互斥型多方案。

对于一组互斥型多方案，其经济效果评价包括两部分内容：一是单方案的评价，即采用净现值、净年值、内部收益率、效益费用比等评价指标对拟定的单一方案进行经济合理性的论证，淘汰经济上不合理的单一方案；二是多方案的比选，可用净现值、净年值、增量效益费用比、差额投资内部收益率、费用现值、费用年值、差额投资回收期等评价指标进行比选。

（三）独立型多方案

对于作为评价对象的一组方案，其现金流是独立的，在无资源约束的条件下，接受或舍弃某个方案并不影响其他方案的取舍，则这一组方案为独立型多方案。如方案 A：买一套喷灌设备；方案 B：买一台施工机械。选择方案 A 对是否选择方案 B 不产生影响。方案 A 和方案 B 即为独立型多方案。独立方案的采用与否，只取决于方案本身的经济特性，故独立型多方案的经济评价与单方案相同。

需要特别说明的是，若有资源约束，则各个独立型多方案将形成互斥型多方案。

（四）混合型多方案

对于作为评价对象的一组方案，方案之间有些具有互斥关系，有些具有独立关系，则这一组方案为混合型多方案。混合型多方案的比选根据组合情况的不同而采用不同的评价和优选方法。

二、方案比较的前提

从若干个方案中进行比较优选，应当严格注意各方案的可比性，这是工程方案比较的前提。参与比较的各方案在研究深度、价格水平等指标上应具有可比性，其分析计算原则和方法应一致。

（一）满足需要的可比性

满足需要的可比性，指各比较方案在产品（水、电等产品及其他水利服务）的数量、质量、供应的时间、地点和可靠性及对自然资源的合理利用、生态平衡、环保等方面，应同等程度地满足国民经济发展的需要。例如：为满足供水的需求，可开发当地地下水资源，也可拦河筑坝蓄水，水体经过处理后供给各个用水户。这两个方案在技术上都是可行的，应同时均能满足该地区对水量、水质及可靠性的要求。

（二）满足费用的可比性

满足费用的可比性，指各方案的费用均应包括主体工程和配套工程的投资以及年运行费。例如，在电力系统工程中，无论水电站还是火电站工程方案，其费用都应从一次能源开发工程开始，至二次能源转变完成并输电至负荷中心地区为止。水电站方案包括大坝、输水建筑物、水电厂、输变电工程及投入运行后的年运行费等费用；火电站方案包括火电厂、运煤铁路、输变电工程、煤矿及投入运行后的年运行费等费用。

（三）满足深度的可比性

满足深度的可比性，指各个比较方案应处于同样的论证阶段，以便在投资、年运行费和效益的估算等方面，具有大致相当的资料精度和计算精度要求。

（四）满足价格水平的可比性

满足价格水平的可比性，指各个参比方案的投入物和产出物所采用的价格水平要一致。由于各年的物价水平并不相同，因此在计算各方案的费用或效益时，应首先决定采用某一价格水平年。对于国民经济评价，各方案均应采用该价格水平年的影子价格；对于财务评价，各方案均应采用该价格水平年的财务价格。

（五）满足时间价值的可比性

满足时间价值的可比性，指当各方案的计算期相同时，应将各方案逐年的投资、年运行费和效益等，根据规定的社会折现率统一折算到同一计算基准点，进而求出各方案在计算基准点的总现值，然后进行比较；当各方案的计算期不同时，应将计算基准点的总现值折算为年值，再进行方案比较。

（六）满足环境保护与生态平衡等要求的可比性

满足环境保护与生态平衡等要求的可比性，指各个方案应同等程度满足国民经济对环境保护、生态平衡各方面的要求，或者采取补偿措施，使各比较方案都能满足国家规定的要求。

第四节　单一项目国民经济评价的动态方法

按是否考虑资金的时间价值，国民经济评价方法可分为静态评价方法和动态评价方法。对应的评价指标也有静态评价指标和动态评价值指标之分。本节介绍单一项目国民经济评价的动态方法。

对于单一项目，国民经济评价的动态方法包括经济净现值（$ENPV$）法、经济净年值（$ENAV$）法、经济效益费用比（R_{BC}）法、经济内部收益率（$EIRR$）法等。

4-2 某一建设项目的国民经济评价▶

一、经济净现值法

经济净现值 $ENPV$（Economic Net Present Value）是指以社会折现率（i_s）将项目计算期内各年的净效益折算到计算期初（基准点）的现值之和，也可以用社会折现率（i_s）折算到计算期初（基准点）的项目各年效益的现值总和与各年费用的现值总和的差额表示。其计算公式为

$$ENPV = \sum_{t=1}^{n} (B-C)_t (1+i_s)^{-t} \qquad (4-1)$$

$$ENPV = \sum_{t=1}^{n} B_t (1+i_s)^{-t} - \sum_{t=1}^{n} C_t (1+i_s)^{-t} = PB - PC \qquad (4-2)$$

式中　　t——计算期各年的序号，基准年的序号为 1；

n——计算期，年；

$(B-C)_t$——第 t 年的净效益；

i_s——社会折现率；

B_t——第 t 年的效益；

C_t——第 t 年的费用；

PB——效益现值；

PC——费用现值。

经济净现值 $ENPV$ 是反映项目对国民经济所作贡献的绝对指标。项目的经济合理性应根据经济净现值 $ENPV$ 的大小确定。若 $ENPV > 0$，表示国家为拟建项目付出的代价，除得到符合社会折现率（i_s）的效益外，尚有盈余；若 $ENPV = 0$，表示拟建项目占用投资对国民经济所作的净贡献刚好满足社会折现率（i_s）的要求；若 $ENPV < 0$，拟建项目占用投资对国民经济所作的净贡献达不到社会折现率（i_s）的要求。即当经济净现值大于或等于 0（$ENPV \geqslant 0$）时，该项目在经济上是合理的。

由式（4-1）可以看出，经济净现值的大小对折现率 i 比较敏感。若以纵坐标表示经济净现值 $ENPV$，横坐标表示折现率 i，则对于常规现金流方案（即在寿命期内除建设期的净现金流量为负值外，其余年份均为正值的方案），其经济净现值 $ENPV$ 与折现率 i 的关系如图 4-1 所示。

可见经济净现值 $ENPV$ 与折现率 i 的关系有如下特点：

（1）一般地，对于常规现金流方案，$ENPV$ 随着折现率 i 的增大而减小，即折现率 i 越大，$ENPV$ 越小。

（2）曲线与横轴的交点表示在该折现率 i^*

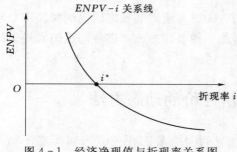

图 4-1　经济净现值与折现率关系图

下，$ENPV=0$。这个 i^* 是一个具有重要经济意义的折现率，被称为经济内部收益率，本节第四部分将会对该参数做专门分析。

经济净现值指标的优点主要表现在考虑了资金的时间价值及项目在整个寿命期内的经济状况；经济意义明确、直观，能够直接以货币额表示项目获利（或亏本）数额的大小；在给定净现金流量、计算期和折现率的情况下，能计算出一个唯一的经济净现值指标值。

经济净现值指标的不足在于经济净现值指标不能反映投资效率的高低。

【例 4-1】 某工程需要总投资 800 万元，前 3 年分别投入 300 万元、300 万元和 200 万元，第 4 年开始投产，年效益 200 万元，年运行费用 60 万元，参照类似工程，流动资金为年运行费用的 10%。正常运行年限为 15 年，可回收固定资产余值为 50 万元，社会折现率为 8%。用经济净现值（$ENPV$）法对工程进行评价。

解 （1）编制费用效益流量表，见表 4-2。

表 4-2　　　　　　　　　[例 4-1] 费用效益流量表　　　　　　　　　单位：万元

序号	项 目	计 算 期 （年份）							
		建 设 期			运 行 期				
		1	2	3	4	5	…	17	18
1	效益流量 B				200	200	…	200	256
1.1	效益				200	200	…	200	200
1.2	回收固定资产余值								50
1.3	回收流动资金								6
2	费用流量 C	300	300	200	66	60	…	60	60
2.1	固定资产投资	300	300	200			…		
2.2	流动资金				6		…		
2.3	年运行费				60	60	…	60	60
3	净效益流量（B-C）	-300	-300	-200	134	140	…	140	196

（2）绘制净效益资金流程图，如图 4-2 所示。

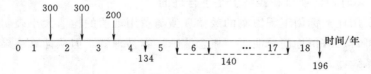

图 4-2　[例 4-1] 净效益资金流程图（单位：万元）

（3）根据式（4-1），计算经济净现值 $ENPV$。

$$ENPV = \sum_{t=1}^{n}(B-C)_t(1+i_s)^{-t} = -300 \times [P/F,8\%,1] - 300 \times [P/F,8\%,2]$$
$$- 200 \times [P/F,8\%,3] + 134 \times [P/F,8\%,4] + 140 \times [P/A,8\%,13]$$
$$\times [P/F,8\%,4] + 196 \times [P/F,8\%,18]$$

$$= -300 \times 0.9259 - 300 \times 0.8573 - 200 \times 0.7938 + 134 \times 0.7350$$
$$+ 140 \times 7.9038 \times 0.7350 + 196 \times 0.2502 = 267.11 (万元)$$

（4）项目评价。因为 $ENPV > 0$，所以该项目在经济上是合理的。

二、经济净年值法

经济净年值 $ENAV$（Economic Net Annual Value）是指以社会折现率（i_s）将项目的经济净现值折算为计算期内的等额年值，其计算公式为

$$ENAV = ENPV[A/P, i_s, n] = \left[\sum_{t=1}^{n} (B-C)_t (1+i_s)^{-t} \right][A/P, i_s, n] \quad (4-3)$$

当经济净年值大于或等于 0（$ENAV \geqslant 0$）时，该项目在经济上是合理的；当经济净年值小于 0（$ENAV < 0$）时，该项目在经济上是不合理的。

对于单一项目评价，经济净年值 $ENAV$ 与经济净现值 $ENPV$ 在结论上是一致的，是等效的评价指标，即 $ENAV \geqslant 0 \Leftrightarrow ENPV \geqslant 0$。

【例 4-2】 对于 [例 4-1]，试用经济净年值法评价其经济合理性。

解 （1）根据式（4-3），计算经济净年值 $ENAV$。
$$ENAV = ENPV[A/P, i_s, n] = 267.11 \times [A/P, 8\%, 18] = 267.11 \times 0.1067 = 28.50 (万元)$$
（2）项目评价。因为 $ENAV > 0$，所以该项目在经济上是合理的。

由此可见，经济净年值 $ENAV$ 与经济净现值 $ENPV$ 在评价结论上是一致的。

三、经济效益费用比法

经济效益费用比 R_{BC}（Economic Benefit Cost Ratio）是指以社会折现率（i_s）折算的项目计算期内各年效益的现值总和与各年费用的现值总和的比值，其计算公式为

$$R_{BC} = \frac{\sum_{t=1}^{n} B_t (1+i_s)^{-t}}{\sum_{t=1}^{n} C_t (1+i_s)^{-t}} = \frac{PB}{PC} \quad (4-4)$$

经济效益费用比 R_{BC} 是反映项目对国民经济所作贡献的相对指标。当经济效益费用比大于或等于 1.0（$R_{BC} \geqslant 1.0$）时，该项目在经济上是合理的；当经济效益费用比小于 1.0（$R_{BC} < 1.0$）时，该项目在经济上是不合理的。

经济效益费用比指标用工程方案的效益现值与费用现值的比值大小表明方案的经济效率和方案是否可行。该指标简单明了、概念清晰、容易理解，但从计算结果上不能直接反映方案产生的净效益。

【例 4-3】 对于 [例 4-1]，试用经济效益费用比法评价其经济合理性。

解 （1）根据式（4-4），计算经济效益费用比 R_{BC}
$$PC = \sum_{t=1}^{n} C_t (1+i_s)^{-t} = 300 \times [P/F, 8\%, 1] + 300 \times [P/F, 8\%, 2] + 200 \times [P/F, 8\%, 3]$$
$$+ 66 \times [P/F, 8\%, 4] + 60 \times [P/A, 8\%, 14] \times [P/F, 8\%, 4]$$
$$= 300 \times 0.9259 + 300 \times 0.8573 + 200 \times 0.7938 + 66 \times 0.7350 + 60 \times 8.2442 \times 0.7350$$
$$= 1105.80 (万元)$$

$$PB = \sum_{t=1}^{n} B_t (1+i_s)^{-t} = 200 \times [P/A, 8\%, 14] \times [P/F, 8\%, 3] + 256 \times [P/F, 8\%, 18]$$
$$= 200 \times 8.2442 \times 0.7938 + 256 \times 0.2502 = 1372.90(万元)$$

$$R_{BC} = \frac{PB}{PC} = \frac{1372.90}{1105.80} = 1.24$$

（2）项目评价。因为 $R_{BC} > 1.0$，所以该项目在经济上是合理的。与 $ENPV$、$ENAV$ 评价结论一致。

四、经济内部收益率法

经济内部收益率 $EIRR$（Economic Internal Rate of Return）是指项目计算期内各年净效益现值累计等于 0 时的折现率，其定义式为

$$\sum_{t=1}^{n} (B-C)_t (1+EIRR)^{-t} = 0 \qquad (4-5)$$

经济内部收益率 $EIRR$ 是一个未知的折现率，由式（4-5）可以看出，求方程式中的折现率需解高次方程，不易求解。可采用"试算内插法"确定经济内部收益率 $EIRR$，具体步骤如下。

（1）分析确定工程项目的费用与效益流量，并确定净现金流量。

（2）假设一个折现率 i_1（若有已知的社会折现率 i_s，可先将 i_s 设为 i_1），按式（4-1）计算经济净现值 $ENPV_1$，若 $ENPV_1 = 0$，则 i_1 即为所求的经济内部收益率 $EIRR$；若 $ENPV_1 > 0$（或 $ENPV_1 < 0$），则说明所设的 i_1 偏小（大）。

（3）再重新假设一较大（小）的折现率 i_2，并按式（4-1）计算经济净现值 $ENPV_2$，若 $ENPV_2 = 0$，则 i_2 即为所求的经济内部收益率 $EIRR$；否则，应重新假设折现率，直至计算至 $ENPV = 0$ 时止。

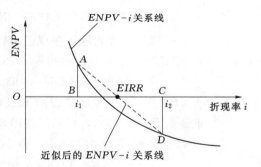

图 4-3　由折现率 i 与 $ENPV$ 关系内插 $EIRR$ 示意图

实际处理时，当出现这样的两个折现率 i_1、i_2，其对应的 $ENPV_1 > 0$，$ENPV_2 < 0$，且 $|i_1 - i_2| \leqslant 1\%$，则可将 i_1 与 i_2 范围的折现率 i 值与 $ENPV$ 值近似为直线关系，如图 4-3 中虚线所示，进而根据式（4-6）线性内插经济内部收益率 $EIRR$，即

$$EIRR = i_1 + \frac{|ENPV_1|}{|ENPV_1| + |ENPV_2|}(i_2 - i_1) \qquad (4-6)$$

在实际工作中，上述试算过程可采用牛顿迭代法编程计算或利用 Excel 软件进行计算。

经济内部收益率 $EIRR$ 是反映方案本身内在的资金回报率的一个相对指标。项目的经济合理性应根据经济内部收益率 $EIRR$ 与社会折现率（i_s）进行对比确定。当经济内部收益率大于或等于社会折现率（$EIRR \geqslant i_s$）时，该项目在经济上是合理的。当经济内部收益率小于社会折现率（$EIRR < i_s$）时，该项目在经济上是不合理的。

对于常规现金流方案，当 $EIRR \geqslant i_s$ 时，$ENPV(i_s) \geqslant 0$；当 $EIRR < i_s$ 时，$ENPV(i_s) < 0$。因此，对于单一项目评价，经济内部收益率 $EIRR$ 与经济净现值 $ENPV$，在结论上是一致的。

经济内部收益率指标的优点主要有：①考虑了资金的时间价值以及项目寿命期内全部现金流量；②因为内部收益率表示的是项目的内在收益率，所以能在一定程度上反映投资效率的高低。

经济内部收益率指标的不足在于：①计算采用试算内插法，较为复杂；②不能直观地显示项目获利（或亏本）数额的大小；③该方法仅适用于常规现金流方案，对于非常规方案投资项目（净现金流序列符号不只改变一次的项目），方案的内部收益率可能不是唯一的，在某些情况下甚至不存在。

【例 4-4】 对于 [例 4-1]，试用经济内部收益率法评价其经济合理性。

解 （1）根据表 4-2 中净效益流量列出经济净现值函数。

$$ENPV(i) = \sum_{t=1}^{n} (B-C)_t (1+i)^{-t} = -300 \times [P/F, i, 1] - 300 \times [P/F, i, 2]$$
$$-200 \times [P/F, i, 3] + 134 \times [P/F, i, 4] + 140 \times [P/A, i, 13]$$
$$\times [P/F, i, 4] + 196 \times [P/F, i, 18]$$

（2）设 $i_1 = 12\%$，代入经济净现值函数，计算相应的经济净现值 $ENPV_1$。

$$ENPV_1 = -300 \times 0.8929 - 300 \times 0.7972 - 200 \times 0.7118 + 134 \times 0.6355$$
$$+ 140 \times 6.4235 \times 0.6355 + 196 \times 0.1300 = 32.75(万元)$$

因为 $ENPV_1 > 0$，可见所假设的 12% 偏小。

（3）重新假设 $i_2 = 13\%$，代入经济净现值函数，计算相应的经济净现值 $ENPV_2$。

$$ENPV_2 = -300 \times 0.8850 - 300 \times 0.7831 - 200 \times 0.6931 + 134 \times 0.6133$$
$$+ 140 \times 6.1218 \times 0.6133 + 196 \times 0.1108 = -9.52(万元)$$

因为 $ENPV_2 < 0$，可见所假设的 13% 偏大。

（4）计算 $EIRR$。此时 i_1 对应的 $ENPV_1 > 0$，i_2 对应的 $ENPV_2 < 0$，且 $i_2 - i_1 = 1\%$，可利用式（4-6）线性内插 $EIRR$，即

$$EIRR = i_1 + \frac{|ENPV_1|}{|ENPV_1| + |ENPV_2|}(i_2 - i_1) = 12\% + \frac{|32.75|}{|32.75| + |-9.52|} \times (13\% - 12\%)$$
$$= 12.77\%$$

（5）项目评价。由计算可知，$EIRR > i_s$，所以在经济上是合理的。与 $ENPV$、$ENAV$、R_{BC} 评价结论一致。

第五节 方案经济比选的动态方法

对于同一个工程，其技术方案有多个方案可供选择，在每个方案国民经济评价都合理的前提下，从多个方案中选择最优方案，即多方案的比选。下面介绍方案经济比选的动态方法。

一、经济净现值法与经济净年值法

(一) 经济净现值法

前面在单一项目国民经济评价时，已经对经济净现值 $ENPV$ 法的定义、计算公式、评价准则进行了详细的介绍，这里不再赘述。

1. 计算期相同的多方案的比选

对于计算期相同的多方案比选，常见于同一措施不同规模互斥方案的比选。比选方法是在经济合理的方案中，经济净现值 $ENPV$ 大的方案较优。

【例 4-5】 某建设项目，有甲、乙、丙三个不同规模的方案可供选择，其费用效益流量见表 4-3。假设使用寿命为 20 年，社会折现率 $i_s = 8\%$。试用经济净现值 $ENPV$ 指标来选择方案。

表 4-3   三方案的费用效益流量   单位：万元

方案	项 目	计 算 期 （年份） 建设期	运 行 期			
		1	2	…	20	21
甲	投资	400				
	年运行费		15	…	15	15
	年收益		90	…	90	90
	回收固定资产余值					12
	净效流量 （B-C）	-400	75	…	75	87
乙	投资	200				
	年运行费		7	…	7	7
	年收益		50	…	50	50
	回收固定资产余值					6
	净效流量 （B-C）	-200	43	…	43	49
丙	投资	100				
	年运行费		4	…	4	4
	年收益		18	…	18	18
	回收固定资产余值					3
	净效流量 （B-C）	-100	14	…	14	17

解 （1）单一方案评价。以甲方案为例进行计算。根据甲方案的效益流量（年效益、固定资产余值）、费用（投资、年运行费）流量计算净效益流量（$B-C$），见表 4-3。

计算经济净现值为

$$ENPV_{甲} = \sum_{t=1}^{n} (B-C)_t (1+i_s)^{-t}$$

$$= -400 \times [P/F, 8\%, 1] + 75 \times [P/A, 8\%, 19] \times [P/F, 8\%, 1] + 87 \times [P/F, 8\%, 21]$$

$$= -400 \times 0.9259 + 75 \times 9.6036 \times 0.9259 + 87 \times 0.1978$$

$$= 313.75 (万元) > 0$$

所以甲方案经济上合理。

同理，乙方案的经济净现值 $ENPV_Z = 206.87$ 万元 >0；丙方案的经济净现值 $ENPV_丙 = 35.26$ 万元 >0，所以乙方案、丙方案在经济上均合理。

（2）多方案比选。因为 $ENPV_甲 > ENPV_Z > ENPV_丙$，所以甲方案在经济上优于乙方案和丙方案。

对于计算期相同的多方案，在利用经济净现值法进行方案比选时，存在两种特殊情况：一是各比选方案效益相等或相近但难以具体计算，如水力发电与火力发电方案的比选；二是各比选方案的费用相等或相近但难以具体计算。下面分别介绍这两种情况的处理方法。

（1）费用现值法。若各比较方案的效益相等或相近但难以具体计算，可采用本法。即只计算各方案的费用现值 PC，计算公式为

$$PC = \sum_{t=1}^{n} C_t (1+i_s)^{-t} \tag{4-7}$$

在方案比选时，费用现值 PC 较小的方案为经济上较优的方案。

（2）效益现值法。若各比较方案的费用相等或相近但难以具体计算，可采用本法。即只计算各方案的效益现值 PB，计算公式为

$$PB = \sum_{t=1}^{n} B_t (1+i_s)^{-t} \tag{4-8}$$

在方案比选时，效益现值 PB 较大的方案为经济上较优的方案。

【例4-6】 某地区拟建一项供水工程，有A、B两个建设方案，建设期均为1年，且均能满足该地区的供水要求，工程使用寿命均为50年。A方案：投资400万元，年运行费150万元，固定资产余值20万元；B方案：投资500万元，年运行费120万元，固定资产余值25万元。社会折现率为8%，问选择哪个建设方案？

解 本问题计算期相同（均为51年）、效益相同（均能满足供水要求），因此可采用费用现值法进行比选，费用现值小的方案在经济上较优。

（1）计算各方案的费用现值 PC。根据式（4-7），得

$$PC_A = \sum_{t=1}^{n} C_t (1+i_s)^{-t} = 400[P/F,8\%,1] + 150[P/A,8\%,50][P/F,8\%,1]$$
$$- 20[P/F,8\%,51]$$
$$= 400 \times 0.9259 + 150 \times 12.2335 \times 0.9259 - 20 \times 0.0197 = 2069.02(万元)$$

$$PC_B = \sum_{t=1}^{n} C_t (1+i_s)^{-t} = 500[P/F,8\%,1] + 120[P/A,8\%,50][P/F,8\%,1]$$
$$- 25[P/F,8\%,51]$$
$$= 500 \times 0.9259 + 120 \times 12.2335 \times 0.9259 - 25 \times 0.0197 = 1821.70(万元)$$

（2）方案比选。因为 $PC_A > PC_B$，所以B方案较优。

2. 计算期不同的多方案的比选

如果多方案计算期不同，则不能直接运用经济净现值（$ENPV$）法进行比选，可采用最小公倍数法（重复方案法）将其转换为计算期相同的方案，然后再进行比选。

【例4-7】 某一拟建工程项目，经可行性分析，有A、B两个互斥方案可供选择，建设期均为1年，其费用、效益流量见表4-4。社会折现率 $i_s = 8\%$。试用经济净现值（ENPV）指标分析采用哪一技术方案在经济上更有利？

表4-4　　　　　　　　　　　　A与B两方案的费用效益流量

方案	固定资产投资/万元	年效益/万元	年运行费/万元	固定资产余值/万元	使用年限/年
A	400	90	15	12	24
B	600	105	20	18	49

解 （1）单一方案评价。根据表4-4计算A、B两方案的经济净现值。

$$ENPV_A = \sum_{t=1}^{n}(B-C)_t(1+i_s)^{-t} = -400[P/F,8\%,1] + (90-15)[P/A,8\%,24]$$
$$[P/F,8\%,1] + 12[P/F,8\%,25]$$
$$= -400 \times 0.9259 + (90-15) \times 10.5288 \times 0.9259 + 12 \times 0.1460$$
$$= 362.54(万元) > 0$$

所以A方案经济上合理。

$$ENPV_B = \sum_{t=1}^{n}(B-C)_t(1+i_s)^{-t} = -600[P/F,8\%,1] + (105-20)[P/A,8\%,49]$$
$$[P/F,8\%,1] + 18[P/F,8\%,50]$$
$$= -600 \times 0.9259 + (105-20) \times 12.2122 \times 0.9259 + 18 \times 0.0213$$
$$= 405.96(万元) > 0$$

所以B方案经济上合理。

（2）方案经济比选。因为A、B方案计算期不同，不能直接根据上述所得经济净现值 ENPV 的大小进行比选。应采用最小公倍数法（重复方案法）统一计算期，再计算统一计算期后的经济净现值 ENPV，然后进行比较。A、B方案计算期的最小公倍数为50年，将A方案的计算期转换成50年计算期，资金流程图如图4-4所示。

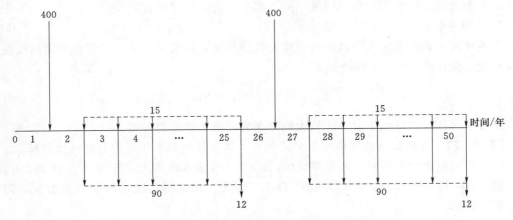

图4-4 重复方案后A方案的资金流程图（单位：万元）

$$ENPV_A' = -400[P/F,8\%,1] + (90-15)[P/A,8\%,24][P/F,8\%,1] + 12[P/F,8\%,25]$$
$$-400[P/F,8\%,26] + (90-15)[P/A,8\%,24][P/F,8\%,26] + 12[P/F,8\%,50]$$
$$= -400 \times 0.9259 + (90-15) \times 10.5288 \times 0.9259 + 12 \times 0.1460 - 400 \times 0.1352$$
$$+ (90-15) \times 10.5288 \times 0.1352 + 12 \times 0.0213 = 415.48(万元) > 0$$

因为 $ENPV_A' > ENPV_B$，所以 A 方案在经济上更有利。

（二）经济净年值法

对于计算期相同或者不同的多方案比选，均可采用经济净年值 $ENAV$ 法，经济净年值 $ENAV$ 大的方案较优。

【例 4-8】 用经济净年值（$ENAV$）指标分析 [例 4-7]，评价采用哪一个技术方案在经济上更合理？

解 （1）单一方案评价。

$$ENAV_A = ENPV_A \times [A/P,8\%,25] = 362.54 \times 0.0937 = 33.97(万元) > 0$$

所以 A 方案经济上合理。

$$ENAV_B = ENPV_B \times [A/P,8\%,50] = 405.96 \times 0.0817 = 33.17(万元) > 0$$

所以 B 方案经济上合理。

（2）方案经济比选。因为 $ENAV_A > ENAV_B$，所以 A 方案在经济上更合理。评价结论与最小公倍数法一致。

在利用经济净年值法进行方案比选时，存在两种特殊情况：一是各比选方案效益相等或相近但难以具体计算，如水力发电与火力发电方案的比选；二是各比选方案的费用相等或相近但难以具体计算。下面分别介绍这两种情况的处理方法。

1. 费用年值法

若各比较方案的效益相等或相近但难以具体计算，可采用本法。即将各方案的费用现值折算成等额年值 AC，计算公式为

$$AC = \left[\sum_{t=1}^{n} C_t (1+i_s)^{-t}\right][A/P,i_s,n] = PC[A/P,i_s,n] \qquad (4-9)$$

在方案比选时，费用年值 AC 较小的方案为经济上较优的方案。

2. 效益年值法

若各比较方案的费用相等或相近但难以具体计算，可采用本法。即将各方案的效益现值折算成等额年值 AB，计算公式为

$$AB = \left[\sum_{t=1}^{n} B_t (1+i_s)^{-t}\right][A/P,i_s,n] = PB[A/P,i_s,n] \qquad (4-10)$$

在方案比选时，效益年值 AB 较大的方案为经济上较优的方案。

【例 4-9】 为满足某地区供水需要，有两个供水效益基本相同的方案可供选择。

（1）在河流上建闸引水，建设期 2 年，2001 年投资 300 万元，2002 年投资 200 万元。运行期 40 年（2003—2042 年），年运行费 1.2 万元。期末回收流动资金 0.2 万元，回收固定资产余值 12 万元。

（2）凿井抽引地下水，2002 年开建，建设期 1 年，投资 400 万元。运行期 20 年（2003—2022 年），年运行费 7 万元。期末回收流动资金 0.8 万元，回收固定资产余值

9 万元。

社会折现率为 8%，在上述两个方案中选择其中国民经济效果较好的方案。

解　（1）确定统一的计算基准点，可定在 2001 年年初。方案一计算期为 42 年，方案二计算期为 21 年，由于两方案计算期不同且供水效益基本相同，可采用费用年值法进行方案比选。

（2）根据式（4-9），计算各方案的费用年值 AC。

$$AC_1 = \left[\sum_{t=1}^{n} C_t (1+i_s)^{-t}\right][A/P, i_s, n] = \{300 \times [P/F, 8\%, 1] + 200 \times [P/F, 8\%, 2]$$
$$+ 1.2 \times [P/A, 8\%, 40][P/F, 8\%, 2] - (0.2+12) \times [P/F, 8\%, 42]\}[A/P, 8\%, 42]$$
$$= (300 \times 0.9259 + 200 \times 0.8573 + 1.2 \times 11.9246 \times 0.8573 - 12.2 \times 0.0395) \times 0.0833$$
$$= 38.40（万元）$$

$$AC_2 = \left[\sum_{t=1}^{n} C_t (1+i_s)^{-t}\right][A/P, i_s, n] = \{400 \times [P/F, 8\%, 2]$$
$$+ 7 \times [P/A, 8\%, 20][P/F, 8\%, 2] - (0.8+9) \times [P/F, 8\%, 22]\}[A/P, 8\%, 22]$$
$$= (400 \times 0.8573 + 7 \times 9.8181 \times 0.8573 - 9.8 \times 0.1839) \times 0.0980$$
$$= 39.20（万元）$$

（3）方案比选。因为 $AC_1 < AC_2$，方案一较优，即选择在河流上建闸引水。应该指出，在实际工作进行决策时，除考虑经济因素外，还应考虑当地水资源条件及其他因素，经济效果较好的方案，不一定就是采用的方案。

二、增量经济效益费用比法

对于同一工程项目不同规模的互斥方案进行比选时，应计算增量经济效益费用比，记 ΔR_{BC}。ΔR_{BC} 为增加的效益现值与增加的费用现值的比值，即

$$\Delta R_{BC} = \frac{\Delta PB}{\Delta PC} \tag{4-11}$$

采用增量经济效益费用比法进行方案比选时，具体计算步骤如下。

（1）对于 $R_{BC} \geq 1.0$ 的互斥方案，按费用从小到大排队。

（2）对费用最小的相邻两方案进行增量分析，计算增量费用的现值 ΔPC 及其产生的增量效益的现值 ΔPB。

（3）计算增量经济效益费用比 ΔR_{BC}，并进行比选。若 $\Delta R_{BC} \geq 1.0$，说明增加投资在经济上有利，在无资金约束的情况下，费用大的方案较优；若 $\Delta R_{BC} = 1.0$，说明已达到资源充分利用的上限，为开发规模的上限；若 $\Delta R_{BC} < 1.0$，说明增加投资在经济上不利，选择费用小的方案。

（4）将较优方案与紧邻的下一个方案进行增量分析，重复第（2）步、第（3）步，并选出新的较优方案。

（5）重复第（4）步，直至最后一个方案，最终被选定的方案为最优方案。

【例 4-10】　试用增量经济效益费用比法对［例 4-5］的甲、乙、丙三个方案进行分析比较。

解　（1）单一方案评价。对［例 4-5］，分别根据甲、乙、丙三个方案的经济效益与

费用流量，可求得 $R_{BC,甲}=1.62$，$R_{BC,乙}=1.83$，$R_{BC,丙}=1.27$。因三个方案的经济效益费用比均大于1，所以这三个方案在经济上均合理。

需注意，不能直接按甲、乙、丙三个方案的经济效益费用比的大小比选方案，否则，可能导致错误。请读者思考原因何在。

（2）计算增量经济效益费用比，并比选方案。将三个方案按费用从小到大排序，分别是丙、乙、甲。

1）乙方案与丙方案比较。根据表4-3，计算乙方案与丙方案的增量效益和增量费用，见表4-5。

表 4-5　　　　　　　　　　乙方案与丙方案增量资金流量

计算期/年	1	2	…	20	21
增量效益 ΔB/万元		32	…	32	35
增量费用 ΔC/万元	100	3	…	3	3

根据增量效益计算增量效益现值为
$$\Delta PB = 32\times[P/A,8\%,19]\times[P/F,8\%,1]+35\times[P/F,8\%,21]$$
$$=32\times9.6036\times0.9259+35\times0.1987=291.50(万元)$$

根据增量费用计算费用增量现值为
$$\Delta PC = 100\times[P/F,8\%,1]+3\times[P/A,8\%,20]\times[P/F,8\%,1]$$
$$=100\times0.9259+3\times9.8181\times0.9259=119.86(万元)$$

则乙、丙两方案的增量经济效益费用比为
$$\Delta R_{BC,乙丙}=\Delta PB/\Delta PC=291.50/119.86=2.43>1.0$$

所以增加投资在经济上有利，选费用大的方案，即乙方案优于丙方案。

2）甲方案与乙方案比较。同上方法，可计算甲、乙两方案的增量经济效益费用比为
$$\Delta R_{BC,甲乙}=\Delta PB/\Delta PC=364.82/257.90=1.41>1.0$$

故选费用大的方案，即甲方案优于乙方案。

综上所述，可得甲方案在经济上最优。与采用经济净现值指标评价结论一致。

三、差额经济内部收益率法

对于同一工程项目不同规模的互斥方案进行比选时，应进行增量分析，即计算差额经济内部收益率，记 $\Delta EIRR$。两个方案的差额经济内部收益率 $\Delta EIRR$，指两个方案计算期内各年净效益流量差额的现值累计等于0时的折现率，其定义式为
$$\sum_{t=1}^{n}[(B-C)_2-(B-C)_1]_t(1+\Delta EIRR)^{-t}=0 \qquad (4-12)$$

式中　$(B-C)_2$——投资规模大的方案的年净效益流量；
　　　$(B-C)_1$——投资规模小的方案的年净效益流量。

采用差额经济内部收益率法进行方案比选时，具体计算步骤如下。

（1）对于 $EIRR\geqslant i_s$ 的互斥方案，按费用从小到大排队。

（2）计算相邻两方案的逐年净效益流量的差额 $[(B-C)_2-(B-C)_1]_t$。

（3）计算差额投资内部收益率 $\Delta EIRR$，并进行比选。若 $\Delta EIRR\geqslant i_s$，说明增加投资有

利，选择规模大的方案；若 $\Delta EIRR < i_s$，说明增加投资在经济上不利，选择规模小的方案。

以上介绍了多方案比选的几种方法，在使用时应注意以下方面问题。

（1）各方案的费用和效益的计算口径要一致。

（2）各方案的费用和效益要按同一基准点进行时间价值的折算。

（3）除费用年值法、效益年值法和经济净年值法外，各方案的计算期要一致。此外，正常运行期长于折旧年限时，还需考虑设备更新改造费用。

4-3　错误概念与解法的纠正与解析▶

4-4　方案经济比选综合知识点例题▶

第六节　国民经济评价的静态方法

静态方法是指在经济评价时不考虑资金时间价值的一种简易分析法。静态分析指标的最大特点是不考虑时间因素，计算简便，但不能真正反映客观经济发展规律与要求，所以常用于中小工程或者作为经济评价时的辅助指标。

一、投资收益率法

投资收益率，记为 R，又称为静态收益率，是指工程正常年份的年净效益（或年平均净效益）与全部投资的比率。年净效益采用达到设计生产能力后的正常年份的数值，当运行期内各年的净效益变化幅度较大时，应采用运行期的年平均净效益。投资收益率是考察项目投产后，单位投资对国民经济所作净贡献的一项静态指标。

根据投资收益率 R 定义，其计算公式为

$$R = \frac{B-C}{K} \times 100\% \qquad (4-13)$$

式中　K——总投资。

一般地，投资收益率大于或等于某一基准收益率 $R_c (R \geqslant R_c)$ 时，认为该项目在经济上是合理的。

投资收益率指标经济意义明确、直观，计算简便，在一定程度上反映了投资效果的优劣，可适用于各种投资规模。但不足的是没有考虑投资与收益的时间因素，忽视了资金具有时间价值的重要性。因此，投资收益率指标常作为经济评价的辅助指标，其主要用在技术方案制定的早期阶段，且计算期较短、不具备综合分析所需详细资料的技术方案，尤其适用于工艺简单而生产情况变化不大的技术方案的选择和投资经济效果的评价。

二、静态投资回收期法

静态投资回收期，记为 P_t，又称为静态还本年限，是指以项目运行期的年净效益抵偿全部投资所需的时间，一般以年为单位。静态投资回收期一般自项目建设开工年算起（即包括建设期），若从运行期开始算起，应予以特别注明。静态投资回收期是考察项目回收全部投资的能力的一项静态指标。

根据静态投资回收期 P_t 定义，可得定义式为

$$\sum_{t=1}^{P_t} (B-C)_t = 0 \qquad (4-14)$$

式（4-14）表明，静态投资回收期 P_t 为累计净效益流量由负值变为 0 的时间。因

此，静态投资回收期 P_t 的计算，首先需根据国民经济费用效益流量表中的净效益流量，计算累计净效益流量。然后，由式（4－15）计算静态投资回收期 P_t，即

$$P_t = 累计净效益流量开始出现正值的年数 - 1 + \frac{上年累计净效益流量的绝对值}{出现正值当年的净效益流量}$$

$$(4-15)$$

式（4－15）对于项目运行期内各年的净效益相同或不相同时均适用。

当项目在运行期内各年的净效益均相同时，静态投资回收期的计算除可采用式（4－15）计算外，还可采用较为简便的计算式（4－16），即

$$P_t = 建设期 + \frac{K}{B-C} \qquad\qquad (4-16)$$

项目的经济合理性应根据静态投资回收期 P_t 的大小确定。将计算出的静态投资回收期 P_t 与所确定的行业基准投资回收期 P_c 进行比较。若 $P_t \leqslant P_c$，表明项目投资能在规定的时间内收回，则该项目在经济上是合理的；若 $P_t > P_c$，则该项目在经济上是不合理的。

静态投资回收期指标容易理解，计算也比较简便，在一定程度上显示了资金的周转速度。显然，资金周转速度愈快，静态投资回收期愈短，风险愈小，技术方案抗风险能力强。因此在技术方案经济效果评价中一般都要求计算静态投资回收期，以反映技术方案原始投资的补偿速度和技术方案投资风险性。对于那些技术上更新迅速的技术方案，或资金相当短缺的技术方案，或未来的情况很难预测而投资者又特别关心资金补偿的技术方案，采用静态投资回收期评价特别有实用意义。但不足的是，静态投资回收期没有全面地考虑技术方案在整个计算期内的现金流量，即只考虑回收之前的效果，不能反映投资回收之后的情况，故无法准确衡量技术方案在整个计算期内的经济效果。所以，静态投资回收期只能作为辅助评价指标，与其他评价指标结合应用。

【例 4－11】　某水利工程项目的效益费用流量见表 4－6，分析计算其静态投资回收期。

表 4－6　　　　　　　　　　某水利工程费用效益流量表　　　　　　　　　　单位：万元

序号	项目	计 算 期（年份）							
		建 设 期			运 行 期				
		1	2	3	4	5	6	…	33
1	效益流量 B				150	150	150	…	150
2	费用流量 C	100	200	100	35	35	35	…	35
2.1	固定资产投资	100	200	100					
2.2	年运行费				35	35	35	…	35

解　方法一：由表 4－6 易知，本例逐年的净效益相同，即运行期的 $B-C=150-35=115$ 万元，因此，应首选简便的计算式（4－16），计算静态投资回收期为

$$P_t = 建设期 + \frac{K}{B-C} = 3 + \frac{100+200+100}{150-35} = 6.48（年）$$

方法二：利用式（4－15）计算静态投资回收期。根据费用效益流量表，计算净效益

流量和累计净效益流量，见表 4-7。

表 4-7　　　　　　　　　净效益流量和累计净效益流量表　　　　　　　　单位：万元

序号	项　目	计　算　期（年份）								
		建　设　期			运　行　期					
		1	2	3	4	5	6	7	…	33
1	净效益流量（B－C）	－100	－200	－100	115	115	115	115	…	115
2	累计净效益流量	－100	－300	－400	－285	－170	－55	60	…	3050

根据式（4-15）计算静态投资回收期，即

$$P_t = 累计净效益流量开始出现正值的年数 - 1 + \frac{上年累计净效益流量的绝对值}{出现正值当年的净效益流量}$$

$$= 7 - 1 + \frac{|-55|}{115} = 6.48（年）$$

可见，上述两种方法的计算结果一致。

思考题与技能训练题

【思考题】

1. 解释术语：国民经济评价、转移支付。

2. 简述国民经济评价的任务与步骤。

3. 什么是单方案、互斥型多方案、独立型多方案？试举例说明。

4. 试简述工程方案比较的前提。

5. 静态经济评价方法与动态评价方法有何区别？为什么说动态评价方法更合理？

6. 试述社会折现率的定义和作用。

7. 简述国民经济评价的主要评价指标及其评价标准。

8. 对于同一项目，用 $ENPV$，$EIRR$ 和 R_{BC} 三个经济评价指标进行经济评价，评价结果是否必然一致？如果是，为什么在进行国民经济评价时往往要同时计算多个评价指标？

9. 对计算期相同的同一项目的不同规模的两个互斥方案 A、B 进行经济比较，是否经济效益费用比越大越有利？若不是，试简述如何使用此法对互斥方案 A、B 进行比选。

10. 试简述投资收益率的定义及计算方法。

11. 试简述静态投资回收期的定义及计算方法。

【技能训练题】

1. 某灌溉工程前 3 年分别投入 500 万元、800 万元和 300 万元，第 4 年开始受益，年效益 480 万元，年运行费 50 万元，参照类似工程，流动资金为年运行费用的 10%，固定资产余值为 195 万元，正常运行年限为 30 年，社会折现率为 8%。要求：（1）编制该项目的费用效益流量表；（2）绘出资金流程图；（3）计算 $ENPV$，并判断项目经济合理性。

提示：流动资金应从项目运行的第 1 年开始投入，根据其投产规模安排；流动资金和固定资产余值应在项目计算期末一次回收，并计入项目的效益流量。

2. 费用与效益、社会折现率见本章技能训练题 1。试计算 R_{BC}、$EIRR$，并判断项目

经济合理性（从 $i=21\%$ 开始试算）。

3. 现有两个互斥方案，其费用、效益流量见表 4-8，社会折现率 i_s 为 8%。经计算，两方案均是经济合理的。试分别用经济净现值、增量经济效益费用比、差额经济内部收益率选优。

表 4-8　　　　　　　　　方案 1 与方案 2 资金流程表　　　　　　　　　单位：万元

方案	项目	计 算 期（年份）				
		1	2	3	4	5
方案 1	投资	4000				
	效益		1000	1000	3000	3000
方案 2	投资	7000				
	效益		1000	2000	6000	4000

4. 某项目有 A、B 两方案，计算期分别为 6 年和 4 年，其净效益流量见表 4-9，社会折现率 i_s 为 8%。试用经济净年值法选优。

表 4-9　　　　　　　　　　两方案净效益流量表　　　　　　　　　　单位：万元

方案	计 算 期（年份）					
	1	2	3	4	5	6
A	-300	96	96	96	96	96
B	-100	42	42	42		

5. 某水利工程建设期 2 年。工程总投资 1500 万元，建成后平均每年效益为 240 万元，年运行费 85 万元，试计算投资收益率和静态投资回收期。

6. 某单位拟购买施工机械。有 A、B 两型号施工机械可供选择，其费用、效益流量见表 4-10。各种型号均不计残值。折现率 $i=8\%$。

（1）试用经济净现值法评价购买施工机械 A、B 的经济合理性。

（2）本例可否根据表 4-10 中两机械型号 A、B 的计算期计算经济净现值，进而比选施工机械 A、B？如果不可以，请选择合理的方法进行比选（提示：本例为非水利建设项目，计算期第 1 年年初有投入）。

表 4-10　　　　　　　　　两型号的费用、效益流量　　　　　　　　　单位：万元

型号	项目	计 算 期（年份）					
		0	1	2	3	4	5~8
A	投资	350					
	年运行费		65	65	65	65	
	效益		190	190	190	190	
B	投资	650					
	年运行费		80	80	80	80	80
	效益		210	210	210	210	210

注　计算期中，"0"代表第 1 年年初。

第五章 财务评价及不确定性分析

[学习指南] 财务评价的定义,已在绪论中学习。本章包括财务评价与国民经济评价的区别、财务报表、财务评价基本参数与评价指标及准则、不确定性分析与风险分析。学习财务评价与国民经济评价的区别,有助于深入理解国民经济评价、财务评价的目的和作用;财务报表是进行财务评价的基础,在项目全部投资现金流量表与资本金现金流量表中,绝大部分经济要素的含义与确定方法已在第二章学过了,其中调整所得税、还款方式与还本付息费是这部分内容学习的重点;财务评价盈利能力指标及准则与第四章国民经济评价相应评价指标及准则类似,学习时应注意比较其异同,举一反三。需要注意,建设项目的国民经济评与财务评价,均需要进行不确定性分析,但从内容的循序渐进和篇幅考虑,在财务评价之后介绍不确定性分析,并将其归为一章。在学习不确定性分析与风险分析时,应注意搞清楚分析的目的、内容与方法。本章学习目标如下。

(1) 能熟练表述财务评价的概念及其与国民经济评价的区别。

(2) 能理解全部投资的财务评价和资本金财务评价现金流入量、流出量的构成并表述各项的含义;会正确计算调整所得税、不同还款方式时的还本付息费。

(3) 会依据有关规范或行业规定确定财务(行业)基准收益率。

(4) 能熟练表述财务净现值、财务内部收益率、静态投资回收期、总投资利润率、资本金净利润率等评价指标的含义、计算式与评价准则,并能熟练应用其进行盈利能力分析;能表述偿债能力分析各个评价指标的含义、计算式、评价准则等,并能应用其进行偿债能力分析;理解财务生存能力分析方法。

(5) 能表述不确定性分析的含义与目的;能熟练表述敏感性分析中敏感度系数、临界值的含义及用其判断敏感性的方法,会进行单因素敏感性分析。

(6) 能进行盈亏平衡分析;了解概率分析。

第一节 概　　述

一、财务评价与国民经济评价的区别

水利工程项目经济评价包括国民经济评价和财务评价两个方面,两者既有联系又有区别,其联系是两者在动态评价方面有共同的理论基础,其主要区别有以下几个方面。

(1) 采用的折现率与汇率不同。国民经济评价采用社会折现率,汇率采用影子汇率;财务评价采用财务基准收益率(详见本章第三节)作为折现率,汇率采用官方汇率。

(2) 评价的角度与采用的价格体系不同。国民经济评价是在合理配置社会资源的前提下,从国家经济整体利益的角度,采用影子价格,计算项目的全部效益和全部费用、对国

民经济的净效益与经济效率等，评价项目的经济合理性。财务评价是在国家现行的财税制度和价格体系的前提下，从项目的财务角度，采用财务价格，计算项目范围内的实际财务支出和收入，分析项目的盈利能力、偿债能力等，评价项目财务上的可行性。

（3）两者的地位不同。对于国民经济评价经济不合理的建设项目一般不予采纳。对于国民经济评价经济合理，而财务评价不可行的建设项目，一般应重新考虑方案，必要时可提出经济优惠措施的建议，使项目财务可行。对于防洪、治涝、治碱、环保等属于国家公益事业的项目，无财务收入或收入很少，也应进行财务分析，提出维持项目正常运行需由国家补贴的资金数额和需要采取的经济优惠政策等有关措施。具有综合利用功能的水利建设项目，应以项目整体进行财务评价，同时，对项目的各个功能进行财务评价。

（4）效益和费用的含义及划分的范围不同。国民经济评价的效益是指建设项目对全社会提供的有用产品和服务，包括直接效益和间接效益，且对于国民经济内部转移获得的各种补贴，不作为项目的效益；财务评价的效益是指核算单位的实际财务收入，即直接效益，故应把国家的各种补贴作为收入。国民经济评价的费用是国家（社会）为项目付出的全部代价，包括直接费用和间接费用，且国内贷款利息、各种税金等属于国民经济内部转移支付的费用不计入项目费用；财务评价只计算项目范围的实际支出，且贷款利息和税金等均为财务支出。

二、建设项目的资本金及债务资金融资方式简介

我国从 1996 年开始，对各种经营性投资项目实行资本金制度。资本金是指项目总投资中，由投资者认缴的出资额。在国务院关于资本金文件中，总投资包含固定资产投资和铺底流动资金。对建设项目来说资本金是非债务性资金，项目法人不承担这部分资金的任何利息和债务，投资者可按其出资比例依法享有所有者权益，也可转让其出资，但不得以任何方式抽回。

公益性水利建设项目的建设资金主要从中央和地方政府预算内资金及其他可用于水利建设的财政性资金中安排，而对于具有盈利能力的经营性水利建设项目，如城镇供水、水力发电等项目，必须实行资本金制度，该类项目的固定资产投资一般包括资本金和债务资金。对建设项目资本金和债务资金的筹措，称为融资。

水利建设项目资本金的来源主要包括：政府投资、企业和个人投入等。项目资本金占总投资的比例要符合国家法律和行政法规规定。以水力发电为主的建设项目，资本金比例应不低于 20％；城市供水（调水）建设项目，资本金比例应不低于 35％；综合利用水利建设项目，资本金比例应不低于 20％。

建设项目的债务资金来源有贷款、债券、融资租赁等，其主要融资方式如下。

（1）商业银行和政策性银行贷款，包括国内商业银行贷款、国际商业银行贷款、政策性银行贷款。政策性银行贷款有国家开发银行、中国农业发展银行等。

（2）国际金融组织贷款。包括国际货币基金组织、世界银行、亚洲开发银行贷款等。

（3）发行企业债券和融资租赁。企业债券指企业按有关法律发行的、约定在一定期限内还本付息的债券，如三峡债券。融资租赁指出租人在一定期限内将资产出租给承租人使用，由承租人分期付给出租人租赁费的融资方式。

（4）基础设施建设采用的几种新型的融资方式。水利水电建设项目属于基础设施建设。我国基础设施项目近几年采用了一些新的融资方式：BOT（Build - Operate - Transfer）融资方式，即建设-经营-移交；TOT（Transfer - Operate - Transfer）融资方式，即移交-经营-移交；PPP（Public - Private - Partnership）融资方式，即公共部门与私人企业合作模式等。限于篇幅，不详细介绍这些融资方式，读者可参考有关文献。

三、财务评价的分类

建设项目决策主要包括投资决策和融资决策两个层次。投资决策重在考察项目全部投资的盈利能力，融资决策重在考察资金筹措方案能否满足要求、资本金盈利能力等。投资决策在先，融资决策在后。因此，财务评价按不同决策的需要，分为融资前和融资后财务分析。

（1）融资前财务分析，指不分投资来源，以项目全部投资作为计算基础，计算盈利能力财务评价指标，考察项目全部投资的盈利能力，对方案进行评价与比选。融资前只进行盈利能力分析。

（2）融资后财务分析，指在融资前分析和初步融资方案基础上，以资本金（即自有资金）、借款还本付息费等作为现金支出，考察项目的盈利能力、偿债能力、财务生存能力等，判断项目的财务可行性。

财务评价应先进行融资前分析，在融资前财务评价结论满足要求的情况下，再确定初步融资方案，而后进行融资后财务分析。融资后分析，也用于比选融资方案，进行融资决策。在项目建议书阶段，可以只进行融资前财务评价。在可行性研究阶段，必须进行融资后财务评价，并且可行性报告完成后，还需深化融资分析，才能完成最终融资决策。

5-1　财务评价的概念与基本方法▶

第二节　财务报表及其有关要素的计算

水利建设项目进行财务评价，需借助财务报表。财务报表包括基本报表和辅助报表。基本报表用于计算财务评价指标，考察项目的盈利能力、偿债能力和财务生存能力；辅助报表用于汇总财务评价的基础数据，并为编制基本报表提供依据。基本报表包括项目全部投资现金流量表、资本金现金流量表、投资各方现金流量表、损益表（利润与利润分配表）、财务计划现金流量表、资产负债表、借款还本付息计划表。辅助报表有项目投资计划及资金筹措表、总成本费用估算表等。这些报表均要依据现行规范编制。属于社会公益性质或财务收入很少的水利建设项目，财务报表可适当减少。此节主要介绍项目全部投资现金流量表、资本金现金流量表、借款还本付息计算表（借款还本付息计划表中的一部分），其他报表详见本章第三节的案例或现行规范。

一、全部投资现金流量表与调整所得税的计算

（一）全部投资现金流量表

建设项目全部投资现金流量表见表5-1。该表是在建设项目确定融资方案之前，从项目自身角度出发，不分投资资金来源，以项目全部投资作为计算基础，计算项目所得税

前、所得税后的财务内部收益率、财务净现值、投资回收期等财务分析指标，进而考核项目全部投资的盈利能力，为项目各个投资方案进行比较建立共同基础，供项目决策用。因此，表5-1中现金流入量和现金流出量，与融资方案无关。

前述各章中已学过现金流入量中各项的含义以及除调整所得税外现金流出量中各项的含义，以下重点介绍调整所得税的概念与计算方法。

表5-1 项目全部投资现金流量表 单位：

序号	项　目	计算期（年份）						合计
		建设期			运行期			
		1	2	...	...	$n-1$	n	
1	现金流入							
1.1	销售收入							
1.2	提供服务收入							
1.3	补贴收入							
1.4	回收固定资产余值							
1.5	回收流动资金							
2	现金流出							
2.1	固定资产投资							
2.2	流动资金							
2.3	年运行费							
2.4	销售税金及附加							
2.5	更新改造投资							
3	所得税前净现金流量							
4	累计所得税前净现金流量							
5	调整所得税							
6	所得税后净现金流量							
7	累计所得税后净现金流量							

计算指标： 所得税前 所得税后

全部投资财务内部收益率/%

全部投资财务净现值（$i_c =$　%）

全部投资回收期/年

（二）调整所得税的计算

由于全部投资的财务评价与融资方案无关，因此在全部投资财务评价时，利润的计算应不受借款利息的影响。财务评价中，把不受借款利息影响的利润称为息税前利润。由息税前利润计算的所得税，称为调整所得税。由第二章图2-2所示的财务收入与总成本费用、税金、利润的关系图可知，息税前利润的计算应不受建设期利息对固定资产折旧的影响、不受利息支出的影响。为简化计算，当建设期利息占总投资比例不是很大时，按式（5-1）计算息税前利润、按式（5-2）计算调整所得税，即

$$息税前利润＝利润总额（税前利润）＋利息支出 \quad\quad (5-1)$$
$$调整所得税＝息税前利润×所得税税率 \quad\quad (5-2)$$

根据图 2-3 所示的建设项目利润分配图，利润总额在弥补以前年度亏损（弥补亏损年限不得超过前 5 年）后，缴纳所得税。因此，使用式（5-2）计算时，若以前年度（不超过 5 年）存在亏损时，应将其从息税前利润中扣除，再计算调整所得税。

所得税后分析与所得税前分析的现金流入完全相同，而现金流出是不同的。所得税前分析时调整所得税不作为现金流出项，而所得税后分析时将调整所得税作为现金流出项。

【例 5-1】 某城市新材料产业园供水工程正常运行期第 1 年供水量 1086.1 万 m^3，不含增值税的水价 5.73 元/m^3，总成本费用见表 5-2。试计算该年的销售收入、销售税金及附加（该项目经济评价的基准年为 2018 年，自来水供水工程增值税税率为 10%，且忽略进项税额）、利润总额（税前利润）、所得税、调整所得税。

表 5-2 　　　　　　　　　　某供水工程的总成本费用

项　　目	金额/万元	项　　目	金额/万元
年运行费	2754	利息支出	941
年折旧费	1202	总成本费用	4897
摊销费	0		

解 （1）计算销售收入、销售税金及附加。

$$销售收入＝5.73×1086.1＝6223.4（万元）$$

城市维护建设税为增值税的 7%，教育费附加为增值税的 3%。故

$$销售税金及附加＝增值税额×（7\%＋3\%）$$
$$＝销售收入×10\%×（7\%＋3\%）$$
$$＝6223.4×0.01＝62.2（万元）$$

（2）计算利润总额（税前利润）、所得税、计算调整所得税。

$$利润总额＝销售收入－总成本费用－销售税金及附加＝6223.4－4897－62.2$$
$$＝1264.2（万元）$$

$$所得税＝应纳税所得额×所得税税率＝1264.2×25\%＝316.1（万元）$$

$$调整所得税＝息税前利润×所得税税率＝（利润总额＋利息支出）×所得税税率$$
$$＝(1264.2＋941)×25\%＝551.3（万元）$$

二、资本金现金流量表与借款还本付息计算

（一）资本金现金流量表

资本金现金流量表见表 5-3。

项目资本金现金流量表（表 5-3）用于计算项目资本金财务内部收益率。表 5-3 的现金流出是在拟定的融资方案下，从项目资本金出资者整体的角度分析确定的，其实质是进行项目融资后财务分析。

资本金财务现金流量表中现金流入项与全部投资现金流量表中现金流入项相同，而现金流出项与全部投资现金流量表中现金流出不同，包括项目资本金、借款本金偿还、借款

利息支付、年运行费、销售税金及附加、所得税和更新改造投资。

表 5 - 3　　　　　　　　　　　　　　**资 本 金 现 金 流 量 表**　　　　　　　　　　单位：

序号	项　　目	计算期（年份）						合计
		建设期			运行期			
		1	2	…	…	$n-1$	n	
1	现金流入							
1.1	销售收入							
1.2	提供服务收入							
1.3	补贴收入							
1.4	回收固定资产余值							
1.5	回收流动资金							
2	现金流出							
2.1	项目资本金							
2.2	借款本金偿还							
	其中：长期借款							
	短期借款							
2.3	借款利息支付							
	其中：长期借款							
	短期借款							
2.4	年运行费							
2.5	销售税金及附加							
2.6	所得税							
2.7	更新改造投资							
3	净现金流量							

计算指标：
资本金财务内部收益率/％

　　利用项目资本金现金流量表，计算资本金的财务内部收益率，能够从投资者的角度考察项目的盈利能力。

（二）借款还本付息计算

　　在表 5 - 3 中，长期借款是指在建设期的借款和产生的利息，按贷款协议需在运行期偿还的借款。关于建设期利息的计算方法，详见式（2 - 12）。短期借款是指项目在运行期间由于资金的临时需要而发生的借款。

　　在表 5 - 3 中，序号 2.2 所在行借款本金偿还和序号 2.3 所在行借款利息支付的数据的确定，与借款期限、还款方式有关。在借款时，金融机构一般提供多种还款方式供融资方选择。

　　对于水利建设项目长期借款本金偿还和长期借款利息支付的方式，常用等额还本付息、等额还本利息照付方式。

1. 等额还本付息（等额本息法）

等额还本付息还款方式，也称为等额本息法，其计算式为

$$A = I_c \left[\frac{i(1+i)^n}{(1+i)^n - 1} \right] = I_c [A/P, i, n] \qquad (5-3)$$

式中　　　A——每年的还本付息额，万元；

　　　　　I_c——建设期末固定资产借款本金和利息之和，万元；

　　　　　i——年利率，当按月、季计息时，需采用第三章的有效利率计算式化为按年计息；

　　　　　n——贷款方要求的借款偿还年数（由还款年开始计）；

　　$[A/P, i, n]$——资金回收系数。

此方式在偿还期内每年偿还的本金和利息之和是相等的，支付的利息逐年减少，偿还的本金将逐年增加。每年支付利息和偿还本金分别按式（5-4）和式（5-5）计算，即

$$每年支付利息 = (I_c - 年初偿还本金累计) \times 年利率 \qquad (5-4)$$

$$每年偿还本金 = A - 每年支付利息 \qquad (5-5)$$

2. 等额还本，利息照付（等额本金法）

等额还本，利息照付方式，也称为等额本金法。分为以下两种情况。

（1）等额还本，借款利息在建设期（或宽限期）内即开始按年支付。

$$每年支付利息 = [年初借本金累计 + 本年借款额/2] \times 年利率 \qquad (5-6)$$

$$每年偿还本金 = 累计借款总额/还款期 \qquad (5-7)$$

（2）借款利息累计到建设期末［建设期利息计算，见式（2-12）］，或宽限期终了，以后每年开始还款，并按年末还本付息计算，每年偿还本金和支付的利息分别按式（5-8）～式（5-10）计算，即

$$每年偿还的本金 = I_c/n \qquad (5-8)$$

$$每年支付利息 = (I_c - 年初偿还本金累计) \times 年利率 \qquad (5-9)$$

或　　　　　　$$第 t 年支付利息 = I_c \left(1 - \frac{t-1}{n}\right)i \qquad (5-10)$$

式中　t——从还款年开始起算的年数；

其他符号含义同前。

此种还款方式，偿还期内各年偿还的本金及利息之和是不等的，每年偿还的本金是相等的，偿还的利息逐年减少。

对于流动资金借款，在项目财务评价中，从本质上说应归为长期借款，但目前企业往往与银行达成共识，按期末偿还、期初再借的方式处理，并按一年期计算利息，即按式（5-11）计算利息。

$$年流动资金借款利息 = 年初流动资金借款余额 \times 流动资金借款年利率 \qquad (5-11)$$

在财务评价中，对流动资金的借款可以在计算期最后 1 年年末偿还。

水利建设项目，鉴于流动资金占总投资的比例较小，工程设计阶段流动资金可暂按全额资本金考虑。

对于短期借款，利息计算同流动资金借款利息的计算，短期借款的偿还要按照随借随

还的原则，即当年借款尽可能于下年偿还，但短期借款的年限不得超过 5 年。

长期借款利息、流动资金借款利息、短期借款利息均计入总成本费用中。

【例 5-2】 某建设项目，建设期 2 年。固定资产投资中的一部分需向国内银行贷款，建设期第 1 年、第 2 年分别贷款 1000 万元、600 万元，贷款年利率为 5%。根据贷款协议，建设期只计息不还款，在项目运行后的 6 年内还清借款本金和利息。试分别采用等额还本付息方式、每年等额还本利息照付方式计算每年的还本、付息费。

解 （1）等额还本付息方式。从计算每年还本、付息费的角度，根据式（2-12）计算建设期利息，然后利用式（5-3）～式（5-5）即可完成计算。因财务评价中需编制财务报表，故计算方法如下。

1）根据《水利建设项目经济评价规范》（SL 72—2013）建立表 5-4。

2）计算建设期相关项目。

①将建设期逐年借款填入表 5-4 中序号 2 所在行。

②确定建设期逐年年初借款本金累计、年初建设期利息累计、年初借款本息累计、建设期中每年应计息。建设期中每年应计息利用式（2-12）计算，即

$$建设期每年应计利息 = \left(年初借款本息累计 + \frac{本年借款额}{2}\right) \times 年利率$$

例如，第 2 年年初借款本息累计为：第 1 年年初借款本息累计 + 第 1 年借款 + 第 1 年应计息 = 1025.00（万元），计算第 2 年应计息 = （1025.00 + 600/2）× 5% = 66.25（万元）。

表 5-4 中序号 1 所在行，第 3 年年初借款本息累计，即为建设期末固定资产借款本金和利息之和 I_c，等于 1691.25 万元；序号 1.2 所在行，第 3 年年初建设期利息累计，即为建设期利息，等于 91.25 万元。

由于建设期只计息不还款，故表 5-4 中序号 4、序号 4.1、序号 4.2 所在行，在建设期的数据为 0。

3）计算运行期相关项目。

①由式（5-3）计算第 3～8 年每年等额还本付息额 A，即

$$A = I_c \left[\frac{i(1+i)^n}{(1+i)^n - 1}\right] = 1691.25 \times \left[\frac{5\%(1+5\%)^6}{(1+5\%)^6 - 1}\right] = 333.21(万元)$$

并填入表 5-4 中序号 4 所在行。

②计算第 3～8 年每年的应计利息和偿还本金。在运行期没有新增借款的情况下，易知

$$本年应计利息 = 年初借款本息累计 \times 年利率 \qquad (5-12)$$

而由式（5-4）可知

$$年初借款本息累计 = I_c - 年初偿还本金累计 \qquad (5-13)$$

因此，可由式（5-13）计算运行期逐年年初借款本息累计，见表 5-4 中序号 1 所在行；由式（5-12）、式（5-5）分别计算第 3～8 年每年的应计利息和每年还本，见表 5-4 中序号 3、序号 4.1 所在行。

③表 5-4 中序号 4.2 所在行第 3～8 年的本年付息等于本年应计利息。

表5－4　　　　　　　　等额还本付息方式借款还本付息计算表　　　　　　单位：万元

序号	项 目	计算期（年份）								合计
		建设期		运 行 期						
		1	2	3	4	5	6	7	8	
1	年初借款本息累计	0.00	1025.00	1691.25	1442.60	1181.52	907.39	619.55	317.32	
1.1	本金累计	0.00	1000.00	1600.00						
1.2	建设期利息累计	0.00	25.00	91.25						
2	本年借款	1000.00	600.00	0.00	0.00	0.00	0.00	0.00	0.00	1600.00
3	本年应计利息	25.00	66.25	84.56	72.13	59.08	45.37	30.98	15.87	399.24
4	本年还本付息	0.00	0.00	333.21	333.21	333.21	333.21	333.21	333.21	1999.26
4.1	本年还本	0.00	0.00	248.65	261.08	274.13	287.84	302.23	317.34	1691.27
4.2	本年付息	0.00	0.00	84.56	72.13	59.08	45.37	30.98	15.87	307.99

注　序号4.1所在行第8年数据与序号1所在行第8年数据应相等，本例略有差异，属计算舍入误差。

（2）等额还本利息照付方式

1）建立表5－5。

2）计算建设期相关项目，与表5－4相同。

3）计算运行期相关项目。

①对第3～8年，由式（5－8）计算

$$每年偿还本金＝\frac{I_c}{还款期}＝\frac{1691.25}{6}＝281.88（万元）$$

并填入表5－5中序号4所在行第3～8年。

②利用年初借款本息累计＝I_c－年初偿还本金累计，以及式（5－9），分别计算第3～8年年初借款本息累计、本年应计利息，并填入表5－5中序号1、序号3所在行。

③表5－5中序号5所在行第3～8年本年付息，等于本年应计利息。

表5－5　　　　　　　等额还本利息照付方式借款还本付息计算表　　　　　单位：万元

序号	项 目	计算期（年份）								合计
		建设期		运 行 期						
		1	2	3	4	5	6	7	8	
1	年初借款本息累计	0.00	1025.00	1691.25	1409.37	1127.49	845.61	563.73	281.85	
1.1	本金累计	0.00	1000.00	1600.00						
1.2	建设期利息累计	0.00	25.00	91.25						
2	本年借款	1000.00	600.00	0.00	0.00	0.00	0.00	0.00	0.00	1600.00
3	本年应计利息	25.00	66.25	84.56	70.47	56.37	42.28	28.19	14.09	387.21
4	本年还本	0.00	0.00	281.88	281.88	281.88	281.88	281.88	281.88	1691.28
5	本年付息	0.00	0.00	84.56	70.47	56.38	42.28	28.19	14.09	295.97

注　序号4所在行第8年数据与序号1所在行第8年数据应相等，此例略有差异，属计算舍入误差。

可见，两种还款方式均至项目运行后的第6年还清借款本金和利息，尽管两种还款方式不同，但还款方案具有相等的价值。

第三节　财务评价与案例

一、财务评价基本参数

财务基准收益率，也称为行业基准收益率，记为 i_c，是指项目财务内部收率指标的基准和判据，是项目在财务上可行的最低要求，也是计算财务净现值的折现率。可见，财务基准收益率是财务评价的基本参数及重要参数，是从行业或企业的角度，可接受的最低收益率。该值定得合理与否，对建设项目技术方案效果的评价结论有直接影响，定得过高过低都会导致投资决策的失误。财务基准收益率一般由相关行业主管部门测算，由国家定期或不定期发布。如果行业没有规定，则由项目评价人员分析设定。基准收益率的测算是在分析一定时期国家和行业发展战略、发展规划、产业政策、资源供给、市场需求、资金时间价值等情况的基础上，结合自身的发展战略、技术方案的特点与目标、资金成本、机会成本、投资风险等因素综合测定。

2013 年国家发展改革委、住房城乡建设部发布了《关于调整部分行业建设项目财务基准收益率的通知》（发改投资〔2013〕586 号）（经 2021 年 5 月 20 日咨询，该通知仍有效），其中水利与电力行业财务基准收益率，见表 5-6。

表 5-6　　　　　　　　　　　水利与电力行业财务基准收益率取值

行业	子行业	融资前税前财务基准收益率/%	项目资本金税后财务基准收益率/%
水利	调水、供水工程	4	3
	水库发电工程	7	8
电力	电网	8	8.5

行业基准投资回收期、行业基准总投资利润率、行业基准资本金净利润率分别是相应的财务评价指标投资回收期、总投资利润率、资本金净利润率的判据，可根据行业的具体情况确定。

二、财务评价指标及准则

财务评价包括盈利能力分析、偿债能力分析、财务生存能力分析。常用的财务评价指标如图 5-1 所示。

（一）盈利能力指标及准则

1. 财务净现值

财务净现值 $FNPV$（Financial Net Present Value）是指项目按财务基准收益率或设定的折现率将各年的净现金流量折算到基准点（建设期第 1 年年初）的现值之和，其定义式为

$$FNPV = \sum_{t=1}^{n} (CI - CO)_t (1 + i_c)^{-t} \qquad (5-14)$$

$$FNPV = \sum_{t=1}^{n} (CI - CO)_t (1+i)^{-t}$$

$$(5-15)$$

式中　CI——现金流入量；

　　　CO——现金流出量；

　　　i_c，i——财务基准收益率或设定的折现率；

　　　n——计算期，年。

可借助 Excel 软件的 NPV 函数计算财务净现值 $FNPV$，详见本节财务评价案例。

评价准则：单独方案的评价时，若财务净现值 $FNPV \geqslant 0$，表明项目在财务上可行；否则，财务上不可行。

多方案比较和优选时，要求各方案的计算期相同、折现率相同，在财务上可行的方案中财务净现值大的方案为优选方案。若各比较方案的计算期不同时，宜采用财务净年值法，其计算方法与经济净年值法类似。

2. 财务内部收益率

财务内部收益率 $FIRR$（Financial Internal Rate of Return）是指项目在计算期内各年的净现金流量的现值之和等于 0 时的折现率，其定义式为

$$\sum_{t=1}^{n} (CI - CO)_t (1+FIRR)^{-t} = 0$$

$$(5-16)$$

式中各符号意义同前。

财务内部收益率 $FIRR$ 是反映项目盈利能力的重要动态指标，其计算方法与计算经济内部收益率的方法相同，采用试算法计算，也可借助 Excel 软件的 IRR 函数进行计算，详见本节财务评价案例。多方案经济比较时也可编程计算。

根据表 5-1、表 5-3 的净现金流量，可分别计算全部投资财务内部收益率、资本金财务内部收益率。

评价准则：单独方案的评价时，若全部投资财务内部收益率大于或等于融资前财务基准收益率 i_c 或设定的收益率 i，资本金财务内部收益率大于或等于资本金税后财务基准收益率时，则项目在财务上可行；否则，财务上不可行。

对同一工程不同开发规模的两个互斥方案的比较和优选时，应采用差额投资财务内部收益率 $\Delta FIRR$ 进行分析，当差额投资财务内部收益率 $\Delta FIRR$ 大于或等于行业财务基准收益率 i_c 或设定的收益率 i 时，则投资现值大的方案为优；反之，则投资现值小的方案为优。进行多个方案比较和优选时，应按投资由小到大依次两两比较。差额投资财务内部收益率 $\Delta FIRR$ 的计算方法与差额投资经济内部收益率 $\Delta EIRR$ 的计算类似。

3. 投资回收期

（1）静态投资回收期 P_t。静态投资回收期 P_t 是指不考虑资金的时间价值，以项目的净收益抵偿全部投资所需的时间。P_t 是反映项目投资回收能力的静态评价的指标之一。P_t 一般从建设期的第 1 年年初开始算起，如果从项目运行开始年起算，应予以说明。P_t 的定义式为

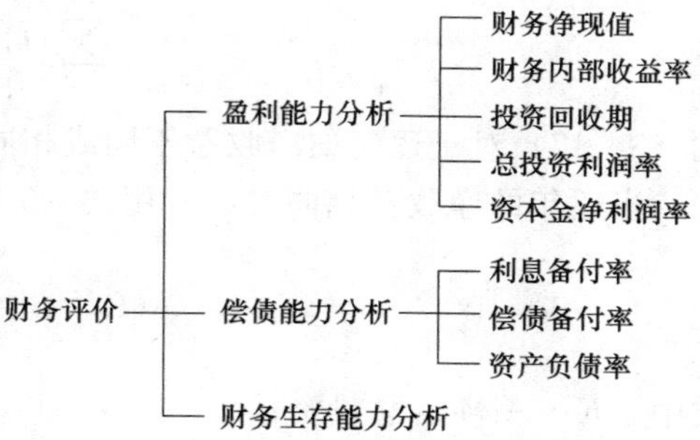

图 5-1　常用的财务评价指标

$$\sum_{t=1}^{P_t} (CI - CO)_t = 0 \qquad (5-17)$$

式（5-17）对于逐年的净收益不同或相同时均适用。

当逐年的净收益相同时，常用式（5-18）计算静态投资回收期，简便易行。

$$P_t = 建设期 + \frac{K}{CI - CO} \qquad (5-18)$$

式中　K——项目总投资；

其他符号含义同前。

【例 5-3】　某建设项目估计总投资 2000 万元，建设期 2 年，建成后各年净收益为 320 万元，计算该项目的静态投资回收期。

解　采用式（5-18），得 $P_t = 2 + 2000/320 = 8.25$（年）

当逐年的净收益相同或不同时均可用财务现金流量表中累计净现金流量计算静态投资回收期，其计算式为

$$P_t = P_0 - 1 + \frac{累计净现金流量开始出现正值年份前一年的累计净现金流量的绝对值}{累计净现金流量开始出现正值年份的年净现金流量} \qquad (5-19)$$

式中　P_0——累计净现金流量开始出现正值的年数（从建设期的第 1 年年初开始算起）；

其他符号含义同前。

评价准则：当投资回收期 $P_t \leqslant$ 行业基准投资回收期时，表明项目投资能够在规定的时间内收回，该项目在财务上可行；否则，财务上不可行。多方案比较时，在财务可行的方案中投资回收期小的方案为优。

静态投资回收期容易理解，计算简便，它反映了资金的回收速度。显然，静态投资回收期愈短，资金的回收速度愈快，风险愈小，技术方案抗风险能力愈强。在经济评价中一般都要求计算静态投资回收期。但该指标只考虑了投资回收前的经济效果，未全面考察技术方案在整个计算期内的现金流量，因此它只能作为辅助的评价指标。此外，静态投资回收期未考虑资金的时间价值。

（2）动态投资回收期 $P_{t,d}$。与静态投资回收期不同的是，动态投资回收期 $P_{t,d}$ 考虑了资金的时间价值因素，它是指用 i_c 折算的净现金流量现值的累计值等于零的年数。$P_{t,d}$ 从建设期第一年年初起算，其定义式为

$$\sum_{t=1}^{P_{t,d}} (CI - CO)_t (1 + i_c)^{-t} = 0 \qquad (5-20)$$

当求得了逐年净现金流量现值的累计值后，动态投资回收期的计算方法与静态投资回收期的计算方法类似，评价方法也与之相同。

可以证明，同一建设项目，动态的投资回收期大于静态的投资回收期。

【例 5-4】　某建设项目的现金流量见表 5-7 中第（1）～（3）列。行业基准收益率为 7%，试分别计算该项目的静态与动态的投资回收期。

表 5 - 7				某建设项目的投资回收期计算表		单位：万元
时间 （年末）	现金流入量 CI	现金流出量 CO	净现金流量 $CI-CO$	累计净现 金流量 $\sum(CI-CO)$	净现金流量现值 $(CI-CO)(1+7\%)^{-t}$	累计净现金流量现值 $\sum(CI-CO)(1+7\%)^{-t}$
(1)	(2)	(3)	(4)	(5)	(6)	(7)
1	0	800	−800	−800	−747.66	−747.66
2	0	400	−400	−1200	−349.38	−1097.04
3	350	100	250	−950	204.07	−892.97
4	700	250	450	−500	343.30	−549.67
5	700	250	450	−50	320.84	−228.83
6	700	250	450	400	299.85	71.02
7	700	250	450	850	280.24	351.26

解 （1）计算静态的投资回收期。根据表 5 - 7 中逐年的现金流入与流出量，计算逐年的净现金流量以及累计净现金流量。由表 5 - 7 第（5）列累计净现金流量可知，静态的投资回收期介于 5～6 年之间，根据式（5 - 19），得静态的投资回收期为

$$P_t = 6 - 1 + \frac{|-50|}{450} = 5.11（年）$$

（2）计算动态的投资回收期。根据 i_c 计算逐年的净现金流量的现值、累计净现金流量的现值，如表 5 - 7 中第（6）、（7）列所示。根据表 5 - 7 中第（7）列，计算动态的投资回收期为

$$P_{t,d} = 6 - 1 + \frac{|-228.83|}{299.85} = 5.76（年）$$

动态投资回收期考虑了资金的时间价值，理论上比较科学，但考虑到投资回收期仅是一个辅助的评价指标，因此实际工作中常用计算简便的静态投资回收期。

4. 总投资利润率与资本金净利润率

（1）总投资利润率 ROI （Return on Investment）。总投资利润率 ROI 是指项目达到设计能力后正常生产年份的年息税前利润或运行期内年平均息税前利润与项目总投资的比率，其计算式为

$$ROI = \frac{EBIT}{TI} \times 100\% \qquad (5 - 21)$$

式中　$EBIT$——项目达设计能力后正常生产年份的年息税前利润或运行期内年平均息税前利润；

　　　　TI——项目总投资；

其他符号含义同前。

总投资利润率表示项目总投资的盈利水平。

评价准则：当项目总投资利润率等于或大于行业基准的投资利润率时，表明该项目单位投资的盈利能力达到了或超过了行业的平均水平，在财务上是可行的。

（2）资本金净利润率 ROE （Return on Equity）。资本金净利润率 ROE 是指项目达到

设计能力后正常生产年份的年净利润或运行期内年平均净利润与项目资本金的比率，其计算式为

$$ROE = \frac{NP}{EC} \times 100\%$$ (5-22)

式中　　NP——项目达设计能力后正常生产年份的年净利润或运行期内年平均净利润；

　　　　EC——项目资本金；

其他符号含义同前。

资本金净利润率表示项目资本金的盈利水平。

评价准则：当项目资本金净利润率等于或大于行业基准的净利润率时，表明该项目用资本金净利润率表示的盈利能力满足要求。

总投资利润率是衡量整个技术方案获利能力的指标，而资本金净利润率是衡量技术方案资本金获利能力的指标。另外，对于技术方案来说，若总投资利润率或资本金净利润率高于银行同期贷款利率，适度举债是有利的。因此，总投资利润率或资本金净利润率不仅可以用来衡量技术方案的获利能力，还可以作为技术方案筹资决策参考的依据。

【例 5-5】 已知某技术方案拟投入的资本金（自有资金）、第 2 年年中贷款额见表 5-8 中序号 1.1、1.2 所在行。根据贷款年利率与贷款协议（贷款年利率 6%，银行要求投产后前 4 年还清，还款方式为等额还本利息照付）已求得逐年贷款利息见表 5-8 中序号 1.3 所在行。已求得利润总额（税前利润）见表 5-8 中序号 2 所在行。试计算该技术方案的总投资利润率和资本金净利润率。

解　（1）计算总投资利润率。

1）计算建设项目总投资。根据项目总投资的构成，得项目总投资 TI 为

$$TI = 1200 + 340 + 2000 + 60 = 3600 (万元)$$

2）计算运行期内年平均息税前利润。由表 5-8 中贷款利息、税前利润，得

运行期内年平均息税前利润 $EBIT = (123.6 + 92.7 + 61.8 + 30.9 - 50 + 550 +$
$$590 + 620 + 650 \times 4)/8 = 577.375 (万元)$$

3）计算总投资利润率。根据式（5-21），得

$$ROI = EBIT/TI \times 100\% = 577.375/3600 \times 100\% = 16.04\%$$

（2）计算资本金净利润率。

1）计算所得税。根据式（2-39）、式（2-40），得

所得税 = [利润总额 - 弥补以前年度亏损额(前 5 年内)] × 所得税率 25%

计算结果见表 5-8 中序号 3 所在行。

2）计算运行期内年平均净利润。首先计算运行期逐年净利润，即

运行期净利润(所得税后利润) = 利润总额(税前利润) - 所得税

计算结果见表 5-8 中序号 4 所在行，然后，计算运行期内年平均净利润为

$$NP = (-50 + 425 + 442.5 + 465 + 487.5 \times 4)/8 = 404.06 (万元)$$

3）计算资本金净利润率。根据式（5-22），得

资本金净利润率 $ROE = NP/EC \times 100\% = 404.06/(1200 + 340) \times 100\% = 26.24\%$

表 5 - 8 某技术方案拟投入资金和利润及有关项目计算表 单位：万元

序号	项 目	建设期		运 行 期				
		1	2	3	4	5	6	7~10
1	建设投资							
1.1	资本金	1200	340					
1.2	贷款本金		2000					
1.3	贷款利息		60	123.6	92.7	61.8	30.9	
2	利润总额（税前利润）			−50	550	590	620	650
3	所得税			0	125	147.5	155	162.5
4	净利润（所得税后利润）			−50	425	442.5	465	487.5

需要说明的是，在［例 5 - 5］中，依据《水利建设项目经济评价规范》（SL 72—2013），建设项目总投资＝固定资产投资＋建设期利息。若依据国家发展改革委与建设部发布的《建设项目经济评价方法与参数》（第三版），则建设项目总投资＝固定资产投资＋建设期利息＋流动资金，需计入流动资金。

（二）偿债能力指标及准则

1. 利息备付率

利息备付率 ICR（Interest Coverage Ratio）指在借款偿还期内各年的息税前利润与该年应付利息的比值，其计算式为

$$ICR = \frac{EBIT}{PI} \tag{5-23}$$

式中 PI——计入总成本费用的应付利息；

其他符号含义同前。

利息备付率应分年计算，它从付息资金来源的充裕性角度反映企业偿付债务利息的能力，表示企业使用息税前利润偿付利息的保证倍率。使用该指标的判别准则是：利息备付率应大于1，并结合债权人的要求确定；否则，表示企业的付息能力不足。尤其是当利息备付率低于1时，表明企业没有足够资金支付利息，偿债风险很大。参考国际经验和国内行业的具体情况，根据我国企业历史数据统计分析，一般情况下，利息备付率不宜低于2，且应与其他同类企业进行比较，来分析决定本企业该指标的水平。

2. 偿债备付率

偿债备付率 DSCR（Debt Service Coverage Ratio）指借款偿还期内各年用于计算还本付息的资金与该年应还本付息金额的比值，其计算式为

$$DSCR = \frac{EBITDA - T_{AX}}{PC} \tag{5-24}$$

式中 $EBITDA$——息税前利润加折旧和摊销；

T_{AX}——所得税；

PC——应还本付息金额，包括偿还本金和计入总成本费用的全部利息，融资租赁费用可视同借款偿还，运行期内的短期借款本息也应纳入计算。

如果项目在运行期内有更新改造费，可用于还本付息的资金应扣除更新改造费。

偿债备付率应分年计算，它表示企业可用于还本付息的资金偿还借款本息的保证倍率。使用该指标的判别准则是：偿债备付率应大于1，并结合债权人的要求确定。当偿债备付率小于1时，表明企业当年资金来源不足以偿付当期债务，需要通过短期借款偿付已到期债务。参考国际经验和国内行业的具体情况，根据我国企业历史数据统计分析，一般情况下，偿债备付率不宜低于1.3。

3. 资产负债率

资产负债率 *LOAR*（Liability on Asset Ratio）指项目各期末负债总额与资产总额的比率，其计算式为

$$LOAR = \frac{TL}{TA} \times 100\% \qquad\qquad (5-25)$$

式中　*TL*——期末负债总额；

　　　TA——期末资产总额。

资产负债率越小，则项目偿债能力越强，面临的财务风险越小。一般要求资产负债率应不超过 60%～70%，在长期债务还清后，不再计算资产负债率。例如，我国三峡集团 2020 年年末的资产负债率为 50.78%；企业华为公司 2020 年年末的资产负债率为 62.3%。

（三）财务生存能力分析

财务生存能力是指项目各年的现金流入足以应付现金流出，使项目持续运行的资金平衡能力。财务生存能力分析，也称财务生存能力评价或资金平衡分析，是指通过现金流量的平衡分析，检查项目是否存在财务生存问题，并提出解决措施或者得出财务不可行的结论。

财务生存能力分析的方法是：在财务评价辅助报表和损益表的基础上，编制财务计划现金流量表，分别考察计算期内投资、融资、经营活动的各项现金流入和流出，计算净现金流量和累计盈余资金，分析项目是否有足够的净现金流量维持正常运营，以及各年累计盈余资金是否出现负值。如果每年的净现金流量不出现负值，则项目能持续运行；如果个别年份净现金流量为负值，则要看以前年度余留的累计盈余资金是否能够弥补该年不足，若不能弥补，则累计盈余资金就会出现负值，应进行短期借款，并分析该短期借款的年份（不超过 5 年）、数额和可靠性。综合上述，财务生存能力分析的指标是累计盈余资金，评价准则是当各年的累计盈余资金不出现负值时，项目具有财务生存能力。

对于非经营性项目，财务分析主要是分析项目的财务生存能力。

三、社会公益性建设项目的财务评价

社会公益性水利建设项目，如防洪、治涝等建设项目，建设资金主要从中央和地方预算内资金、水利建设基金及其他可用于水利建设的财政性资金安排。对于这类公益性水利建设项目，没有财务收入或财务收入很少，财务评价可只编制总成本费用表、财务计划现金流量表，并进行财务生存能力分析，提出年运行费不足部分的资金来源，以维持正常运营。资金来源主要有财政拨款、各级政府补贴等。

四、财务评价小结与案例

财务评价从流程上，应先进行融资前分析，在融资前分析结论满足要求的情况下，再

进行融资后分析。进行财务评价的基本流程如下。

（1）熟悉工程建设条件。

（2）调查、分析计算与预测建设项目的基础数据，包括建设期的工程经济要素、建设期的投资计划与融资数据、运行期的工程经济要素等。依据现行有关规范或通过调查确定财务评价的基本参数：行业基准收益率、行业基准投资回收期、行业基准总投资利润率、行业基准资本金净利润率等。

（3）编制财务评价的辅助报表。辅助报表中汇总了各工程经济要素，是编制基本报表的基础。

（4）编制财务评价的基本报表。根据辅助报表，并进行有关计算，编制基本报表，各基本报表是计算财务评价指标的基础。

（5）计算反映盈利能力、偿债能力和财务生存能力的评价指标，分析项目的财务可行性。

第（4）步与第（5）步可综合在一起完成。各财务评价指标与相应的财务基本报表，见表5-9。

（6）对财务评价的不确定性进行分析（详见本章第四节）。

表 5-9   财务评价指标与相应的财务基本报表

评价内容	动态指标	静态指标	基本报表
盈利能力	财务净现值、财务内部收益率、动态投资回收期	静态投资回收期	全部投资现金流量表
	资本金财务内部收益率	—	资本金现金流量表
	—	总投资利润率、资本金净利润率	损益表（利润与利润分配表）
偿债能力	—	利息备付率、偿债备付率	借款还本付息计划表
	—	资产负债率	资产负债表
财务生存能力	—	累计盈余资金	财务计划现金流量表

以下利用建设项目财务评价的案例，介绍财务评价的流程与方法，使读者能深入理解各经济要素与财务报表之间的联系、各财务评价指标与基本报表之间的联系等；掌握建设项目财务评价的方法；学会用Excel编制财务报表以及进行计算，特别是用Excel中NPV函数和IRR函数，分别计算财务净现值和财务内部收益率（也适用于经济净现值和经济内部收益率的计算）。

【案例】 某县城拟新建供水项目，基本资料如下。

建设期的工程经济要素：该项目的建设期为2年，运行期为8年。固定资产投资1000万元，预计固定资产形成率为0.96。该固定资产的使用年限为10年，预计净残值率为5%，按照直线法折旧。预计流动资金15万元（流动资金应在建设期筹集）。需要说明，本案例的运行期、折旧年限，是从便于教学、便于利用Excel软件演示操作时能在一屏展示的角度确定的，实际工作中应根据规范确定。《水利建设项目经济评价规范》（SL 72—2013）指出，大中型城镇供水工程运行期为30~50年。本案例属于小型供水工程，运行期一般为20~30年。

建设期的投资计划与融资情况：建设期第1年、第2年分别投入固定资产投资的

60％、40％，其中每年投资中 70％为资本金，30％需向国内银行贷款，贷款年利率为5.15％。贷款协议为建设期只计息不还款，建设期借款在项目运行后的 6 年内等额还本，利息照付。流动资金全部按资本金筹集。

运行期的工程经济要素：该项目第 3 年开始运行，达设计规模的 70％，第 4 年达到设计规模。正常运行期年运行费为 95 万元与销售收入为 300 万元（均不含增值税），投产第 1 年按正常年份的 70％计算。增值税税率为 9％（忽略进项税额）。

财务评价基本参数与其他资料：财务基准收益率 6％；投资方希望的静态投资回收期不超过 8 年（从建设期第 1 年年初起算）。按投资协议，运行期每年按可分配利润的 5％作为应付投资方利润。

试对该案例进行财务评价。

为使同学们能熟练地掌握财务评价的流程、方法，并能利用 Excel 编制财务报表以及进行计算，利用视频演示各财务报表的编制与利用 Excel 的计算过程，并将案例计算的全过程分成若干个视频进行讲解。案例操作（一）是建设期利息估算表与投资计划及资金筹措表的编制；案例操作（二）是固定资产折旧费估算表、收入与税金估算表的编制；案例操作（三）是借款还本付息计划表第一部分、总成本费用估算表的编制；案例操作（四）是损益表（利润与利润分配表）的编制及其相应评价指标的计算；案例操作（五）是借款还本付息计划表第二部分的编制及其相应评价指标的计算；案例操作（六）是全部投资现金流量表的编制及其相应评价指标的计算；案例操作（七）是资本金现金流量表、财务计划现金流量表的编制及其相应评价指标的计算、财务评价指标汇总与综合财务评价。

第四节　不确定性分析和风险分析

水利建设项目经济评价涉及的因素很多，有些经济因素和有关参数是依靠预测和估算获得的，有一定误差；建设期和运行期的政策和自然环境、外部条件等都存着一定的不确定性；水利工程的效益具有不确定性。因此对建设项目国民经济评价和财务评价，必须进行不确定性分析和风险分析。

不确定性分析是指针对各种不确定性因素的可能变化范围，计算其对经济（财务）评价指标的影响，供项目决策时参考。不确定性分析包括敏感性分析和盈亏平衡分析。敏感性分析适用于国民经济评价和财务评价；盈亏平衡分析一般只用于财务评价。

《水利建设项目经济评价规范》（SL 72—2013）指出，对于特别重要的水利建设项目，应进行风险分析。

一、敏感性分析

例如，某一建设项目，投资增加 1%，$ENPV$ 减小 10%；效益降低 10%，$ENPV$ 减小 10%。显然，投资的变化对评价指标 $ENPV$ 的影响较效益的变化更敏感些。若某一影响因素发生较小的变化，就能导致评价指标发生较大的变化，称该因素为敏感因素。敏感性分析是指考察项目主要影响因素发生变化后，对经济（财务）评价指标的影响，进而找出敏感因素。

当主要影响因素的一项或几项发生变化时，经济（财务）评价指标随之发生变化，如果变化影响的幅度在允许（经济合理、财务可行）的范围内，则认为本项目的经济（财务）指标是稳定的，否则是不稳定的。敏感性稳定的方案优于敏感性不稳定的方案。对敏感性不稳定的方案，应进一步研究提出控制敏感因素的措施，并尽可能采用稳定的方案。

敏感性分析按主要因素变化的个数分为单因素和多因素敏感性分析。单因素敏感性分析，每次只改变一个主要因素的数值，考察经济（财务）评价指标的变化；多因素敏感性分析，则是同时改变两个或两个以上主要因素的数值，考察经济（财务）评价指标的变化。以下介绍实际工作中常用的单因素敏感性分析，分析方法有列表分析法和绘图分析法。为便于叙述，以下将经济（财务）评价指标，简称为评价指标。此外，将未进行敏感性分析时相应的经济（财务）评价方案称为基本方案，相应的评价指标，记为符号 A。

（一）列表分析法

拟定某一不确定因素的变化量或变化率，计算引起评价指标的变化量，并将其列表进行分析，这种方法称为列表分析法。其步骤如下。

（1）选定不确定性因素，记为符号 F，并确定其变化幅度。进行敏感性分析时，主要考虑的不确定因素有投资、效益、利率（折现率）、建设期等，可根据项目的具体情况确定其变化幅度，也可参照下列变化幅度选用。

固定资产投资：+10%～+20%。

效益：−20%～−10%。

建设期年限：增加或减少 1～2 年。

利率（折现率）：提高或降低 1～2 个百分点。

（2）确定敏感性分析的评价指标。评价指标较多，一般可只对主要的评价指标，如净现值（$ENPV$、$FNPV$）、内部收益率（$EIRR$、$FIRR$）等进行分析。

（3）计算某一不确定性因素 F 发生变化时相应的评价指标值，并计算该评价指标值与基本方案的评价指标 A 之差 ΔA。

（4）找出最敏感因素。为定量分析评价指标对各影响因素影响的敏感程度，引入敏感度系数 S_{AF}，它是指评价指标的变化率与不确定性因素变化率之比，按式（5-26）计算，即

$$S_{AF} = \frac{\Delta A / A}{\Delta F / F} \tag{5-26}$$

式中 S_{AF}——经济（财务）评价指标 A 对不确定性因素 F 的敏感度系数；

  $\Delta F/F$——不确定性因素 F 的变化率；

  $\Delta A/A$——当不确定性因素 F 变化 ΔF 时，评价指标 A 的相应变化率。

$|S_{AF}|$ 越大，评价指标 A 受不确定性因素 F 的影响越敏感。

【例 5－6】 某综合利用水利工程具有防洪、供水等效益，建设期 3 年。财务基准收益率为 4%。已求得基本方案以及投资、财务效益（即财务收入，此处简称效益）、建设期变动情况下相应的财务内部收益率，见表 5－10 第 3 列。试计算财务内部收益率对于各不确定因素的敏感度系数，并按敏感程度由大到小排列。

表 5－10   某综合利用水利工程财务评价敏感性分析

方案或影响因素	影响因素变化率/%	$FIRR$/%	$\Delta FIRR$/%	评价指标变化率（$\Delta FIRR/FIRR$）/%	敏感度系数
基本方案	0	7.1			
投资	+10	5.6	-1.5	-21.1	-2.11
效益	-10	4.5	-2.6	-36.6	3.66
建设期	33.3（增加 1 年）	4.8	-2.3	-32.4	-0.97

解 （1）计算投资、效益、建设期变动情况下相应的财务内部收益率与基本方案的财务内部收益率的差值，填入表 5－10 第 4 列。

（2）计算评价指标的变化率，填入表 5－10 第 5 列。

（3）根据式（5－26），计算财务内部收益率对于各因素的敏感度系数。例如，财务内部收益率对于建设期的敏感度系数为

$$S_{AF} = \frac{-2.3/7.1}{33.3\%} = \frac{-32.4\%}{33.3\%} = -0.97$$

5－10 敏感性分析（一）▶

  同理计算财务内部收益率对于投资、效益的敏感度系数，见表 5－10 第 6 列。将财务内部收益率对于各因素的敏感程度，由大到小排序为效益、投资、建设期。该案例在项目运行中，就要从供水量、水价两方面入手采取避免效益下降的措施。当然，对投资、建设期也要给予重视，从设计到施工采取有利于建设方案达到预期效果的措施。

  上述列表分析，未回答某一不确定性因素使建设项目由财务可行（或经济合理）变为不可行（或不合理）时，允许该因素变化的极限幅度，该极限幅度称为临界值。可借助绘图分析法确定临界值。

（二）绘图分析法

敏感性分析图的绘制方法如下。

（1）建立坐标系。以不确定性因素的变化率（百分数）为横坐标，以评价指标为纵坐标。

（2）绘出基本方案的评价指标线和评价指标的基准值相应的线。例如，当评价指标为财务内部收益率时，该评价指标的基准值则为财务基准收益率 i_c；当评价指标为经济净现值 $ENPV$ 时，该评价指标的基准值则为 $ENPV=0$。评价指标的基准值相应的线，称为基准线。

（3）根据列表法所得数据，分别绘制各不确定性因素的变化率与评价指标的关系线，这些线称为因素指标关系线。

（4）确定各条因素指标关系线与基准线的交点，这些交点称为临界点，临界点的横坐标值即为某一不确定性因素的变化使项目由财务可行变为不可行（或经济合理变为不合理）的临界数值，称其为临界值。可见，临界值是允许不确定性因素向不利方向变化的极限值。不确定性因素的临界值的绝对值越小，则该因素对评价指标的影响越敏感。需要指出，有的书籍中将临界值称为临界点。

【例 5-7】　针对表 5-10 中的数据，试采用绘图分析法，分别确定投资、效益、建设期允许变动的临界值。

解　根据表 5-10 中效益、投资、建设期的变化率，分别绘制其与财务内部收益率的关系线，如图 5-2 所示。

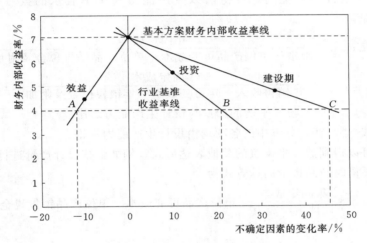

图 5-2　某建设项目财务内部收益率敏感性分析图

分别得临界点（图 5-2 中的 A、B、C 点），据此，进一步确定效益、投资、建设期变化的临界值分别为 -11.9%、20.7%、44.9%。例如，效益变动的临界值等于 -11.9%，这说明在 $i_c = 4\%$ 作为财务基准收益率的情况下，当效益减少 11.9% 时，此时 $FIRR = 4\% = i_c$，若再减小，则建设项目 $FIRR < i_c$，将变为财务不可行。由效益、投资、建设期变化的临界值进一步说明，该案例效益为影响财务内部收益率的最敏感因素。

需要说明的是，上述图解分析法按直线绘制因素指标关系线，求出的结果是临界值的近似值，精确计算可采用试算法。

二、盈亏平衡分析

盈亏平衡分析是指对于建设项目的正常运行期，根据盈亏平衡情况下成本、税金与收入的平衡关系，对产量、售价等盈亏平衡点进行分析，并判断项目的适应能力和抗风险能力。盈亏平衡分析仅适用于财务评价。在正常运行期中，可选择还款期间的第一个达产年和还款后的年份分别计算。

（一）公式法

由财务收入与总成本费用、销售税金及附加和利润总额的关系可知，盈亏平衡（不盈不亏）情况下的年销售收入等于年总成本费用与年销售税金及附加之和，而年总成本费用包括年固定成本和年可变成本。故得盈亏平衡的关系式为

$$年销售收入＝年固定成本＋年可变成本＋年销售税金及附加 \qquad (5-27)$$

若盈亏平衡的产量（Break Even Point），记为 $BEP_{产量}$，则由式（5-27），进一步可得

$$价格×BEP_{产量}＝年固定成本＋单位产品可变成本×BEP_{产量}＋单位产品销售税金及附加$$
$$×BEP_{产量} \qquad (5-28)$$

由式（5-28）可解出产量盈亏平衡点的计算式（5-29），并将式（5-29）两边同时除以建设项目的设计生产能力，可得出以生产能力利用率表示的盈亏平衡点的计算式（5-30），即

$$BEP_{产量}＝\frac{年固定成本}{价格－单位产品可变成本－单位产品销售税金及附加} \qquad (5-29)$$

$$BEP_{生产能力利用率}＝\frac{年固定成本}{年销售收入－年可变成本－年销售税金及附加}×100\% \qquad (5-30)$$

式中　$BEP_{生产能力利用率}$——盈亏平衡的产量与设计生产能力之比。

需注意：式（5-30）分母中的各项均由设计生产能力求得。

此外，还可以得到盈亏平衡点的其他表达形式。例如，按设计产量进行生产和销售的前提下，盈亏平衡时产品售价的计算式为

$$BEP_{产品售价}＝\frac{年固定成本}{设计生产能力}＋单位产品可变成本＋单位产品销售税金及附加$$

$$(5-31)$$

（二）图解法

将年产量作为横坐标，分别将扣除年销售税金及附加的税后销售收入、成本作为纵坐标，并分别绘制年固定成本线、年总成本线、税后销售收入线，利用式（5-27）可知，年总成本线与税后销售收入线的交点 A 相应的横坐标值，即为产量的盈亏平衡点 $BEP_{产量}$，如图 5-3 所示。当产品的产量小于 $BEP_{产量}$ 时，建设项目出现亏损，产量越小，亏损越大；当产品的产量大于 $BEP_{产量}$ 时，建设项目出现盈利，产量越大，盈利越大。

将 $BEP_{产量}$ 除以设计生产能力，即得 $BEP_{生产能力利用率}$。也可将图 5-3 以生产能力利用率作为横坐标，求得 $BEP_{生产能力利用率}$。

一般来说，在建设项目生产能力许可的

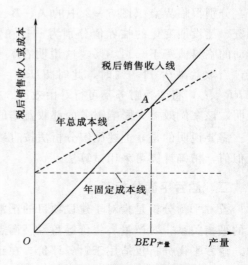

图 5-3　盈亏平衡分析图

范围内，盈亏平衡点越低，项目盈利的可能性就越大，抵抗风险能力也越强。

【例 5-8】 某水产养殖场，养殖水面 1200 亩，其设计生产能力为 18 万 kg，水产综合平均售价 4.86 元/kg，年固定总成本（包括固定资产折旧费、企业管理费、管理人员工资等）34.12 万元，年可变总成本（包括鱼苗、鱼种、饵料等）约 30 万元，上缴税金的综合税率为 5.15%。试求生产能力利用率的盈亏平衡点、产量的盈亏平衡点。

解 采用公式法计算。

$$设计生产能力时的年销售收入 = 4.86 \times 18 = 87.5（万元）$$

$$年销售税金及附加 = 年销售收入 87.5 \times 5.15\% = 4.5（万元）$$

依据式（5-30）得生产能力利用率的盈亏平衡点为

$$BEP_{生产能力利用率} = \frac{年固定成本}{年销售收入 - 年可变总成本 - 年销售税金及附加} \times 100\%$$

$$= \frac{34.12}{87.5 - 30.0 - 4.5} \times 100\% = 64\%$$

计算产量的盈亏平衡点：

$$BEP_{产量} = 设计生产能力 \times BEP_{生产能力利用率} = 18 \times 64\% = 11.52（万 kg）$$

也可根据式（5-29）计算产量的盈亏平衡点 $BEP_{产量}$。

三、风险分析

敏感性分析只能指出建设项目的评价指标对不确定性因素的敏感性程度，但没有反映不确定性因素发生这种变化的可能性大小，即发生这种变化的概率有多大，也没有反映评价指标发生相应变化的概率，风险分析可弥补敏感性分析的这一不足。风险分析是指对建设项目达不到预期目的或不能实现预定目标的可能性和偏离程度进行分析，并在此基础上采取避免或降低危害影响的措施。分析方法有定量分析和定性分析。定量分析常用方法是概率分析。概率分析是指运用概率和数理统计原理，研究一个或几个不确定因素发生随机变化的情况下，对项目评价指标产生影响的一种方法。概率分析法的主要步骤如下。

（1）选定影响项目评价指标的主要不确定性因素。对于水利建设项目，由于水文现象的随机性，效益随来水的丰枯变化而变化，具有较大的不确定性；投资、年运行费、建设期也可能在一定范围内波动。

（2）分析确定不确定性因素的概率分布，即不确定性因素可能出现的各种情况及其相应的概率。确定方法有主观概率法和客观概率法。主观概率法是以人为预测的方法估计概率。应用主观概率分析的结果应十分慎重；否则会对分析结果产生较大的影响。客观概率分析是根据某一不确定性因素客观长期的历史统计资料，分析确定该不确定性因素的各种可能情况及其相应的概率。

（3）对不确定性因素出现的各种可能情况，确定相应的净现值及其概率，并计算项目净现值的期望值。

（4）计算净现值大于等于 0 的累计概率。某一项目净现值大于等于 0 的累计概率越大，项目承担的风险越小。

【例 5-9】 某灌溉工程建设期 3 年，各年投资 5000 万元，正常运行期 30 年，年运行费 800 万元，流动资金 80 万元，固定资产余值 500 万元。已求得灌溉年效益的概率分布见表 5-11 第 1、2 行。社会折现率 $i_s=8\%$，试求该灌溉工程经济净现值的期望值，经济净现值大于或等于 0 时的累计概率。

解　（1）对于各种年效益的可能取值，编制国民经济评价费用效益流量表、计算净效益流量、计算经济净现值 $ENPV_i$，并且根据年效益的概率分布，得到经济净现值的概率分布，结果见表 5-11 第 3 行。

表 5-11　　　　　　　　　　某灌溉工程经济净现值的概率分布

年效益/万元	1500	2200	2400	2600	2700
概率	0.1	0.2	0.4	0.2	0.1
$ENPV_i$/万元	-6643.01	-387.49	1399.81	3187.10	4080.75

（2）计算项目经济净现值的期望值。以事件的概率为权，计算经济净现值的期望值，即

$$\overline{ENPV}=-6643.01\times0.1-387.49\times0.2+1399.81\times0.4+3187.10\times0.2+4080.75\times0.1$$
$$=863.62（万元）$$

（3）计算经济净现值大于等于 0 的累计概率。根据表 5-11 可得

$$P(ENPV\geqslant0)=1-P(ENPV<0)=1-0.3=0.7$$

因此，该灌溉工程经济净现值的期望值为 863.62 万元，经济净现值大于或等于 0 的累计概率为 0.7，由于遇丰水年灌溉效益较小，故应研究运行期间遇到丰水年时，降低年运行费、开展多种经营的措施。

此外，请读者思考：对于［例 5-9］，仅有灌溉年效益为不确定性因素的情况下，可否先求出灌溉效益的期望值，然后根据其直接求出经济净现值的期望值？

需进一步说明两点：

（1）概率分析，除通过计算经济净现值大于等于 0 的累计概率来判断项目可能承担的风险外，还应考虑各种可能情况相应的经济净现值的波动情况，通常用经济净现值的标准差来反映，标准差越小，说明经济净现值在其期望值附近波动范围小，稳定性好。一个经济合理的项目除经济净现值大于等于 0 的累计概率较大外，经济净现值的标准差还应较小。

（2）对于［例 5-9］仅有灌溉年效益为不确定性因素，情况相对简单。当不确定性因素为两个或两个以上时，首先需对项目可能出现的各种状态进行组合，然后求出每种状态的经济净现值及其相应的概率，进而计算经济净现值的期望值，并分析其大于等于 0 的累计概率。

思考题与技能训练题

【思考题】

1. 什么是财务评价？财务评价与国民经济评价有哪些区别？

2. 试将财务评价指标按反映盈利能力和偿债能力进行分类、按静态指标和动态指标进行分类，并解释各个指标的含义。

3. 试对社会折现率和财务基准收益率两个参数的含义和作用进行比较。

4. 采用内部收益率法进行经济评价，试算出的内部收益率值，对于国民经济评价和

财务评价应分别与哪一参数进行比较？

5. 什么是不确定性分析？为什么要进行不确定性分析？

6. 什么是敏感性分析？简述单因素敏感性分析列表法、图解分析法的方法与步骤。

7. 什么是盈亏平衡分析？适用于哪种情况的经济评价？有哪些要素的盈亏平衡点？

【技能训练题】

1. 某城市新材料产业园供水工程正常运行期第 2 年供水量 1086.1 万 m^3，水价 5.73 元/m^3，年运行费 2754 万元、折旧费 1202 万元、利息支出 862 万元，无摊销费。试计算该年的销售收入、销售税金及附加（该项目经济评价的基准年为 2018 年，自来水供水工程增值税税率为 10%）、利润总额（税前利润）、所得税、调整所得税。

2. 已知某技术方案建设期 2 年。第 2 年向银行贷款 2000 万元，贷款协议为：贷款年利率 6%，银行要求项目运行后的前 4 年还清，试分别按等额本息法、等额还本利息照付法（借款利息累计到建设期末，以后每年开始还款）计算每年的还本、付息费（要求编制借款还本付息计算表）。

3. 为解决某工厂的供水问题，拟采用以下三个替代方案作比较：跨流域引水、工厂附近某河上游修水库引水、打井开发地下水。各方案建设期均为 1 年，在建设期初一次性投资，各方案的建设期投资和建成后的年运行费见表 5 - 12。向工厂年供水量 1000 万 m^3，预计水价 0.35 元/m^3。假定基准投资回收期为 10 年，行业基准收益率为 8%，项目运行期为 15 年。

表 5 - 12 　　　　　　　　　　**工 程 投 资 及 费 用 表** 　　　　　　　　　　单位：万元

方　　案	方　　案	投　　资	年运行费
1	跨流域引水	2800	100
2	修水库	1500	140
3	打井	1100	250

问题：（1）根据静态投资回收期指标从三个方案中选出最优方案；（2）画出最优方案的净现金流量图，并根据财务净现值指标判断该方案是否可行。

4. 表 5 - 13 为某一建设项目国民经济评价进行敏感性分析的部分计算结果，社会折现率为 8%。要求：（1）试根据表 5 - 13 计算各影响因素的敏感度系数，并找出对经济内部收益率 EIRR 影响的最敏感因素；（2）采用绘图分析法分别确定投资与效益变化的临界值。

表 5 - 13 　　　　　　　　　　**某建设项目敏感性分析**

各种因素变化	EIRR/%	变动情况 ΔEIRR/%	各种因素变化	EIRR/%	变动情况 ΔEIRR/%
基本方案	14.5	0	效益：-10%	6.0	-8.5
投资：+10%	12.7	-1.8			

5. 某工业建设项目中某产品的设计生产能力为 3 万件，生产总成本 7800 万元，其中固定成本 3000 万元，总可变成本与产品的产量成正比例关系。预计该产品价格为 3000 元/件，单位产品税金及附加为 180 元/件。试求该项目的产品产量、生产能力利用率的盈亏平衡点、按设计生产能力进行生产和销售的前提下销售价格的盈亏平衡点。

第六章　综合利用水利建设项目费用分摊

[学习指南] 我国水利工程一般具有防洪、发电、灌溉、供水、航运等综合利用效益。在综合利用水利建设项目评价时，必须将其费用在各个受益功能之间进行分摊，用以确定项目合理开发规模和测算各功能的成本与产品价格，并作为项目资金筹措的参考依据。本章主要学习综合利用水利建设项目费用分摊的方法。学习此部分内容时，需要读者具备特征水位与特征库容的知识。本章学习目标如下。

（1）能熟练表述与应用下列术语或基本概念：共用工程费用与专用工程费用；可分离费用与剩余共用费用；最优等效替代工程方案、剩余效益。

（2）能阐述费用分摊的目的和原则。

（3）能理解综合利用水利建设项目费用的两类构成方法。

（4）能够详细阐述与应用中小型水利工程常用的费用分摊方法：工程指标分摊法、效益比例分摊法、费用比例分摊法；理解可分离费用-剩余效益法。

第一节　费用分摊的目的和原则

一、费用分摊的目的

我国水利工程一般都具有防洪、发电、灌溉、供水、航运等综合利用效益。在过去一段时间内由于投资渠道单一或缺乏经济核算，整个综合利用水利工程（一般称多目标水利工程）的费用并不在各个受益功能之间进行分摊，而仅由某一水利或水电部门负担，通常会出现以下几种情况。

（1）负担全部投资的部门认为，本部门的效益有限，而所需投资却较大，因而不愿兴建此工程或者迟迟下不了决心，其后果是使我国充分而又宝贵的水利资源得不到应有的开发与利用，任其白白浪费。

（2）主办单位由于受本部门投资额的限制，可能使综合利用水利工程的开发规模偏小，因而其达不到综合利用效益。

（3）综合利用水利工程牵涉的部门较多，相互关系较为复杂，有些不承担投资的部门往往提出过高的设计标准或设计要求，使工程投资不合理地增加，工期被迫拖延，不能以较少的工程投资在较短的时间内发挥较大的综合利用效益。

因此综合利用水利工程的费用在各个受益部门之间进行合理分摊是势在必行。费用分摊一般是在综合利用水利工程的总体规模和方案及综合利用各部门开发规模、效益已经确定的情况下，计算项目各项功能应承担的费用及其经济评价指标，其目的主要有以下几个方面。

（1）综合利用水利建设项目，不仅以项目整体经济评价结果来决定项目的取舍，还应对项目的各个功能进行经济评价。对经济不合理的功能，应剔除或调整方案。

（2）协调各个功能的要求，合理确定工程规模及开发方案，达到资源最优配置。

（3）为项目筹措建设资金、计算各功能的成本、水价等提供依据。

二、费用分摊的原则

综合利用水利工程的费用可由共用工程费用和专用工程费用组成；或者由可分离费用和剩余费用组成。共用工程费用，是指综合利用工程中为两个或两个以上受益工程服务的工程费用和为补偿受损害功能所需的费用，以下简称共用费用；专用工程费用，是指综合利用工程中只为满足某一受益功能本身需要的专用工程的费用，以下简称专用费用。可分离费用和剩余费用的概念在第二节详细介绍。

在对综合利用水利工程费用分摊时，应遵循以下原则。

（1）为各功能服务的共用费用，应通过费用分摊，合理确定各功能应分摊的费用。

（2）仅为某几项功能服务的工程设施，可先将这几项功能视为一个整体，参与总费用的分摊，再将分得的费用在这几项功能之间进行分摊。

（3）主要为某一特定功能服务，同时又是项目不可缺少的组成部分，对其他功能也有一定效用的工程设施，应计算其替代的共用费用，并在各受益功能之间进行分摊。超过替代共用费用的部分应由该特定功能承担。

（4）综合利用水利建设项目中专为某个功能服务的专用费用，应由该功能自身承担。例如，对于灌溉、生活用水等供水部门，常常需修建专用的取水口和引水建筑物，其所需的费用应列为有关部门的专用费用。

（5）因兴建本项目使某些功能受到损害，采取补救措施恢复其原有效能所需的费用，应由各受益功能共同承担。超过原有效能而增加的工程费用应由该功能承担。例如，天然河道原来是可以通航的，由于修建水利工程而被阻隔，为了恢复原有河道的通航能力而增加的费用，不应由航运部门负担，而应由其他受益功能共同承担；但是为了提高通航标准而专门修建的建筑物，其额外增加的费用则应由航运部门负担。

（6）综合利用水利建设项目费用分摊，应进行合理性检查。在费用分摊计算中，应考虑各功能的最优替代工程方案。最优替代工程方案（或称最优等效替代工程方案），是指在同等程度满足某一部门要求的具有同等效益的许多方案中，在技术上可行的、经济上最有利（费用现值或费用年值最小）的替代工程方案。例如，综合利用水库建设项目中的灌溉功能，其最优替代工程方案可能是在当地抽引地下水灌溉。综合利用水利建设项目各功能承担的费用（包括应分摊的共用费用与本部门专用费用或可分离费用之和），不应该超过该部门的最优替代工程方案所需的费用，也不应小于专为该部门服务的专用费用或可分离费用，即

$$K_{\text{专}i}（或\ K_{\text{分}i}）\leqslant K_i \leqslant K_{\text{替}i} \tag{6-1}$$

式中 $K_{\text{专}i}$、$K_{\text{分}i}$——第 i 受益功能的专用费用、可分离费用；

$\qquad K_i$——第 i 受益功能应承担的费用；

$\qquad K_{\text{替}i}$——第 i 受益功能最优替代方案所需的费用。

同时，各功能承担的费用应不大于该功能可获得的效益。

第二节　综合利用水利建设项目费用的构成

综合利用水利建设项目一般包括水库库区、大坝、溢洪道、泄水建筑物、引水建筑物、水电站电厂、船闸以及过鱼设施等建筑物。综合利用水利建设项目费用分摊包括固定资产投资分摊和年运行费分摊。进行费用分摊时，通常把综合利用水利建设项目的费用构成按以下方法分类。

一、第一种分类法

根据建设项目费用的服务性质，将综合利用水利建设项目的费用划分为共用费用和专用费用两大部分。此分类方法常用于中小型综合利用水利建设项目。

按照此分类方法，综合利用水利建设项目的费用构成，可用式（6-2）表示，即

$$K_\text{总} = K_\text{共} + \sum_{i=1}^{n} K_{\text{专}i} \quad (i = 1, 2, \cdots, n) \tag{6-2}$$

式中　$K_\text{总}$——综合利用水利建设项目总费用；

$K_\text{共}$——综合利用水利建设项目各受益功能共用费用；

n——从综合利用水利建设项目获得效益的部门数；

其他符号含义同前。

在计算工程投资时，专用工程投资和共用工程投资是统一计算的，很多投资项目是共用工程投资与专用工程投资相互交叉在一起的。在进行综合利用水利建设项目费用分摊时，首先需要正确划分共用工程投资和专用工程投资，这是一项十分重要而难度大的工作，它不仅需要有合理的划分原则，还必须掌握大量资料和对综合利用水利建设项目有比较全面的了解。

二、第二种分类法

根据建设项目费用的可分性质，将综合利用水利建设项目的费用划分为可分离费用和剩余共用费用两大部分。某一部门的可分离费用，是指水利工程中包括该受益功能与不包括该受益功能的总费用的差值。例如，一个具有防洪、灌溉、供水功能的水利建设项目中的防洪可分离费用，就是水利工程防洪、灌溉、供水三目标总费用减去灌溉、供水双目标的工程费用。剩余共用费用，就是综合利用水利工程总费用减去各部门可分离费用之和的差值。例如，上述具有防洪、灌溉、供水功能的水利工程的剩余共用费用，就是该工程的总费用减去防洪、灌溉以及供水各功能可分离费用之和的差值。

按照此分类方法，综合利用水利工程的费用构成，可用式（6-3）表示，即

$$K_\text{总} = K_\text{剩} + \sum_{i=1}^{n} K_{\text{分}i} \quad (i = 1, 2, \cdots, n) \tag{6-3}$$

式中　$K_\text{剩}$——综合利用水利工程的剩余共用费用；

其他符号含义同前。

对于同一水利建设项目，按第二种分类法第 i 部门的可分离费用 $K_{分i}$ 一般要大于按第一种分类法的 $K_{专i}$，故第二种分类法 $K_{剩}$ 小于第一分类法的 $K_{共}$。因此，虽然第二种分类法工作量较大，但其有利于减小费用分摊的误差。欧美、日本等国家广泛使用第二种分类法，我国综合利用大型水利建设项目常采用第二种分类法。

第三节　综合利用水利建设项目费用分摊方法

综合利用工程的费用在各受益功能之间分摊，基本步骤如下。

（1）确定参加费用分摊的部门。一个比较完整的综合利用水利建设项目的受益功能有防洪、发电、灌溉、城镇供水、航运、水产、旅游等，原则上所有受益部门都应参加费用分摊，但是由于各受益部门在综合利用工程中所处的地位不同，不一定所有受益部门都参与费用分摊，应根据其在综合利用水利工程中的地位和效益情况，确定参加费用分摊的功能。一般可先在主要功能之间进行分摊，然后再进一步分摊给各主要功能所包括的具体受益部门。

（2）划分费用，计算费用和效益的现值。在准确估算综合利用水利工程固定资产投资及年运行费的基础上，将工程费用具体划分为各受益部门的共用费用与专用费用，或可分离费用与剩余费用。计算各受益部门效益，并计算其费用现值、效益现值。

（3）确定采用的分摊方法及确定分摊系数，并计算各功能应分摊的共用费用或剩余费用。

目前，分摊方法主要有：工程指标分摊法、效益比例分摊法、费用比例分摊法、可分离费用-剩余效益法、各功能主次地位分摊法等。

一、工程指标分摊法

工程指标分摊法是一种按综合利用工程某项指标（如库容、用水量、可发展的灌溉面积等）的比例系数进行费用分摊的方法，如各受益功能占用库容比例系数等。利用库容或水量多的部门，承担的费用份额大；反之，承担的小一些。以按各部门所需的库容的比例分摊共用费用为例进行介绍此类方法。

分别从以防洪、兴利为主和以兴利为主、兼顾防洪两种情况分别介绍各受益功能应分摊的共用费用。

（一）以防洪、兴利为主

水库工程若以防洪、兴利为主，且防洪高水位高于正常蓄水位，如图 6-1 所示，按库容分摊费用时，应先将防洪功能和兴利功能共用库容，即重复库容，在防洪功能、兴利功能之间进行分摊后，再确定共用费用的分摊系数。

6-1　《已成防洪工程经济效益分析计算及评价规范》⑦

具体步骤如下：

（1）在防洪功能、兴利功能之间分摊重复库容。《已成防洪工程经济效益分析计算及评价规范》（SL 206—2014）中指出，重复库容可按纯防洪库容 $V_{纯防}$、纯兴利库容 $V_{纯兴}$ 分别占（$V_{纯防} + V_{纯兴}$）的比例进行划分，即

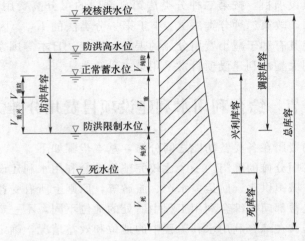

图 6-1　水库特征水位及库容示意图

$$V_{重防} = \frac{V_{纯防}}{V_{纯防} + V_{纯兴}} V_{重} \qquad (6-4)$$

$$V_{重兴} = \frac{V_{纯兴}}{V_{纯防} + V_{纯兴}} V_{重} \qquad (6-5)$$

式中　$V_{重}$——防洪功能和兴利功能共用的重复库容，即正常蓄水位至防洪限制水位之间的库容；

　　　$V_{重防}$——防洪功能应分摊的重复库容；

　　　$V_{重兴}$——兴利功能应分摊的重复库容；

　　　$V_{纯防}$——纯防洪库容，即防洪高水位至正常蓄水位之间的库容；

　　　$V_{纯兴}$——纯兴利库容，即防洪限制水位至死水位之间的库容。

此外，实际工作中常用防洪、兴利部门使用重复库容的时间比例进行划分。

（2）计算各受益功能应分摊的共用费用系数。记防洪与兴利功能应分摊的共用费用系数分别为 $\beta_{共防}$、$\beta_{共兴}$，则

$$\beta_{共防} = \frac{V_{纯防} + V_{重防}}{V_{纯防} + V_{重} + V_{纯兴} + V_{死}} \qquad (6-6)$$

$$\beta_{共兴} = \frac{V_{纯兴} + V_{重兴} + V_{死}}{V_{纯防} + V_{重} + V_{纯兴} + V_{死}} \qquad (6-7)$$

式中　$V_{死}$——水库的死库容，即死水位以下的库容。

（3）确定各受益功能承担的费用及在各年度承担的费用。为了满足动态经济分析的需要，除需确定各受益功能承担的费用外，还应研究各受益功能在各年度承担的费用。

　　　各受益功能承担的费用=各受益功能应分摊的共用费用系数×共用费用
　　　　　　　　　　+各受益功能的专用费用 　　　　　　　　　　（6-8）
受益功能在各年度承担的费用=各受益功能应分摊的共用费用系数×各年度共用费用
　　　　　　　　　　+各受益功能在各年度的专用费用 　　　　　（6-9）

式（6-6）、式（6-7）也适用于防洪库容与兴利库容不结合的情况，此种情况下

式（6-6）、式（6-7）中 $V_重$、$V_{重防}$、$V_{重兴}$ 均等于 0；$V_{纯防}=V_防$，$V_{纯兴}=V_兴$。

（二）以兴利为主、兼顾防洪

水库工程若以兴利为主，兼顾防洪时，若防洪高水位处在正常蓄水位以上，防洪功能采用纯防洪库容参加费用分摊，防洪与兴利功能应分摊的共用费用分摊系数分别为

$$\beta_{共防}=\frac{V_{纯防}}{V_{纯防}+V_兴+V_死} \tag{6-10}$$

$$\beta_{共兴}=\frac{V_兴+V_死}{V_{纯防}+V_兴+V_死} \tag{6-11}$$

式中 $V_兴$——兴利库容，即正常蓄水位至死水位之间的库容；

其他符号含义同前。

各受益功能承担的费用及各受益功能在各年度承担的费用计算同以防洪、兴利为主的情况。

这里需要特别说明的是若防洪高水位在正常蓄水位以下时，防洪功能不再分摊费用。

【例 6-1】 某水库枢纽，防洪和兴利不结合。兴利库容 4500 万 m^3，防洪库容 1100 万 m^3，死库容 700 万 m^3，共用投资 1250 万元。试按各部门所需的库容的比例分摊共用投资。

解 （1）计算各部门分摊系数。由于本例中防洪与兴利不结合，即 $V_重$、$V_{重防}$、$V_{重兴}$ 均等于 0；$V_{纯防}=V_防$，$V_{纯兴}=V_兴$，则由式（6-6）、式（6-7）可得计算防洪与兴利部门分摊系数分别为

$$\beta_{共防}=V_防/(V_防+V_兴+V_死)=1100/(1100+4500+700)=0.1746$$
$$\beta_{共兴}=(V_兴+V_死)/(V_防+V_兴+V_死)=(4500+700)/(1100+4500+700)=0.8254$$

（2）计算各部门应分摊的共用投资。防洪与兴利部门应分摊的共用投资分别为

$$K_{共防}=\beta_{共防}\,K_共=0.1746\times1250=218.25（万元）$$
$$K_{共兴}=\beta_{共兴}\,K_共=0.8254\times1250=1031.75（万元）$$

对于兴利用户为多个时，各兴利部门可按所需用水量的比例分摊兴利共用费用。各兴利功能分摊系数可采用下式进行计算

$$\beta_{共i}=\frac{W_i}{\sum_{i=1}^{n}W_i} \tag{6-12}$$

式中 $\beta_{共i}$——第 i 兴利部门应分摊的兴利共用费用系数；

W_i——综合利用水利工程为第 i 兴利部门提供的设计供水量；

n——兴利部门的个数。

【例 6-2】 ［例 6-1］所述的水库枢纽，其兴利库容一部分用于灌溉用水，一部分用于生活用水；其中：灌溉用水设计供水量 W_1 为 3000 万 m^3，生活用水设计供水量 W_2 为 2200 万 m^3。试按各兴利部门用水量进行分摊。

解 （1）根据式（6-12）计算各部门分摊系数：

灌溉用水部门分摊系数：$\beta_{共1}=W_1/(W_1+W_2)=3000/(3000+2200)=0.5769$

生活用水部门分摊系数：$\beta_{共2}=W_2/(W_1+W_2)=2200/(3000+2200)=0.4231$

（2）计算各部门应分摊的兴利共用投资：

灌溉用水部门应分摊的兴利共用投资为：$0.5769 \times 1031.75 = 595.22$（万元）

生活用水部门应分摊的兴利共用投资为：$0.4231 \times 1031.75 = 436.53$（万元）

上述方法概念明确、简单易懂、直观，分摊的费用较易被有关部门接受，在世界各国获得了广泛的应用，并且它适用于各种综合利用工程的可行性研究及初步设计阶段的费用分摊。但上述方法仍存在着一些缺点，主要有：①它不能确切地反映各部门用水的特点，如有的部门只利用库容、不利用水量（如防洪），有的部门既利用库容又利用水量（如发电、灌溉），同时利用库容的部门随着其利用时间不同，对水量的要求不一样，水量保证程度也不一样；②它未反映各部门需水的保证程度；③若兴利库容为若干个兴利部门所共用，按所占库容比例分摊，防洪部门所分摊的费用可能偏多，各兴利部门所分摊费用可能偏小。实际上，下游防洪安全为各兴利部门奠定了基础。

二、效益比例分摊法

按各受益功能的效益比例分摊费用时，应由各受益功能承担专用费用，按各受益功能效益现值减各自专用费用现值的比例分摊共用费用。效益比例分摊法与各部门获得的效益大小有关，效益大则多分摊费用，效益小则少分摊费用。

具体步骤如下：

（1）确定第 i 受益功能应分摊的共用费用系数。

$$\beta_{\text{共}i} = \frac{PB_i - PC_{\text{专}i}}{\sum_{i=1}^{n} PB_i - \sum_{i=1}^{n} PC_{\text{专}i}} \qquad (6-13)$$

式中　PB_i——第 i 受益功能效益现值；

　　　$PC_{\text{专}i}$——第 i 受益功能专用费用现值；

　　　　n——参与综合利用工程费用分摊的受益功能个数；

其他符号含义同前。

（2）计算各受益功能承担的费用、在各年度承担的费用。各受益功能承担的费用、在各年度承担的费用同工程指标分类法，即分别采用式（6-8）、式（6-9）进行计算。

实际使用此法时需要注意以下问题：

（1）计算的各功能所获得的效益是否与实际相等，这取决于计算资料是否全面与准确，计算方法是否完善。

（2）计算各受益部门效益时，计算口径要一致，否则分摊的费用会产生误差。

（3）对用水部门来说，按效益大小分摊的费用与所获得的供水量没有直接关系，该法不利于节水，不利于发挥供水的最大效益。

三、费用比例分摊法

按各受益功能最优等效替代方案费用现值的比例分摊费用时，应先计算各受益功能应分摊的综合利用工程的总费用，再计算各受益功能应分摊的共用费用。

费用比例分摊法可按下列步骤进行。

（1）计算第 i 受益功能应分摊的共用费用系数。

$$PC_i = \alpha_i PC_{总} \tag{6-14}$$

$$\alpha_i = \frac{PC_{替i}}{\sum_{i=1}^{n} PC_{替i}} \tag{6-15}$$

$$PC_{共i} = PC_i - PC_{专i} \tag{6-16}$$

$$\beta_{共i} = \frac{PC_{共i}}{\sum_{i=1}^{n} PC_{共i}} \tag{6-17}$$

式中　PC_i——第 i 受益功能分摊的总费用现值；

　　$PC_{总}$——综合利用工程的总费用现值；

　　α_i——第 i 受益功能分摊的总费用系数；

　　$PC_{替i}$——第 i 受益功能最优等效替代方案费用现值；

　　$PC_{共i}$——第 i 受益功能分摊的共用费用现值；

其他符号含义同前。

（2）计算各受益功能承担的费用、在各年度承担的费用。各受益功能承担的费用、在各年度承担的费用同工程指标分类法，即分别采用式（6-8）、式（6-9）进行计算。

最优等效替代方案所需费用反映了各部门为满足自身需要付出代价的大小。因此，按此方法来分摊综合利用水利工程的共用费用是比较合理的。此法的优点是不需要计算工程的经济效益，比较适合于效益不易计算的综合利用工程。但是该方法需要确定各部门的最优等效替代方案，各部门的替代方案可能是多个，要计算出各方案的费用再进行比选，从中选出最优方案，计算工作量较大。

四、可分离费用-剩余效益法（SCRB 法）

6-2　可分离费用-剩余效益法 ▶

按可分离费用-剩余效益法分摊费用时，应由各受益功能承担可分离费用，按各受益功能剩余效益的比例分摊剩余费用。

可分离费用-剩余效益法可按下列步骤进行。

（1）将工程费用划分为可分离费用和剩余费用。

（2）计算第 i 受益功能应分摊的剩余费用系数。

$$PC_{剩} = PC_{总} - \sum_{i=1}^{n} PC_{分i} \tag{6-18}$$

$$PB_{剩i} = \min(PB_i, PC_{替i}) - PC_{分i} \tag{6-19}$$

$$\beta_{剩i} = \frac{PB_{剩i}}{\sum_{i=1}^{n} PB_{剩i}} \tag{6-20}$$

式中　$PC_{剩}$——综合利用工程的剩余费用现值；

　　$PC_{分i}$——第 i 受益功能可分离费用现值；

　　$PB_{剩i}$——第 i 受益功能剩余效益现值；

　　$\beta_{剩i}$——第 i 受益功能应分摊的剩余费用系数。

（3）计算各受益功能承担的费用、在各年度承担的费用。各受益功能承担的费用、在各年度承担的费用同工程指标分类法，即分别采用式（6-8）、式（6-9）进行计算。

五、主次地位分摊法

综合利用水利工程中各受益功能所处的地位不同，主次关系明显，往往某一受益功能占主导地位，要求水库的运行方式服从它的要求，其他次要部门的用水量及用水时间则处在从属的地位，且主要受益功能获得的效益占综合利用水利工程总效益的比例很大。这时，各次要受益功能只负担为本部门服务的专用费用，而共用费用全部由主要受益功能来承担，即主要受益功能除承担为本部门服务的专用费用外，还需承担全部或大部分共用费用。这种费用分摊方法适用于主导部门的地位十分明确，工程的主要任务是满足该部门所提出的防洪或兴利要求的工程。若各受益功能获得的效益相近，主次地位难以区分时，可均等分摊。

对综合利用水利工程费用进行分摊时，由于费用分摊问题复杂且涉及面广，至今没有一种公认的可适用于求各种综合利用水利工程情况的费用分摊方法。因此，应结合综合利用工程的实际情况，选择适当的费用分摊方法，并对计算结果进行合理性检查。有条件时，可由各受益功能根据工程的具体情况协商本工程采用的费用分摊方法。对于特别重要的综合利用水利工程，应同时选用2～3种费用分摊方法进行计算，然后通过综合分析选取合理的费用分摊成果。当采用多种方法进行费用分摊计算时，应对不同方法计算的分摊系数进行综合分析，确定费用分摊采用的分摊系数。

六、综合利用水利工程费用分摊案例

某综合利用水利工程具有发电、防洪、航运以及旅游、水产养殖等综合利用效益。枢纽工程由大坝、电站、船闸等组成，概算静态总投资876628.09万元，固定资产投资中各项概算结果见表6-1，枢纽总库容为45.80亿 m^3，根据所在流域规划，要求该枢纽6月、7月预留5亿 m^3防洪库容，试进行投资分摊。

表6-1	某综合利用水利工程总概算表		单位：万元	
工程或费用名称	建安工程费	设备购置费	独立费用	合计
第一部分 建筑工程	387012.00			387012.00
第二部分 机电设备及安装工程	13067.54	92877.64		105945.18
第三部分 金属结构设备及安装工程	1664.62	13435.87		15100.49
第四部分 施工临时工程	132620.10			132620.10
第五部分 独立费用			92966.76	92966.76
一至五部分投资合计				733644.53
水库淹没处理补偿费				84292.00
基本预备费				58691.56
静态总投资				876628.09

（1）根据枢纽具体情况，确定发电、防洪和航运部门参与投资分摊。

（2）分析各功能专用投资和共用投资。①通航：表6-1中不含通航专用建筑物投资；②下游防洪：由于该水库在6月、7月预留5亿 m^3防洪库容，而在其他时间发电功能也要利用这部分库容，因此属于防洪专用的投资相对较小，此案例不单独划分防洪专用投资；③根据表6-1中第一至第五部分确定属于发电专用工程的投资为275108.24万元，发电工程基本预备费率按8%计，则发电工程基本预备费为22008.66万元，因此，发电专用静态投资为275108.24万元与22008.66万元之和，等于297116.90万元。于是可得发电、防洪和航运共用投资为：876628.09－297116.9＝579511.19（万元）。

（3）按各部门所需库容分摊枢纽投资。枢纽总库容为45.80亿 m^3，其中该枢纽6月、7月预留5亿 m^3 防洪库容主要为防洪服务，考虑防洪使得汛后水库蓄满的可能性由83.3%降低为70%，对发电效益有一定的影响，因此可按防洪库容与兴利库容相结合的情况分摊共用投资。

该水库正常蓄水位400.00m以下的库容为43.12亿 m^3，可分为三部分：①死水位350.00m以下的死库容19.29亿 m^3；②防洪限制水位391.80m至死水位350.00m之间的兴利库容18.83亿 m^3；③正常蓄水位400.00m至防洪限制水位391.80m之间的5.00亿 m^3 防洪库容。

经分析，死水位350.00m以下的死库容由发电部门承担；死水位350.00m与防洪限制水位391.80m之间的库容由航运与发电部门承担，考虑航运将会给当地带来很大的经济效益，综合其他方面考虑航运承担3.5亿 m^3 的库容，发电承担15.33亿 m^3；防洪限制水位391.80m与正常蓄水位400.00m之间的5.00亿 m^3 防洪库容，为兴利与防洪结合使用的库容，此结合库容防洪部门主要在6月、7月使用，其余月份发电部门使用，因此按防洪与兴利部门的使用时间，确定防洪占用的时间比例为0.213，发电占用的时间比例为0.787，进而确定5亿 m^3 的防洪库容由防洪、发电部门分别承担1.06亿 m^3、3.94亿 m^3。

根据上述确定的各功能应承担的库容，计算各功能的分摊系数，进而求出各功能应分摊的共用投资，计算结果见表6-2。

表6-2　　　　　　　　　　按各部门所需库容分摊计算结果

序号	项　目	发电	防洪	航运	合计
1	死水位以下的库容/亿 m^3	19.29			19.29
2	死水位与防洪限制水位之间的库容/亿 m^3	15.33		3.5	18.83
3	防洪限制水位与正常蓄水位之间的库容/亿 m^3	3.94	1.06		5.00
4	各受益功能分摊系数	0.8942	0.0246	0.0812	1
5	各受益功能分摊的共用投资/万元	518198.91	14255.98	47056.31	579511.20
6	专用投资/万元	297116.90			297116.90
7	应承担的总投资/万元	815315.81	14255.98	47056.31（未含专用）	876628.10

综上所述，按各部门所需库容分摊该综合利用水利工程，发电部门应承担的总投资为815315.81万元，防洪部门应承担的总投资为14255.98万元，航运部门应承担的总投资为47056.31万元（未含航运专用投资）。

思考题与技能训练题

【思考题】

1. 为什么要对综合利用水利建设项目的费用进行分摊？

2. 综合利用水利建设项目的费用有哪两类构成方法？如何构成？

3. 中小型综合利用水利工程费用分摊常用哪些方法，试简述各种方法。

【技能训练题】

1. 某综合利用水利工程，受益功能有防洪、灌溉，共用工程投资为2800万元。该工程防洪与兴利不结合，特征库容如下：死库容1000万 m^3，兴利库容4000万 m^3，防洪库容3000万 m^3，死库容为考虑泥沙淤积所需，投资由灌溉承担。试按工程指标（库容）分摊法计算在防洪与灌溉功能应分摊的共用工程投资。

2. 某水库工程，承担下游防洪、灌溉与生活供水，共用工程投资2.0亿元。该工程防洪与兴利不结合，特征库容如下：死库容1000万 m^3，兴利库容1800万 m^3，防洪库容1200万 m^3。兴利用于灌溉及生活用水，其中灌溉设计供水量为1200万 m^3，生活用水设计供水量为1600万 m^3。试确定防洪、灌溉、生活供水应分摊的共用工程投资。

3. 某水库具有防洪、发电综合利用效益。水库正常蓄水位为373.8m，死水位为354m，防洪高水位为374.7m，防洪限制水位为373m。水库总库容为16.42亿 m^3，校核洪水调洪库容为4.24亿 m^3，防洪库容为1.55亿 m^3，兴利库容为10.9亿 m^3，死库容为1.98亿 m^3。

（1）试确定该水库的重复库容。

（2）按工程指标（库容）分摊法分别计算防洪、发电部门分摊共用投资的分摊系数（死库容为发电专用）。

第七章　防洪和治涝工程经济评价

[学习指南] 本章重点介绍防洪工程、治涝工程效益的计算方法以及经济评价方法。学习目标如下。

(1) 能熟练表述与应用下列术语或基本概念：洪灾损失；有形损失与无形损失；直接损失与间接损失；受灾面积与成灾面积；防洪效益；涝灾、渍灾与碱灾；涝灾损失；治涝工程效益。

(2) 能对洪灾损失进行分类，区别有形损失与无形损失、直接损失与间接损失。

(3) 能熟练阐述防洪效益的定义、特点、表示方法。

(4) 能应用洪灾损失频率曲线法和实际年系列法计算多年平均防洪效益。

(5) 会计算考虑国民经济增长率的防洪效益。

(6) 会进行防洪工程的国民经济评价。

(7) 能熟练阐述治涝效益的定义、特点、表示方法。

(8) 能应用内涝积水量法、雨量涝灾相关法以及实际年系列法计算多年平均治涝效益。

(9) 会进行治涝工程的国民经济评价。

(10) 会阐述对防洪工程、治涝工程进行财务评价的原因以及财务评价的内容。

第一节　防洪工程的国民经济评价与案例

对防洪工程进行国民经济评价，首先需确定该工程的费用和效益，然后根据费用效益资金流程计算各评价指标，进而进行经济评价。

一、防洪工程的投资及年运行费

防洪工程的费用包括固定资产投资、年运行费等。

在国民经济评价中，防洪工程固定资产投资主要包括主体工程投资和相应配套工程投资。

主体工程投资编制的项目划分应与工程设计概（估）算投资编制的项目划分基本一致，详见第二章第二节。水利建设项目的主体工程投资应在工程设计概（估）算投资编制的基础上按影子价格进行调整，依据《水利建设项目经济评价规范》（SL 72—2013）附录 B 进行编制，并增加工程设计概（估）算中未计入的间接费用。

配套工程投资计算的项目划分可根据不同工程性质具体确定。配套工程投资一般可采用典型设计的扩大指标法或参照类似工程估算。参照类似工程估算配套工程投资时，需调查分析类似工程投资计算的条件和采用的价格水平。当被参照的类似工程使用的价格水平与本项目使用的价格水平不同时，要对其进行价格水平换算。如果被参照的类似工程没有使用影子价格，则还需进行影子价格的调整。

防洪工程的年运行费构成详见《水利建设项目经济评价规范》（SL 72—2013）附录 D，有关各项的计算方法已在第二章第四节作了介绍，需注意的是，防洪工程的年运行费中不含库区基金和水资源费。进行国民经济评价时防洪工程的年运行费，需采用影子价格，且需剔除固定资产保险费。项目运行初期各年的年运行费，可根据其投产规模和实际需要分析确定。

防洪工程为公益性工程，其建设资金主要从中央和地方预算内资金、水利建设基金及其他可用于水利建设的财政性资金中安排；其年运行费由各级财政预算支出。

二、洪灾损失及其特点

洪水灾害（简称洪灾）通常是指因山洪暴发、河道宣泄不及而漫溢或溃决造成的洪水泛滥、泥石流等灾害。山洪暴发，多发生在江河上游的山谷地带；洪水泛滥，多发生在各大江河的中、下游平原地区；泥石流，多发生在砂石多且地质较松的地区，这种特殊的水流，携带大量稠泥、泥球、砂石块等，借洪水为动力，顺势从坡陡的沟谷上游，混流而下至沟口，泥石盖地，冲毁村庄成灾。

洪灾损失是指因洪水造成的经济、社会以及环境等方面的损失，可分为有形损失与无形损失。能用实物和货币表达，可以直接估算出来的洪灾损失，称为有形损失。例如，农产品损失，房屋倒塌及牲畜损失，人民财产损失，城市、工矿的财产损失，工程损失，交通运输中断损失等。一些难以用实物或货币直接估算的洪灾损失，称为无形损失。例如，人民生命安全，疾病流行，灾区文化古迹遭受破坏，环境方面的损失以及社会的不安定对生产发展的影响等。无形损失在方案的比较优选中要引起足够的重视。洪灾有形损失还可进一步分为直接洪灾损失和间接洪灾损失。直接洪灾损失是指洪水淹没直接造成的人员伤亡、财产以及自然资源和农作物等方面的损失；间接洪灾损失指因洪灾造成的直接损失给灾区内外带来影响而间接造成的损失，包括地域性波及损失和时间后效性波及损失。如交通中断造成运输损失是直接洪灾损失，由交通中断造成的工矿企业停产所造成的损失或绕道运输增加的费用则是间接洪灾损失。

直接洪灾损失主要可分为下列五类：①人员伤亡损失；②城乡房屋、设施和物资损坏造成的损失；③工矿停产，商业停业，交通、电力、通信中断等造成的损失；④农、林、牧、副、渔各业减产造成的损失；⑤防汛、抢险、救灾等费用支出。

各类防护对象受洪灾后的损失，应根据洪水淹没深度、淹没历时、受淹对象的耐淹程度，结合各防护区的具体情况分析计算。在分析计算洪灾损失时需注意以下几点。

（1）人员伤亡是洪灾损失的一项重要内容，目前还难以用货币表示，可用文字或伤亡人数等方式表示。洪灾损失的其他项，如城乡房屋、设施和物资损坏损失、工况停产、商业停业、交通电力通信中断损失等，尽可能用货币表示。

对洪灾损失中的防洪、抢救和救灾费用支出要具体分析，有些是属于国民经济内部转移支付的费用，如对灾民衣被、粮食等生活补助的支出；有些则不属于国民经济内部转移支付的费用，如医疗费及临时安置费等。在计算洪灾损失时，要注意剔除属于国民经济内部转移的部分费用。

（2）洪水泛滥成灾，影响作物收成，农作物遭受自然灾害的面积，称为受灾面积，减产30%以上的称为成灾面积。一般可将灾害程度分为四级：毁灭性灾害，作物荡然无存，损失100%；特重灾害，减产大于80%；重灾害，减产50%～80%；轻灾害，减产30%～50%。

在计算农作物损失时，秸秆的价值也应考虑在内，可用农作物损失的某一百分数表示。

（3）间接洪灾损失的计算，目前国内外还没有较成熟的方法。可根据典型调查资料，按直接洪灾损失的一定比例计取。

洪灾损失具有随机性、复杂性、随经济条件而异等特点。由于洪水的随机性，各年的洪灾损失差别很大。洪灾损失的影响因素复杂，其大小与洪水淹没的范围、淹没的深度、淹没的对象、历时以及发生决口时流量、行洪流速、工程防洪标准有关。由于不同地区经济条件不同，洪水特点不同，防洪措施的标准不同，即使是同一频率的洪水，在不同地区造成的洪灾损失差别也很大。

三、防洪效益的特点与表示方法及基本公式

（一）防洪效益的定义

防洪效益是指有防洪项目与无防洪项目对比，可减免的洪灾损失和可增加的土地开发利用价值。

防洪效益中，可增加的土地开发利用价值表现在：防洪项目建成后，由于防洪标准提高，可使部分荒芜的土地变为耕地，使原来只能季节性使用的土地变为全年使用，使原来只能种低产作物的耕地变为种高产作物，使原来作农业种植的耕地改为城镇和工业用地等，从而增加了土地的开发利用价值。

由于增加的土地开发利用价值主要体现在土地不同用途所创造的净收益的差值方面，因此增加的土地开发利用价值按有无该项目的情况下土地净收益的差值计算。农业土地增值效益等于由低值作物改种高值作物纯收入的增加。城镇土地增值效益等于工程对城镇地价影响的净增值，当防洪受益区土地开发利用价值增加而使其他地区的土地开发利用价值受到影响时（如一项工程可使城市发展转移到工程受益地区，致使替代地点地价跌落），其损失应从受益地区收益中扣除。

（二）防洪效益的特点与表示方法

防洪效益具有潜在性、随机性和增长性。

（1）潜在性。防洪工程的效益，与灌溉或发电工程的效益不同，它不是直接创造财富，而是把因修建防洪工程而减少的洪灾损失作为效益。因此，防洪工程效益只有当遇到原来不能防御的大洪水时才能体现出来。如果遇不上这类洪水，效益就体现不出来，有人称这种效益为"潜在效益"。

（2）随机性。由于洪水具有随机性，因此防洪效益也具有随机性。防洪工程抵御不同频率的洪水产生不同频率的防洪效益。此外，防洪效益的随机性还表现在：工程修建后，如果很快遇上一次相应洪水，其防洪效益可能比工程本身的投资大若干倍；如果在很长时间内甚至在工程使用寿命内不发生相应的洪水，防洪效益就体现不出来，还会造成投资的

积压，每年还得支付利息以及管理费等。

（3）增长性。随着国家社会经济的发展，防洪工程防护区在计算期内社会经济将逐年发展，各类财产值将逐年提高。例如，据中国人民银行调查统计司统计，2011 年我国城镇居民家庭平均资产为 247.60 万元；2019 年年末我国城镇居民家庭户均资产 317.90 万元，年均增长 3.55%，如淹没区发生同等程度的洪水灾害，其洪灾损失必然有所增长。因此在计算洪灾损失时，要根据防护区的经济社会发展规划进行预测，并估算出防护区内各类财产的年增长率，使项目评价能更好地反映地区发展的实际。

由于防洪效益具有随机性，所以防洪效益常采用多年平均防洪效益、特大洪水年防洪效益来表示。

（三）防洪效益的基本公式

实际计算时，防洪效益中可增加的土地开发利用价值一般单独计算，以下针对多年平均防洪效益中可减免的洪灾损失部分进行介绍，其基本公式为

$$\overline{B} = \overline{S}_{前} - \overline{S}_{后} \tag{7-1}$$

式中　$\overline{B}$——防洪工程多年平均防洪效益，元；

　　　$\overline{S}_{前}$——防洪工程实施前多年平均洪灾损失，元；

　　　$\overline{S}_{后}$——防洪工程实施后多年平均洪灾损失，元。

四、防洪效益的计算方法

多年平均防洪效益可以采用洪灾损失频率曲线法和实际年系列法进行计算。

（一）洪灾损失频率曲线法

洪灾损失频率曲线法，是指根据调查的洪灾损失资料及有关计算，建立工程前、工程后洪灾损失频率曲线，并据其计算洪灾损失的方法。主要适用于拟建、已建防洪工程的洪灾损失。该方法的主要步骤如下。

7-1 洪灾损失频率曲线法▶

1. 调查工程所在地或附近各次大洪水的洪灾损失

对工程所在地及其附近地形地貌相似的地区，调查分析已发生的各次大洪水的淹没范围、淹没深度、淹没对象、淹没历时，以及发生决口时流量、行洪流速等，并分析确定各次大洪水的洪灾损失。表 7-1 是某省某地区洪灾损失的调查实例。

需要指出，确定不同年份的洪灾损失时，应统一采用某一年份的价格作为基础价格。

表 7-1　　某省某地区 1975 年 8 月洪水淹没损失统计表（成灾面积 297 万亩）

项　目	单　位	数　量	单　价	损失值/万元
一、直接损失				
1. 农业				31991
粮食作物	万亩	178.84	100 元/亩	17884
经济作物	万亩	117.56	120 元/亩	14107
2. 粮食储备	万斤	54000	0.2 元/斤	10800
3. 水利工程				2461
堤防				2075

续表

项　目	单　位	数　量	单　价	损失值/万元
小型水库	座	8		386
4. 群众财产				64507
房屋	万间	107.8	500 元/间	53900
家庭日用品				10394
牛、骡、马	头	2070		137
猪、羊	头	12930		76
5. 冲毁铁路路基、道路、钢轨、桥涵、损失机车、货车等				175
6. 其他（通信、仓库）				7416
二、间接损失				23733
1. 生产救灾				13900
2. 工厂停产（淹没仓库、停产 1 个月）				7600
3. 京广路运输（中断 1 个月）				2233
三、总计				141083

按成灾面积 297 万亩折合平均每亩损失 475 元

2. 确定已发生的各次大洪水的洪灾损失率

根据各次大洪水调查得到的洪水淹没面积或成灾面积、淹没区人口数等资料，可采用单位面积损失值或采用单位人口损失值作为洪灾综合损失率，简称洪灾损失率，记为 β。例如，用单位面积损失值作为洪灾损失率时，则

$$洪灾损失率 \beta＝洪灾损失/淹没面积（或成灾面积）\qquad (7-2)$$

表 7-1 相应的洪水，平均每亩损失为 475 元。

3. 建立洪灾损失率与其主要影响因素之间的关系线

由于洪灾损失的影响因素是复杂的，因此，可建立洪灾损失率与其主要影响因素之间的相关关系。例如，根据调查的各次大洪水的淹没面积与计算得到的洪灾损失率，可建立洪灾损失率与淹没面积的关系线，如图 7-1 所示。资料充分时，也可建立以淹没深度或淹没历时为参数的洪灾损失率与淹没面积的关系线。

4. 推求工程前与工程后的洪灾损失频率曲线

（1）对各种频率的洪水，分别进行调洪计算，确定工程前、工程后的淹没面积，并利用图 7-1 确定相应的洪灾损失率，进而计算工程前、工程后的洪灾损失（记为 S），即

$$洪灾损失 S＝洪灾损失率 \beta×淹没面积$$

$$(7-3)$$

（2）绘制工程前、工程后洪灾损失频率曲线，记为 S-P 曲线，如图 7-2 所示。

5. 计算多年平均防洪效益

（1）推求修建工程前、工程后的多年洪灾损失。洪灾损失频率曲线与两坐标轴所包围的面积

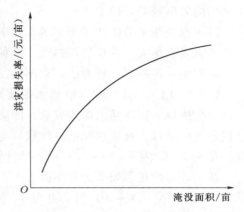

图 7-1　洪灾损失率 β 与淹没面积关系线

A_{oac}、A_{obc} 分别为修建工程前、工程后的多年洪灾损失。

（2）推求修建工程前、工程后的多年平均洪灾损失。由多年洪灾损失值求出相应整个横坐标轴（0～100％）上的平均值，其纵坐标值即为多年平均洪灾损失值 $\overline{S}$，因此该值等于洪灾损失频率曲线与两坐标轴所包围的面积，即工程前 $\overline{S}_{前}=A_{oac}$，工程后 $\overline{S}_{后}=A_{obc}$。

故计算 $\overline{S}$ 时，通常将频率曲线化为若干个小区间，如图 7-3 所示，则 $\overline{S}$ 的计算式为

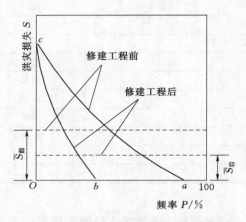

图 7-2　洪灾损失频率（S-P）曲线

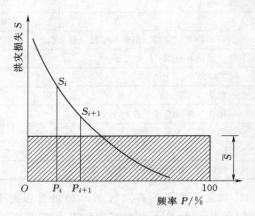

图 7-3　多年平均洪灾损失计算图

$$\overline{S} = \sum_{P_i=0}^{1} (P_{i+1} - P_i)\frac{S_i + S_{i+1}}{2} = \sum_{P_i=0}^{1} \Delta P_i \overline{S}_i \qquad (7-4)$$

式中　　P_i、P_{i+1}——两相邻频率；

$\quad\quad\quad S_i$、S_{i+1}——两相邻频率的洪灾损失值；

$\quad\quad\quad \Delta P_i$——两相邻频率的频率差，$\Delta P_i = P_{i+1} - P_i$；

$\quad\quad\quad \overline{S}_i$——两相邻频率的洪灾损失的平均值，$\overline{S}_i = \dfrac{S_i + S_{i+1}}{2}$。

（3）计算多年平均防洪效益。修建工程前、工程后多年平均洪灾损失的差值，即为多年平均的防洪效益，即 $\overline{B} = \overline{S}_{前} - \overline{S}_{后}$。

洪灾损失频率曲线法考虑了洪水频率大小与洪水损失的关系，洪水出现的概率越小，对应的洪量则越大，其损失也越大。这种方法在拟建工程的防洪效益计算中得到了广泛应用，但它是一种静态分析方法，它不能动态地分析计算多年平均防洪效益。

【例 7-1】　某江现状（修建水库前）能防御 200 年一遇的洪水，发生超过此标准洪水即发生决口。该江某水库建成后，能防御 4000 年一遇的洪水，发生超过此标准洪水时也假定发生决口。修建水库前（现状）与修建水库后发生各种不同频率洪水时的洪灾损失值，见表 7-2 中第（1）～（3）列。试计算该水库的多年平均防洪效益。

　　解　计算两相邻频率的频率差 ΔP_i、两相邻频率的洪灾损失的平均值 $\overline{S}_i$ 及其 $\Delta P_i \overline{S}_i$，见表 7-2 中第（4）～（6）列。由式（7-4）分别计算修建工程前、修建工程后多年平均洪灾损失如下。

表 7-2   **某水库工程的防洪效益计算表**

工程情况	洪水频率 P_i	洪灾损失 S_i /亿元	频率差 ΔP_i	$\overline{S_i}=\dfrac{S_i+S_{i+1}}{2}$ /亿元	$\Delta P_i \overline{S_i}$ /万元	年平均损失 $\sum\limits_{P_i=0}^{1}\Delta P_i \overline{S_i}$ /万元	多年平均效益 $\overline{B}$/万元
(1)	(2)	(3)	(4)	(5)	(6)	(7)	(8)
修建工程前（无水库）	>0.005	0				1889.5	
	0.005	33					
	0.001	41	0.004	37	1480		1835.5
	0.0001	50	0.0009	45.5	409.5		
修建工程后（有水库）	>0.00025	0				54	
	0.00025	33					
	0.0001	39	0.00015	36	54		

修建工程前多年平均洪灾损失为

$$\overline{S}_{前}=\sum_{P_i=0}^{1}\Delta P_i \overline{S_i}=1889.5（万元）$$

修建工程后多年平均洪灾损失为

$$\overline{S}_{后}=\sum_{P_i=0}^{1}\Delta P_i \overline{S_i}=54（万元）$$

由式（7-1）计算多年平均防洪效益

$$\overline{B}=\overline{S}_{前}-\overline{S}_{后}=1889.5-54=1835.5（万元）$$

将上述三个计算结果填入表 7-2 中第（7）列、第（8）列。

（二）实际年系列法

实际年系列法是从历史资料中选择一段比较完整、代表性较好，且具有一定长度的实际年系列的洪水资料，计算逐年有、无防洪工程情况下减少的洪灾损失，并计算其平均值作为多年平均减少的洪灾损失，即为多年平均防洪效益。

实际年系列法简单、直观，计算比较方便，缺点是典型系列洪水资料不易选择。若系列中大洪水年份较多，则多年平均洪灾损失就偏大；反之，结果偏小。该法适用于实际典型系列代表性较好的已建成防洪工程的经济评价。需要指出的是，采用实际年系列法计算多年平均防洪效益时，所用的系列应具有较好的代表性，如缺乏大洪水年，应进行适当处理。

【例 7-2】 某水库 1950 年建成后对下游地区发挥了较大的防洪效益。据调查，在1951—1990 年间共发生四次较大洪水（1954 年、1956 年、1958 年、1981 年），由于修建了水库，这四年该地区均未发生洪水灾害。假若未修该水库，估计受灾面积及受灾损失见表 7-3。

解 在这 40 年内，若未修建水库，总计受灾损失共达 37800 万元，相应多年平均防洪效益为 37800/40＝945（万元）。

表7-3　　　　　　　　　　某地区 1951—1990 年在无水库情况下受灾损失估计

年份/年	1954	1956	1958	1981	合计
受灾面积/万亩	10	84	17	15	126
受灾损失/万元	3000	25200	5100	4500	37800

五、考虑国民经济增长率的防洪效益的计算

随着国民经济的发展，在防洪保护区内的财产是逐年递增的，一旦遭受淹没，其单位面积的损失值也是逐年递增的。因此，防洪工程对应的防洪效益逐年递增。设防洪效益每年的增长率为 j，则逐年的防洪效益构成了等比级数增长系列。考虑国民经济增长率的防洪效益资金流程图，如图 7-4 所示。

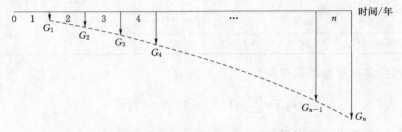

图 7-4　等比级数增长系列的防洪效益流程图

设防洪工程正常运行期为 n 年，防洪工程正常运行期第 1 年年末生产水平的防洪效益为 G_1，则正常运行期内第 t 年年末防洪效益为

$$G_t = G_1(1+j)^{t-1} \quad (t=1,2,\cdots,n) \tag{7-5}$$

根据等比级数系列现值公式 (3-26)，可得在整个正常运行期内的防洪效益的现值为

$$PB = G_1[P/G,i,j,n] = G_1\left[\frac{(1+i)^n - (1+j)^n}{(i-j)(1+i)^n}\right] \tag{7-6}$$

【例 7-3】 已知某防洪工程正常运行期第 1 年年末的防洪效益 $G_1 = 945$ 万元/年，该工程的正常运行期 $n=50$ 年，社会折现率 $i_s = 8\%$。试分别计算该工程防洪效益年增长率 $j=0$，$j=5\%$ 两种情况下，将正常运行期逐年的防洪效益折算到正常运行期第 1 年年初的防洪效益现值 PB。

解　当 $j=0$，问题为已知 A 求 P，则有

$$PB = G_1\left[\frac{(1+i)^n - 1}{i(1+i)^n}\right] = G_1[P/A,8\%,50] = 945 \times 12.2335 = 11560.66 (万元)$$

当 $j=5\%$，问题为已知 G 求 P，则有

$$PB = G_1\left[\frac{(1+i)^n - (1+j)^n}{(i-j)(1+i)^n}\right] = G_1[P/G,8\%,5\%,50] = 945 \times 25.1834 = 23798.31 (万元)$$

六、防洪工程国民经济评价案例

防洪工程国民经济评价与比选的内容和任务，就是对技术上可能的各种措施方案，进行投资、年运行费、效益等的分析与计算，进而计算不同方案的经济评价指标，并在经济合理的方案中，确定防洪工程经济上的最优方案。主要步骤如下。

（1）收集有关洪水、经济发展状况等方面的基本资料，根据国民经济发展的需要与可能，结合当地的具体条件，拟定技术上可能的各种方案，并确定相应的工程指标。

（2）分析计算各个方案的投资、年运行费、效益等基本经济要素。

（3）分析计算各方案的主要经济评价指标及辅助经济指标，对各个方案进行评价。

（4）在对各方案的经济评价基础上，进行方案的比较和优选，并综合考虑其他因素，确定采用的防洪工程方案。

现举例说明防洪工程国民经济评价的方法与计算步骤。

某水库工程以防洪为主要任务。该工程于 1984 年开始建设，建设期 5 年。静态总投资 $K=21900$ 万元（1984 年投资 2500 万元，1985 年投资 4000 万元，1986 年投资 4200 万元，1987 年投资 6000 万元，1988 年投资 5200 万元），1988 年建成后投入使用，年运行费 $u=380$ 万元，运行期 50 年（1989—2038 年），期末无残值。经调查，在未建水库前，下游地区遇 5 年一遇洪水（$P=20\%$）时即发生洪灾损失。现将根据 1982 年年末生产水平所求出的无水库和有水库两种情况下的洪灾损失值分别列于表 7-4。

表 7-4   某水库工程的防洪效益计算表

工程情况	洪水频率 P_i	经济损失 S_i /万元	频率差 ΔP_i	$\overline{S}_i = \dfrac{S_i + S_{i+1}}{2}$ /万元	$\Delta P_i \overline{S}_i$ /万元	年平均损失 $\sum\limits_{P_i=0}^{1} \Delta P_i \overline{S}_i$ /万元	多年平均效益 $\overline{B}$ /万元
(1)	(2)	(3)	(4)	(5)	(6)	(7)	(8)
无水库	0.33	0					
	0.20	3699	0.13	1849.5	240.44		
	0.10	7212	0.10	5455.5	545.55		
	0.005	16135	0.095	11673.5	1108.98	1983.75	
	0.001	19248	0.004	17691.5	70.77		1617
	0.0001	20766	0.0009	20007	18.01		
有水库	0.10	0					
	0.005	6432	0.095	3216	305.52	366.76	
	0.001	16210	0.004	11321	45.28		
	0.0001	19248	0.0009	17729	15.96		

（1）计算水库在 1982 年年末生产水平下的多年平均防洪效益。根据表 7-4 修建水库前和修建水库后发生不同频率洪水时的洪灾损失，计算该水库的多年平均防洪效益，具体计算过程见表 7-4。经计算，1982 年年末生产水平下水库的多年平均防洪效益 $\overline{B}=1617$ 万元。

（2）确定防洪效益年增长率及逐年的防洪效益。根据当地国民经济的发展情况，确定水库下游地区防洪效益年增长率 $j=3\%$，则水库正常运行期第 1 年 1989 年年末的效益为

$$G_1 = \overline{B}(1+j)^7 = 1617 \times (1+3\%)^7 = 1989（万元）$$

水库正常运行期第 2 年 1990 年年末的效益为

$$G_2 = G_1(1+j) = 1989 \times (1+3\%) = 2049(万元)$$

依此类推，水库正常运行期最后 1 年 2038 年年末的效益为

$$G_{50} = G_1(1+j)^{49} = 1989 \times (1+3\%)^{49} = 8466(万元)$$

（3）编制该水库防洪费用效益流量表，绘制资金流程图。各年投资、年运行费及年效益均发生在年末，计算基准点定在建设期初，即 1984 年年初。计算期为 55 年。编制水库防洪费用效益流量表，见表 7-5。绘制资金流程图，如图 7-5 所示。

表 7-5　　　　　　　　　　　　水库防洪费用效益流量表　　　　　　　　　　　单位：万元

序号	项目	计 算 期 （年份）								
		建 设 期					运 行 期			
		1984	1985	1986	1987	1988	1989	1990	…	2038
1	效益流量 B						1989	2049	…	8466
2	费用流量 C	2500	4000	4200	6000	5200	380	380	…	380
2.1	固定资产投资	2500	4000	4200	6000	5200				
2.2	年运行费						380	380	…	380
3	净效益流量（$B-C$）	-2500	-4000	-4200	-6000	-5200	1609	1669	…	8086

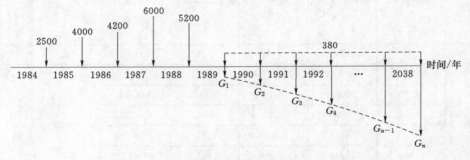

图 7-5　某水库资金流程图（单位：万元）

（4）采用社会折现率 $i_s = 8\%$，根据图 7-5 计算经济评价指标，并进行经济合理性评价。对于单一防洪工程的国民经济评价，可采用经济净现值 $ENPV$、经济效益费用比 R_{BC}、经济内部收益率 $EIRR$ 等评价指标。

1）计算经济净现值 $ENPV$。

效益现值 $PB = 1989 \times [P/G, 8\%, 3\%, 50][P/F, 8\%, 5]$
$$= 1989 \times 18.1306 \times 0.6806 = 24543.64(万元)$$

费用现值 $PC = \sum_{t=1}^{n} C_t (1+i_s)^{-t} = 2500 \times [P/F, 8\%, 1] + 4000 \times [P/F, 8\%, 2]$
$$+ 4200 \times [P/F, 8\%, 3] + 6000 \times [P/F, 8\%, 4] + 5200$$
$$\times [P/F, 8\%, 5] + 380 \times [P/A, 8\%, 50] \times [P/F, 8\%, 5]$$
$$= 2500 \times 0.9259 + 4000 \times 0.8573 + 4200 \times 0.7938 + 6000 \times 0.7350$$
$$+ 5200 \times 0.6806 + 380 \times 12.2335 \times 0.6806 = 20190.96(万元)$$
$$ENPV = PB - PC = 24543.64 - 20190.96 = 4352.68(万元)$$

2）计算经济效益费用比 R_{BC}。

$$R_{BC} = \frac{PB}{PC} = \frac{24543.64}{20190.96} = 1.22$$

3）计算经济内部收益率 $EIRR$。

设 $i_1 = 9\%$，可得

$$ENPV_1 = PB_1 - PC_1 = 20274.98 - 19240.91 = 1034.07（万元）$$

因为 $ENPV_1 > 0$，可见所假设的 9% 偏小。

再设 $i_2 = 10\%$，可得

$$ENPV_2 = PB_2 - PC_2 = 16984.17 - 18400.31 = -1416.14（万元）$$

因为 $ENPV_2 < 0$，可见所假设的 10% 偏大。

此时 i_1 对应的 $ENPV_1 > 0$，i_2 对应的 $ENPV_2 < 0$，且 $i_2 - i_1 = 1\%$，可利用线性内插法公式计算 $EIRR$。

$$EIRR = 9\% + (10\% - 9\%) \times \frac{|1034.07|}{|1034.07| + |-1416.14|} = 9.42\%$$

综合上述计算结果，因为 $ENPV > 0$、$R_{BC} > 1.0$、$EIRR > i_s$，所以该项目在经济上是合理的。

（5）敏感性分析。在第五章已叙及，水利建设项目在评价中所采用的数据主要来自预测和估算，许多数据难以准确定出。为了分析这些数据变化对评价指标的影响，需进行敏感性分析。对于投资增加 10%、年效益减少 10% 两种情况分别计算其经济净现值，结果见表 7-6。进一步计算各因素的敏感度系数，由计算结果可知，在投资、效益两个主要影响因素中，该工程的经济净现值受效益的影响更为敏感。

表 7-6　　　　　　　　经济净现值敏感性分析

敏感性因素	费用现值 PC /万元	效益现值 PB /万元	经济净现值 $ENPV$ /万元	敏感度系数 S_{AF}
基本方案	20190.96	24543.64	4352.68	
投资增加 10%	21894.07	24543.64	2649.57	-3.91
效益减少 10%	20190.96	22088.72	1897.76	5.64

第二节　治涝工程的国民经济评价

对治涝工程进行国民经济评价，首先需确定该治涝工程的费用和效益，然后根据费用效益流量计算各经济评价指标，进而进行国民经济评价。

一、治涝工程的投资及年运行费

治涝工程的费用主要包括固定资产投资和年运行费。

治涝工程投资，包括主体工程投资和配套工程投资。主体工程指排水干渠、支渠、骨干河道、容泄区以及有关的工程设施和建筑物等，一般为国家基本建设工程，其投资构成如第二章所述。配套工程指各级排水沟及田间工程等，一般为集体筹资，群众出劳务，或以集体为主，国家补贴。对于支渠以下及田间配套工程的投资，一般有两种计算方法：①对已建成的治涝工程，当有较细项目的基建投资或各基层的用工、用料记载时，可根据施工记载资料，估算配套工程的投资；②通过典型区资料，按扩大指标法估算配套工程的投资。

治涝工程年运行费的构成详见《水利建设项目经济评价规范》（SL 72—2013）附录D，年运行费中各项的计算方法已在第二章第四节作了介绍，此处不再赘述。需注意的是，治涝工程的年运行费中不含库区基金和水资源费。

二、涝灾损失与治涝效益的表示方法

治涝工程效益是指因修建治涝工程后所减免的涝灾损失。

（一）涝灾损失及其治理标准

1. 涝灾损失

平原地区的灾害，常常是洪、涝、旱、渍、碱交替发生。当上游洪水流经平原或圩区，超过河道宣泄能力而决堤、破圩时常引起洪灾。在低洼平原地区，若暴雨后由于地势低洼平坦，排水不畅，或因河道排泄能力有限，或受到外河（湖）水位顶托，致使地面长期积水，进而造成作物淹死，这种因当地暴雨形成的径流未能及时排除所造成的灾害，称为涝灾。由于长期阴雨和江河长期高水位，使地下水位抬高或地面长时间积水，土壤的水分接近或达到饱和的时间超过作物生长期所能忍耐的限度，使土壤中的空气和养分不能正常流通，抑制作物生长，造成作物的减产或萎缩死亡，这种因地下水位过高或土壤水分过饱和对作物正常生长产生的危害，称为渍灾。在土壤受盐碱化威胁的地区，当地下水位埋深超过临界深度，导致土壤盐碱化，使农作物受灾减产，称为碱灾。地下水临界深度是指防止土壤发生盐碱化所要求的最小地下水埋藏深度。

在我国南方圩区，如沿江（长江、珠江等）、滨湖（太湖等）的低洼易涝地区以及受潮汐影响的三角洲地区，这些地区的特点是地形平坦，大部分地面高程均在江、河（湖）的洪枯水位之间。每逢汛期，外河（湖）水位高于田面，积水无法自流外排，形成渍涝灾害，特别是大水年份，外河（湖）洪水经常决口泛滥，形成外洪内涝，严重影响农业生产。我国北方黄淮平原某些地区地势平坦，夏伏之际暴雨集中，往往易形成洪涝灾害；久旱不雨又易形成旱灾；有时洪涝、旱、碱灾害先后伴随发生或先洪后涝，或先涝后旱，或洪涝之后又出现土壤盐碱化。因此为了确保农业生产稳定发展，各地要根据各自的实际情况，因地制宜实行综合治理，如在南方要实行洪、涝、旱、渍综合治理，在北方要实行洪、涝、旱、碱综合治理。

当地暴雨形成的径流未能及时排除所造成的损失即为涝灾损失。涝灾成灾程度的大小，与降雨量多少、外河水位的高低及农作物耐淹程度、积水时间长短等因素有关，这类灾害可称为暴露性灾害，其相应的损失为涝灾的直接损失。渍灾又称潜在性灾害，其相应损失为涝灾的间接损失。涝灾损失主要分为以下四类。

（1）农、林、牧、副、渔各业减产造成的损失。

（2）房屋、设施和物资损坏造成的损失。

（3）工矿停产，商业停业，交通、电力、通信中断等造成的损失。

（4）抢排涝水及救灾等费用支出。

2. 治理标准

修建治涝工程，减免涝、渍、碱灾害，首先要确定治理标准。

（1）治涝标准。治涝标准指保证涝区不发生涝灾的设计暴雨频率（重现期）、暴雨历时及涝水排除时间、排除程度。治涝标准应根据保护对象的排涝要求确定。对于城市，《室外排水设计标准》（GB 50014—2021）和《治涝标准》（SL 723—2016）中均规定了治涝设计标准。《室外排水设计标准》（GB 50014—2021）规定，城市内涝防治的设计暴雨重现期，应按表7-7确定。对于农田，《治涝标准》（SL 723—2016）规定，设计暴雨重现期应按表7-8确定；农田设计暴雨历时、涝水排除时间、排除程度应按表7-9确定。对于有特殊要求的作物，根据作物耐淹程度，可适当调整设计暴雨历时和涝水排除时间。作物的耐淹程度包括耐淹水深和耐淹历时，应根据当地或邻近地区有关试验和调查资料分析确定，表7-10给出了某地区几种旱作物耐淹历时及耐淹水深。对于乡镇和村庄，《治涝标准》（SL 723—2016）规定，设计暴雨重现期应按表7-11确定，对于人口密集、遭受涝灾后损失严重或影响较大的乡镇、村庄，经论证后其设计暴雨重现期可适当提高，但不宜高于20年一遇。对于重要场（厂）区的治涝标准，详见《治涝标准》（SL 723—2016）。

表7-7　　　　　　　　　　　城市内涝防治设计暴雨重现期

城镇类型	重现期/年	地面积水设计标准
超大城市	100	
特大城市	50～100	（1）居民住宅和工商业建筑物的底层不进水；
大城市	30～50	（2）道路中一条车道的积水深度不能超过15cm
中等城市和小城市	20～30	

注　超大城市指城区常住人口在1000万人以上的城市；特大城市指城区常住人口为500万～1000万人的城市；大城市指城区常住人口为100万～500万人的城市；中等城市指城区常住人口为50万～100万人的城市；小城市指城区常住人口在50万人以下的城市。

表7-8　　　　　　　　　　　　　农田设计暴雨重现期

耕地面积/万亩	作物区	设计暴雨重现期/年
≥50	经济作物区	20～10
	旱作区	10～5
	水稻区	10
<50	经济作物区	10
	旱作区	10～3
	水稻区	10～5

表7-9　　　　　　　农田设计暴雨历时、涝水排除时间、排除程度

作物区类别	设计暴雨历时	涝水排除时间	排除程度
经济作物区	24h	24h	田面无积水
旱作区	1～2d	1～3d	
水稻区	2～3d	3～5d	耐淹水深

注　表中设计暴雨历时与涝水排除时间均针对田间排水。

表 7 – 10　　　　　　　　　　　　某地区几种旱作物耐淹历时及耐淹水深

作　物	小麦	棉花	玉米	高粱	大豆	甘薯
耐淹时间/d	1	1～2	1～2	5～10	2～3	2～3
耐淹水深/cm	10	5～10	8～12	30	10	10

表 7 – 11　　　　　　　　　　　　乡镇、村庄设计暴雨重现期

保　护　对　象		常住人口/万人	设计暴雨重现期/年
乡镇	比较重要	≥20	20～10
	一般	<20	10～15
村庄		<20	10～5

（2）防渍标准。以保证农作物不受渍害的地下水最小埋深作为防渍标准。作为耐渍的地下水埋深，因气候、土壤、农作物品种及生长期的不同而不同，应根据试验资料确定。缺乏资料时可参照表 7 – 12。

表 7 – 12　　　　　　　　　　　几种旱作物耐渍时间与耐渍地下水埋深

作　　物	小麦	棉花	玉米	高粱	大豆	甘薯
耐渍时间/d	8～12	3～4	3～4	12～15	10～12	7～8
耐渍地下水埋深/cm	1.0～2.0	1.0～1.2	1.0～1.2	0.8～1.0	0.8～1.0	0.8～1.0

（3）防碱标准。治碱措施通常有农业、水利、化学等改良盐碱地措施。水利措施主要是建立良好的排水系统，控制地下水位不超过临界深度。我国一些灌区的地下水临界深度见表 7 – 13，可参照选用。

表 7 – 13　　　　　　　　　　　　我国一些灌区的地下水临界深度

地区（灌区）	河南人民胜利渠灌区	河北深县	鲁北	山东打渔庄	陕西引洛灌区	新疆沙井子
土壤性质	中壤土	轻壤土	轻壤土	壤土	壤土	砂壤土
地下水矿化度/（g/L）	2～5	3～5	3	1	1	10
临界深度/cm	1.7～2.0	2.1～2.3	1.8～2.0	2.0～2.4	1.8～2.0	2.0

（二）治涝效益的表示方法与基本公式

由于治涝效益具有随机性，因此治涝效益以多年平均治涝效益、特大涝水年治涝效益来表示。根据治涝效益的定义，多年平均治涝效益的基本公式为

$$\overline{B}_L = \overline{S}_{前,L} - \overline{S}_{后,L} \tag{7-7}$$

式中　$\overline{B}_L$——治涝工程多年平均治涝效益，元；

　　　$\overline{S}_{前,L}$——治涝工程实施前多年平均涝灾损失，元；

　　　$\overline{S}_{后,L}$——治涝工程实施后多年平均涝灾损失，元。

三、治涝效益的计算方法

治涝效益可以用实物量或货币量来表示，其中所减免农作物损失的实物量的表达方式

有以下几种。

（1）减产率。减产率是指农田受涝以后，与正常年份比较减产的百分数。这是一个相对指标，表示作物的减产程度。减产程度一般可分为轻灾、中灾、重灾和绝产四级。如有的地方规定减产率 20%～40%为轻灾，40%～60%为中灾，60%～80%为重灾，80%以上为绝产。

（2）绝产面积。绝产面积是指涝区颗粒无收的面积。这是一个绝对指标。为计算方便，通常将不同减产率相应的面积换算成绝产面积，即由式（7-8）计算，即

$$F_c = \sum_{i=1}^{m} t_i f_i + f_c \qquad (7-8)$$

式中　　F_c——换算的绝产面积；

　　t_i、f_i——减产等级数为 i 时的减产率（%）以及对应的受灾面积；

　　　　m——本地区的减产等级数；

　　　　f_c——调查的实际绝产面积。

（3）换算后的减产率。换算后的减产率是指根据不同减产程度的受涝面积换算的绝产面积 F_c 与总的播种面积 F 的比率，记为 β，即

$$\beta = \frac{F_c}{F} \times 100\% \qquad (7-9)$$

需要指出，换算后的减产率 β 实质上是绝产率，以下简称减产率，但其与不同受灾面积上的减产率不同，β 是相对于总的播种面积 F 而言的。

除减免的农作物损失外，对于治涝工程所减免的其他损失，可根据受灾面积的具体情况，分别调查估算治涝工程前、工程后的其他损失，进而确定治涝工程所减免的其他损失。涝灾其他损失可以用实物量或货币量表示。实物量可以按损失的财产、设施等类别进行统计，如损失房屋（间）、牲畜（头）、公路（km）、铁路（m）等，并将所有的损失值按影子价格折算为货币值。

治涝效益可采用频率法或系列法计算，采用频率法计算多年平均治涝效益时，可根据涝区特点和资料情况，选用涝灾损失法、内涝积水量法或者雨量涝灾相关法。以下主要介绍内涝积水量法、雨量涝灾相关法以及实际年系列法。

（一）内涝积水量法

内涝积水量法即根据实测和调查的涝灾资料，建立内涝积水量与涝灾损失的关系曲线，再通过各种频率的内涝积水量推算涝灾损失，进而得到治涝效益。这一方法主要用于涝区有水文站的平原圩区。

为了计算兴建治涝工程前、工程后各种情况的内涝损失，作以下几个假定：

（1）减产率 β 随内涝积水量 V 变化而变化，即 $\beta = f(V)$。

（2）内涝积水量 V 是涝区出口控制站水位 Z 的函数，即 $V = g(Z)$。并假设内涝积水量仅随控制站水位而变，不受河槽断面大小的影响。

（3）假定灾情频率与降水频率和控制站的流量频率一致。

内涝积水量法的步骤如下。

1. 确定单位面积内涝积水量 V/A 与减产率 β 的关系线

（1）绘制历年实测流量过程线（$Q_{实} - t$）与理想流量过程线（$Q_{理} - t$）。对涝区历年较大的暴雨，根据水文测站的记录资料，绘制兴建治涝工程前涝区出口控制站的实测流量过程线（$Q_{实} - t$），如图 7-6 中的实测流量过程线所示。

理想流量过程线（$Q_{理} - t$），指在暴雨过程中假定不发生内涝积水，所有排水系统通畅时的流量过程线。一般用小流域径流公式或排水模数公式计算洪峰流量，再结合当地地形地貌条件，用概化方法分析求得理想流量过程线，如图 7-6 中的理想流量过程线所示。

（2）推求单位面积内涝积水量 V/A。把历年较大暴雨的实测流量过程线（$Q_{实} - t$）与其相应的理想流量过程线（$Q_{理} - t$）对比，若理想流量过程线上的流量值大于实际流量过程线的流量值，即认为发生内涝积水，两线间内涝积水区（阴影部分）的面积即为内涝积水量（图 7-6），进而求出该次暴雨的内涝积水量 V，再除以积水面积 A，即为单位面积内涝积水量 V/A。

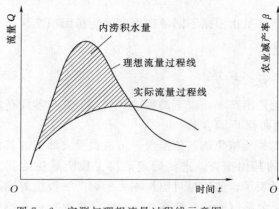 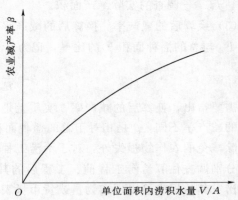

图 7-6　实测与理想流量过程线示意图　　　图 7-7　V/A-β 关系线

（3）确定单位面积内涝积水量 V/A 与减产率 β 的关系线。根据历年的内涝调查资料，求出历年较大暴雨的农业减产率 β 与相应暴雨单位面积的内涝积水量 V/A，并绘制两者的关系曲线，如图 7-7 所示。该曲线即为内涝损失计算的基本曲线，可用于计算各种不同治理标准的内涝损失值。

2. 求内涝损失 S_L 的频率曲线（$S_L - P$）

（1）求不同治理标准各种频率单位面积内涝积水量 V/A。根据各种频率的理想流量过程线（$Q_{理} - t$），运用调蓄演算，即可求出不同治理标准（如不同河道的开挖断面）情况下，各种频率的单位面积的内涝积水量 V/A。

（2）求内涝损失 S_L 的频率曲线（$S_L - P$）。由各种频率的单位面积内涝积水量 V/A，查 V/A-β 关系线，得出相应的农业减产率 β，再乘以计划产值，即可求得不同治理标准下各种频率的农业减产值。即

$$\text{内涝减产值} = \beta \times \text{计划产值} \tag{7-10}$$

将各种频率暴雨的农业损失值，加上相应各频率暴雨的房屋、居民财产等其他损失，可得各频率相应的涝灾损失，进而可绘出治涝工程实施前和实施不同治理标准的治涝工程

后的内涝损失频率曲线 $S_L - P$，如图 7-8 所示。

3. 计算多年平均涝灾损失和治涝工程效益

　　求出各种治理标准下的涝灾损失频率曲线
与坐标轴之间的面积，即为各种治涝标准的多
年平均涝灾损失值。根据式（7-7），工程前的
多年平均涝灾损失值与不同治理标准的治涝工
程后的多年平均涝灾损失值之差，即为相应于
各种治涝标准的多年平均治涝效益。

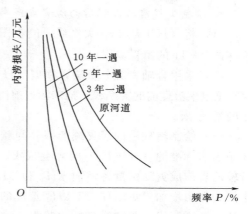

图 7-8　内涝损失频率曲线

（二）雨量涝灾相关法

　　雨量涝灾相关法又称合轴相关分析法，是
用修建治涝工程前的历史涝灾资料，来估计修
建工程后的涝灾损失。

7-2　雨量
涝灾相关法▶

　　利用该法进行治涝效益计算，有以下几个假定：

　　（1）涝灾损失仅是雨量的函数。

　　（2）降雨频率与涝灾频率相对应。

　　（3）小于或等于工程治理标准的降雨不产生涝灾，超过治理标准所增加
的灾情（或涝灾减产率）与所增加的雨量相对应。

　　雨量涝灾相关法计算治涝工程效益的具体步骤如下。

1. 绘制计算雨期的雨量和相应的前期影响雨量之和与频率关系线

　　选择不同雨期（如 1d、2d、3d、5d、…、30d、60d）的雨量与相应的涝
灾面积（或涝灾损失率）进行分析，确定与涝灾关系较好的降雨时段作为计算雨期；然
后，计算并绘制计算雨期的雨量 H 和相应的前期影响雨量 P_a 两者之和 $H + P_a$ 与频率 P
的关系线，记为 $(H + P_a)$-P 关系线，如图 7-9 所示。

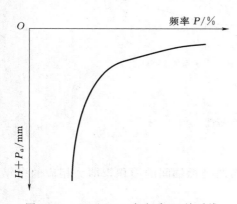

图 7-9　$(H + P_a)$ 与频率 P 关系线

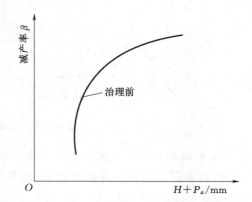

图 7-10　治理前 $(H + P_a)$ 与涝灾减产率 β 关系线

2. 绘制治理前 $H + P_a$ 与涝灾减产率 β 关系线

　　调查分析治理前各次暴雨涝灾减产率 β，并绘制治理前 $H + P_a$ 与涝灾减产率 β 关系
线，记为 $(H + P_a)$-β 关系线，如图 7-10 所示。

3. 绘制工程前与工程后的涝灾减产率 β 与频率 P 关系线

(1) 将 $(H+P_a)-\beta$ 关系线，绘在图 7-11 的第 II 象限；将 $(H+P_a)-P$ 关系线，绘在图 7-11 的第 IV 象限。

(2) 采用合轴相关分析法，根据 $(H+P_a)-P$ 关系线、$(H+P_a)-\beta$ 关系线，利用第 III 象限中治理前的转换线，推求治理前涝灾减产率 β 与频率 P 关系线 $\beta-P$，绘在图 7-11 中的第 I 象限。

(3) 绘制治理后的涝灾减产率 β 与频率 P 关系线。按治涝标准修建工程后，降雨量大于治涝标准的 $(H+P_a)$ 时才会成灾，如治涝标准为 5 年一遇或 3 年一遇的成灾降雨量较治理前成灾降雨量各增加 ΔH_1 和 ΔH_2，则 5 年一遇或 3 年一遇治涝标准所减少的灾害损失即由增加雨量 ΔH_1 或 ΔH_2 造成的，因此在图 7-11 的第 III 象限作 5 年一遇和 3 年一遇两条平行线，其与纵坐标的截距各为 ΔH_1 和 ΔH_2 即可。再按图 7-11 中的箭头所示方向，即可求得治涝标准 5 年一遇和 3 年一遇的减产率 β 与频率 P 关系线，如图 7-11 中的第 I 象限所示。对其他治涝标准，减产率频率曲线的作图方法相同。

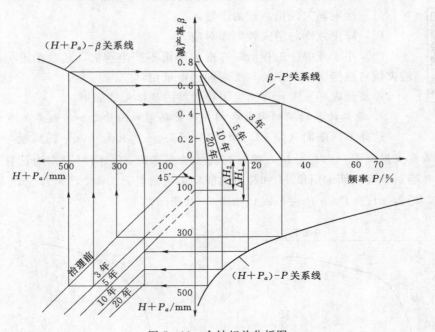

图 7-11 合轴相关分析图

4. 求不同治理标准下的治涝多年平均效益

计算治理前以及各种治涝标准的 $\beta-P$ 关系线与两坐标轴间的面积，即为相应的多年平均涝灾减产率 $\overline{\beta}$，则可得

$$多年平均涝灾损失 = 多年平均涝灾减产率 \overline{\beta} \times 计划产值 \qquad (7-11)$$

根据式 (7-7)，实施工程前的多年平均涝灾损失值与实施不同治理标准的治涝工程后的多年平均涝灾损失值之差，即为相应于各种治涝标准的多年平均治涝效益。

（三）实际年系列法

此法适用于治理前后都有长系列多年受灾面积统计资料的已建成的治涝工程的效益计算。可根据实际资料计算无工程和有工程多年平均涝灾面积的差值，再乘以单位面积涝灾损失值（涝灾损失率），即为治涝工程的多年平均治涝效益。

四、治涝工程的国民经济评价

治涝工程国民经济评价与比选的内容和任务，就是对技术上可能的各种措施方案，进行投资、年运行费、效益等的分析与计算，进而计算不同方案的经济评价指标，并在经济合理的方案中，确定治涝工程经济上的最优方案。

第三节 防洪和治涝工程的财务评价

防洪、治涝工程属于社会公益性工程，无财务收入或财务收入很少。因为要测算年运行费、总成本费用，并提出维持项目正常运行需要国家补贴的资金数额，所以除对工程方案进行国民经济评价外，也应进行财务评价。《水利建设项目经济评价规范》（SL 72—2013）中指出，对于属于社会公益性质的水利建设项目，如国民经济评价合理，而无财务收入或财务收入很少时，可只进行财务分析计算，提出维持项目正常运行所需资金来源。

一、对承担防洪任务的综合利用水利工程财务评价

对承担防洪任务的综合利用水利工程，财务评价的内容应包括以下两方面。

（1）对项目整体进行财务评价。对承担防洪任务的综合利用水利工程，由于其水库的调度运行要服从防洪要求，必定会影响其他功能的效益，而防洪属社会公益性质，无财务收入，因此应以项目整体进行财务分析，测算维持项目整体中各项功能正常运行所需要的年运行费，并提出需要国家补贴资金的数额。年运行费的来源包括综合利用枢纽中其他功能的财务收入、依靠财政拨款等，或提出相应的政策措施如减免税额、提高供水价格、提高电网销售电价等。

（2）对综合利用水利工程中有财务收入的功能，如发电、供水、航运等分别进行财务评价。首先，利用第六章中介绍的费用分摊方法，对枢纽工程的费用在各项功能中进行合理分摊；然后，根据各功能分摊后的费用、各功能的财务收入，对各功能的盈利能力、清偿能力等进行评价，具体方法详见第五章。

二、对单一目标的防洪治涝工程财务评价

对河道、堤防等完全属于社会公益性质、无财务收入的防洪治涝工程，现行规范要求应作财务分析，测算维持工程正常运行所需的年运行费。对河道、堤防工程，资料具备时，应按第二章介绍的年运行费的构成，采用分项计算法确定年运行费。以下介绍估算方法。

（1）堤防工程年运行费的确定。可将第二章介绍的年运行费所包含的项目划分为堤防工程的工程维护费、管理费。工程维护费中包括了修理费、材料费、燃料及动力费等与工程维修养护有关的费用；管理费中包括了职工薪酬、管理费、其他费用等与工程管理有关

的费用。缺乏资料时，可以堤防长度或固定资产原值为基数，确定堤防工程的工程维护费和管理费。《水利建设项目经济评价规范》（SL 72—2013）附录 D 给出了相关费率的取值，见表 7-14。依据表 7-14 采用固定资产作为确定堤防工程的年运行费的基数时，新建堤防采用固定资产原值；已建堤防采用固定资产重估值；堤防工程沿线规模较小的闸涵等建筑物，可与堤防工程视为一个整体，按堤防工程的相关费率计算。

表 7-14　　　　　　　　　　堤防工程年运行费计算费率表

方法	项目	费率				计算基数
		费率单位	一级堤防	二级堤防	三级及以下堤防	
一	工程维护费	万元/km	6～8	4～6	3～4	堤防（或河道）长度
	管理费		8	6	5	
二	工程维护费	%	1.0	1.2	1.4	固定资产原值或重估值
	管理费		0.5	0.4	0.3	

（2）堤防工程中大中型涵闸年运行费的确定。对于已建大中型涵闸，可根据历年运行过程中属于年运行费的相关支出确定年运行费；对于拟建大中型涵闸，可借鉴已建类似工程估算年运行费。资料具备时，应按第二章介绍的年运行费的构成及分项确定方法进行计算。

（3）城市防洪墙年运行费的确定。城市防洪墙一般均采用钢筋混凝土修筑而成，工程一次性投资较土堤大，但其安全性好，不易出现类似土堤的损坏现象，因此不能套用土堤的维护费用。城市防洪墙均建在城市内或城市边缘，在工程上或工程附近游动人员较多，维护的重点是加强巡查。可参照 2004 年颁布的《水利工程管理单位定岗标准（试点）》确定城市防洪墙所需的管理人员总数，或按每个管理人员应负责管理的工程长度测算所需的管理人员总数，根据管理人员总数确定城市防洪墙所需职工薪酬，再加上材料费、修理费等支出，进而确定年运行费。

当河道、堤防等社会公益性工程的年运行费确定后，可根据其提出维持项目正常运行所需的资金来源。如果管理单位开展多种经营，有一部分收入，则年运行费与收入的差额，则是运行期各年需要各级财政预算支付的资金；否则，年运行费由各级财政预算资金支付。

思考题与技能训练题

【思考题】

1. 试简述防洪效益的定义、表示方法、多年平均防洪效益的基本公式。

2. 若已求得防洪工程修建前、修建后的洪灾损失频率曲线，试简述根据其计算多年平均防洪效益的方法。

3. 简述防洪工程进行国民经济评价的方法步骤。

4. 试简述治涝效益的定义、表示方法、多年平均治涝效益的基本公式。

5. 治涝效益有哪些计算方法？简述各方法。

6. 防洪和治涝工程没有财务收入或收入很少，为什么还要进行财务评价？

【技能训练题】

某水库工程已求得建库前、建库后各种频率相应的洪灾损失，见表 7-15。试根据表 7-15 计算兴建该水库的多年平均防洪效益。

表 7-15　　　　　　　　　　某水库工程洪灾损失资料

工程情况	频率 P	>0.05	0.05	0.005	0.002	0.001	0.0005	0.0002	0.0001
建库前	洪灾损失/万元	0	10000	16800	18800	20200	21800	23800	25400
建库后	频率 P					>0.0005	0.0005	0.0002	0.0001
	洪灾损失/万元					0	10000	16800	19400

课程思政三　三峡工程及其防洪效益[*]

[**教学目的**] 通过介绍三峡工程的建设历程，鼓励学生学习"科学、创新、奉献、协作"的三峡精神；通过阐述三峡工程防洪功能及其防洪效益，突显其在长江防洪体系中的战略地位，使学生加深理解防洪效益定义的同时，明白三峡工程不是"面子工程"而是民族骄傲，是国之重器。

一、建设背景

长江是中国第一大河，干流全长 6300 余 km，流域面积 180 万 km^2，占全国陆地总面积的 18.8%，经济总量占 40% 以上。随着长江经济带国家战略的实施，长江流域在我国经济发展中的地位更为举足轻重。

长江哺育了中华民族，但频繁而严重的洪涝灾害也威胁着流域内广大地区。自古以来，长江流域的洪涝灾害一直是中华民族的心腹大患，尤以长江中下游地区为甚。自汉代（公元前 185 年）至 1911 年，发生较大洪灾 214 次，1860 年和 1870 年的两次大洪水，淹死人数分别达到 14.5 万人和 14.2 万人，淹没农田 5090 万亩和 2264 万亩。1931 年 8 月，长江沿江堤防多处溃决，受灾人口达 2887 万以上，死亡 18.5 万多人，淹没农田 5000 多万亩，津浦铁路停运 54 天，直接经济损失为 13.84 亿元。1935 年 7 月，湖北、湖南、河南以及陕西南部地区普降暴雨，长江中下游洪水灾区 8.9 万 km^2，淹没农田 2263 万亩，受灾人口 1000 万人，死亡 14.2 万人，估计损失 3.55 亿元。1949 年，长江中下游地区受灾农田 2721 万亩，受灾人口 810 人，死亡 5699 人。1954 年，长江中下游地区发生了百年不遇的特大水灾，长江各支流及其附近湖泊水位轮番交涨，大多超过历史最高水位 1m 以上，长江中下游湖南、湖北、江西、安徽、江苏 5 省，有 123 个县市受灾，受灾人口 1880 万人，死亡 3.3 万人，淹没耕地 4755 万亩，京广铁路 100 天未能正常通车，直接经济损失 100 亿元。1998 年发生了仅次于 1954 年的大洪水，且持续时间长，淹没耕地 23.9 万公顷，受灾人口 231.6 万人，死亡人口 1562 人，直接经济损失 2000 多亿元。

二、建设历程与工程验收

兴建三峡工程，治理长江水患是中华民族的百年梦想。三峡工程是经过长达一个世纪

的酝酿论证而得以实现的宏伟工程。

1918 年，孙中山在《建国方略之二——实业计划》中提出建设三峡工程的设想。1944 年世界著名坝工专家美国垦务局总工程师萨凡奇提出了兼顾发电、航运、防洪、灌溉等多目标开发的"萨凡奇计划"。1945 年中美签订《中美三峡工程设计合约》，约定三峡工程由美国代为设计、中国派员参加。1953 年，毛泽东在听取长江干流及主要支流修建水库规划的介绍时，希望在三峡修建水库。1958 年周恩来总理主持起草的《中共中央关于三峡水利枢纽和长江流域规划的意见》通过，批准修建丹江口水库作为三峡工程的实战准备。1986—1989 年，国务院组织 412 位专家展开全面论证。1990 年 7 月，国务院召开三峡工程论证汇报会，将新编制的《长江三峡工程可行性研究报告》提交国务院三峡工程审查委员会审查。1992 年 4 月，七届全国人大五次会议表决通过了《关于兴建长江三峡工程的决议》。1994 年 12 月国家计委正式下达三峡工程开工通知，为三峡工程建设翻开新篇章。1997 年 11 月 8 日下午 3 时 30 分，随着最后一车石料倾入江中，三峡工程胜利实现大江截流，为期 5 年的一期工程完成。2003 年 6 月 1 日零时，三峡工程正式下闸蓄水。2006 年，三峡大坝全线建成。2008 年，三峡工程开始 175m 试验性蓄水。2019 年 12 月，三峡升船机通过竣工验收，标志着三峡工程的最后一个单项工程圆满完成建设任务，枢纽工程完建。经过 12 年的试验性蓄水检验后，2020 年 11 月完成整体竣工验收。验收表明，工程质量满足规程规范和设计要求、总体优良，运行持续保持良好状态，防洪、发电、航运、水资源利用等综合效益全面发挥。

三、防洪功能与防洪效益

建成后的三峡工程，综合效益全面凸显：江汉平原最薄弱的荆江河段防洪标准从 10 年一遇提高到 100 年一遇；年发电量超过 1000 亿 kW·h，惠及半个中国；三峡河段年货运量超过 1 亿 t，比蓄水前提高 6 倍，运输成本下降近四成，长江航道成为名副其实的"黄金水道"。

防洪是三峡工程的第一要务。从地理位置看，三峡工程位于长江上游与中下游交界处，位于宜昌上游 40 余 km，紧邻长江防洪形势最严峻的荆江河段，因此，三峡对长江上游洪水的控制作用是上游干支流水库不能替代的。从调控能力看，三峡工程邻长江中下游防洪重点防护区，控制了长江流域面积 180 万 km² 中的 100 万 km²，荆江河段 95% 的洪水来量，汉口以上洪水总量的 2/3 左右，其控制和调节作用直接有效，就像是控制进入荆江洪水大小的总开关。三峡水库控制调节长江上游洪水，是减轻中下游洪水威胁、防止长江特大洪水发生毁灭性灾害最有效的措施，在长江防洪中处于关键骨干地位。

（一）防洪标准

从工程本身来讲，三峡工程设计防洪标准为 1000 年一遇，校核防洪标准为 10000 年一遇加 10%，即当峰值为 98800m³/s 的 1000 年一遇洪水来临时，大坝本身仍能正常运行，三峡工程各项工程、设施不受影响，可以照常发电；当峰值流量为 113000m³/s 的 10000 年一遇洪水再加 10% 时，大坝主体建筑物不会遭到破坏，三峡大坝仍然是安全的，个别设施正常使用功能可能会受到影响。

从防洪范围来讲，三峡工程防洪标准为：遇不大于100年一遇的洪水，三峡工程可控制枝城站最大流量不超过56700m³/s，不启用分洪工程，沙市水位可不超过44.5m，荆江河段可安全行洪；如果遇1000年一遇的洪水，经三峡水库调蓄，通过枝城的相应流量不超过68000m³/s，配合荆江分洪工程和其他分蓄洪措施的运用，可控制沙市水位不超过45m，从而可避免荆江南北两岸的洞庭湖平原和江汉平原地区可能发生的毁灭性灾难。

三峡水库的防洪基本特征参数见表7-16。

表7-16　　　　　　　　　　三峡水库防洪基本特征参数表

防洪标准	设计洪峰流量/(m³/s)	防洪特征水位/m		防洪特征库容/亿 m³	
		防洪限制水位	145		
100年一遇	83700	防洪高水位	166.9	防洪库容	155.8
1000年一遇	98800	设计洪水位	175	设计调洪库容	221.5
10000年一遇+10%	124300	校核洪水位	180.4	校核调洪库容	278.94

（二）防洪作用

三峡工程的防洪作用主要体现在下述三个方面。

一是提高荆江河段的防洪标准。万里长江，险在荆江。三峡工程的防洪作用主要在荆江河段，可使荆江河段遇100年一遇洪水时，通过三峡调蓄不启用荆江分洪区而使洪水安全通过荆江河段，减少荆江两岸洲滩民垸和松澧洪道附近民垸的洪水淹没概率；遇超过100年一遇至1000年一遇洪水，或类似1870年型洪水，可控制枝城流量不超过68000m³/s，配合荆江分洪等措施防止荆江地区发生毁灭性灾害。

二是减轻洞庭湖的洪水威胁，减少城陵矶附近地区分蓄洪量，同时减少湖内泥沙淤积。三峡工程除了提高荆江河段防洪标准外，还安排了55.6亿 m³的库容兼顾城陵矶地区防洪，通过控制长江上游洪水来量，减少进入荆江河段的洪峰流量以及分流入洞庭湖区的水沙，既可减轻城陵矶附近地区和洞庭湖湖区洪水的威胁、减少分蓄洪量，又可减缓湖泊的淤积速度。

三是提高武汉市抗御洪水的能力。三峡工程使长江上游洪水得到有效控制，可以避免荆江大堤溃决对武汉的威胁，提高武汉市防洪和调度运行的可靠性和灵活性。

三峡工程主要通过三种方式发挥其防洪作用：一是"拦洪"，即拦蓄超过中下游河道安全泄量的洪水，确保三峡工程以下的长江河道行洪安全；二是"削峰"，在下游防汛形势紧张时，削减上游来的大洪峰，减少水库出库流量，缓解下游的防洪压力；三是"错峰"，防止上游洪峰与下游洪峰相遭遇，加重下游的防洪压力。一旦下游防汛形势好转，则抓住有利时机，加大出库流量降低水库水位，腾出库容应对下一次可能发生的大洪水。

（三）防洪效益

三峡工程建成以来，其防洪减灾效益十分显著。下面以几个年份举例说明。

2010年汛期，长江上游发生超过1998年的大洪水。通过科学调度，三峡水库先后进行了7次防洪运用，坝前水位由146.30m逐步涨至158.86m，将最大入库洪峰流量7万 m³/s的洪水削减了3万 m³/s，40%以上的洪峰被截留在三峡水库，累计拦蓄洪水264.3

亿 m³，保证了长江中下游的防洪安全，三峡工程顺利通过首次防洪重大考验。由于有三峡工程拦截洪水，2010 年洪水期间长江下游沙市、洞庭湖口城陵矶以及江西九江的洪峰水位均未出现超警戒水位的情况。据长江水利委员会调查的实物指标，考虑洪灾损失增长率和物价上涨指数，按减免洞庭湖区域钱粮湖等 8 个蓄洪垸的淹没耕地、养殖水面计算，三峡工程防洪经济效益达到 266.3 亿元，其中直接效益 213.0 亿元，间接效益 53.3 亿元。

2012 年 7 月，受川渝三次大范围强降雨影响，长江上游形成三峰相连、峰高量大的洪水。根据实测资料，上游的 1 号、2 号、4 号洪峰分别于 7 月 7 日、12 日、24 日以 5.6 万 m³/s、5.55 万 m³/s、7.12 万 m³/s 进入三峡水库。与 1998 年同比，在发生时间、洪峰次数、峰量洪量上相近。湖北省防汛抗旱指挥部将该系列洪水还原成三峡建库前的天然状态，通过与 1998 年 7 月洪水对比分析，三峡工程的主要防洪效益如下：①有效化解高危洪水风险。削峰率 25%～40%，共计拦蓄洪水 192 亿 m³，其中 4 号洪峰最大拦蓄洪水 113 亿 m³。通过削峰调度，将高洪水位化解为中高洪水，普遍降幅 0.6～2m，减少江河超警堤长 2068km，保证了出现汛情的江河沿岸人民群众心态平和、安居乐业，改变了过往相似洪水担心害怕的紧张心态；②减少防汛直接成本。通过综合防洪工程体系的作用，湖北主要江河 2012 年同比 1998 年，通过减少上防劳力，累计降低防守直接成本近 2.6 亿元，减少编织袋、砂石料、土工布、彩条布等主要防汛物料成本 2.3 亿元。

2017 年 6 月 22 日至 7 月 2 日受持续强降雨影响，洞庭湖水位超保证水位，洞庭湖支流湘江发生了超历史最高水位的特大洪水，资水、沅江发生超保证水位大洪水，长江干流莲花塘至大通江段和鄱阳湖水位超警戒水位，长江中游 7 月 1 日形成 1 号洪水，为中游型大洪水。国家防总、长江防总统筹兼顾、科学研判，紧急调度三峡水库连续 5 次压减出库流量，由 27300m³/s 逐步压减至 8000m³/s，拦蓄率达 60% 以上，同时联合调度上中游水库群拦洪蓄洪、削峰错峰，有效减轻洞庭湖区和长江中下游干流防洪压力，避免了干流莲花塘超分洪保证水位，洞庭湖城陵矶站超保证水位时间缩短 6 天，防洪减灾效益显著。

2020 年汛期，长江发生流域性大洪水，三峡水库第 5 号洪水入库洪峰流量为 75000m³/s，为建库以来最大入库流量，三峡水库控制下泄流量 49400m³/s，削峰率达 34.1%，极大减轻了长江中下游的防洪压力，使荆江地区 60 万人、3.287 万 hm² 耕地免遭洪灾的威胁。

三峡工程作为一项造福人类的伟大工程，从论证、决策、兴建到运行，凝结了党和国家几代领导人的智慧、全国亿万人民的期盼、千万工程建设者的心血、百万移民群众的奉献。防洪为三峡工程第一要务，2003—2021 年，三峡水库累计拦洪 51 次，汛期拦洪总量 2005.16 亿 m³，据中国工程院《三峡工程试验性蓄水阶段评估报告》中测算，三峡工程多年平均防洪效益达 88 亿元。在保护长江中下游 1500 万人口和 150 万 hm² 耕地免受洪涝灾害方面，三峡工程发挥着不可替代的作用。防洪安全是国家公共安全体系的重要组成部分，在实现党的二十大报告中提出的"提高公共安全治理水平""提高防灾减灾救灾和急难险重突发公共事件处置保障能力"等战略目标中，三峡工程必将发挥其更大的作用。同时，该工程在发电、航运、水资源利用、生态环境保护等方面效益显著，正在成为长江经济带的"绿色引擎"和"生态屏障"，将为实现党的二十大报告提出的"推动绿色发展，促进人与自然和谐共生"的战略目标提供有利支撑。

第八章　灌溉和城镇供水工程经济评价

[学习指南] 对于灌溉和城镇供水工程经济评价，学习重点是国民经济评价中的灌溉效益、城镇供水效益的定义、表示方法、计算方法。水利工程国民经济效益的计算方法，常用三种途径进行计算：一是增加收益法，例如分摊系数法；二是减少损失法，如缺水损失法；三是最优等效工程替代法。学习时需注意，这些方法的出发点是对有建设项目与无建设项目进行对比。为突出应用，本章分别列举了灌溉工程的国民经济评价案例和城镇供水工程的财务评价案例，以期使读者进一步加深对国民经济评价方法和财务评价方法的理解与掌握，且提高综合技能。本章学习目标如下。

(1) 掌握灌溉效益、城镇供水效益的定义、表示方法、各种计算方法。

(2) 能初步进行灌溉工程和城镇供水工程的经济评价。

第一节　灌溉工程的经济评价与案例

一、灌溉工程的组成

(一) 灌溉水源工程

灌溉工程主要由水源取水工程、灌溉渠系工程组成。根据灌溉水源的条件、灌区地形和农田分布等因素的不同，灌溉水源工程主要有以下几种。

1. 蓄水工程

为解决或缓解天然径流和灌溉用水之间在时间、水量分配上的矛盾，而采取的对天然径流进行调蓄的工程措施，称为蓄水工程。常见的蓄水工程有水库工程、塘堰工程等。水库工程必须修建大坝、闸等挡水建筑物，一方面，提高了水位、扩大了灌区面积、为综合治理河流提供了基础；另一方面，水库工程量大，施工期长，会带来水库淹没损失、移民等社会、环境的影响。

2. 自流引水工程

当河流水量丰富，不经调蓄即能满足取水要求时，在河道适当地点修建引水建筑物，引河水自流灌溉农田，此类工程称为自流引水工程。自流引水工程一般可分为无坝和有坝两种。

当灌区附近河流枯水期的水量、水位均能满足灌溉要求时，即无须在河流中修建拦河建筑物，只需选择适宜地点修建引水闸，即渠首工程，引河水自流灌溉，称为无坝自流引水工程。灌区附近河流水量丰富而水位不能满足灌溉要求时，则需在河流中修建低坝或拦河闸，抬高水位，以满足自流引水灌溉的需要，这种工程措施称为有坝自流引水工程。

在丘陵山区，灌区位置较高，河流水位不能满足灌溉要求时，既可采用无坝引水自流工程，也可采用有坝引水自流工程。当采用无坝引水自流工程方案时，往往需从河流上游水位较高处引水，取得较高的自流渠首水位，而引水渠道则会较长，此时引水工程投资较大。当采用有坝引水自流工程方案时，需在河流上修建坝或闸工程，抬高水位，以便引水自流灌溉。有坝引水自流工程与无坝引水比较，虽然增加了拦河闸坝工程，却可缩短引水干渠，经济上可能是合理的。

3. 泵站工程

河流水量丰富，而灌区地理位置较高，河流水位与灌溉要求的水位相差较大时，可在灌区附近的河流岸边修建提灌站，提水灌溉农田，这类工程称为泵站工程。泵站工程虽可减小干渠工程投资，但却增加了机电设备投资和年运行费，应通过经济技术比较确定。

4. 地下水开发工程

利用地下水作为灌溉水源的工程称为地下水开发工程。根据取水方式的不同，可分为垂直取水和水平取水，常见的工程型式有管井、大口井、渗渠。

5. 调水工程

为将某一丰水流域的水引到缺水流域所修建的工程，称为调水工程。调水工程解决了来水与用水在时间上、地区上存在的矛盾，为沿途自流灌溉和供水提供了条件。但是，调水工程涉及范围广，影响因素多，科学技术要求高，对自然环境和社会环境影响都很大。历时11年，我国已成功建成南水北调中线工程，于2014年12月12日通水，途经河南、河北，最后抵达天津、北京，每年向北方供水95亿 m^3，惠及沿线约1亿人口，是调水工程的典范。南水北调东线工程于2013年11月15日正式通水到部分地区，目前其供水范围为江苏、山东等，受益约1亿人口。

对某一灌区，选择何种灌溉工程，需根据当地水源情况、灌溉面积、地形高程等多种因素来确定，可能是某种单一的灌溉水源工程，也可能是综合各种取水方式，形成蓄、引、提相结合的灌溉系统。总之，在灌溉工程规划设计中，究竟采用何种取水方式，应通过不同方案的技术经济分析比较，最终确定技术上可行、经济上最优的灌溉工程方案。

（二）灌溉渠系工程

灌溉渠系工程，是指从水源工程取水，并将其输送、分配到田间的水利工程设施。

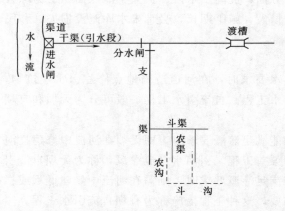

灌溉渠系工程包括渠首取水建筑物、各级输水配水渠道、渠系建筑物和田间工程等，如图8-1所示。

渠首工程是根据灌区用水计划从水源引取符合要求的水量，在汛期能控制洪水保护渠系和正常运行需要的工程。

干渠的作用是把从渠首取得的水输送到各灌溉渠段，称为输水渠道。支（斗）级渠道是将从干（支）渠取得的水，分配给各用户，称为配水渠道。农渠是最末一级固定渠道，农渠及以下的毛渠、输水垄沟、灌水沟、畦等均称为田间工程。

图8-1　灌溉渠系工程组成示意图

灌溉渠系上的分水闸，渡槽等各种建筑物，其作用是控制、分配、输送水量等。

二、灌溉工程的投资及年运行费

灌溉水源工程如为综合利用工程，则灌溉工程的投资应包括应分摊的水源工程投资与灌溉专用工程投资之和，其中灌溉专用工程的投资，即为灌溉渠系工程的投资。无论是水源工程投资还是灌溉专用工程投资，均应按第二章固定资产投资构成，分项计算，但在可行性研究阶段，由于尚未进行详细的工程设计，可按扩大指标法进行投资估算。灌溉工程为准公益性建设项目，其投资来源，一般包括国家及地方的基本建设投资、农田水利事业补助费、群众自筹资金和劳务投资等。

灌溉水源工程如为综合利用工程，灌溉工程的年运行费包括应分摊的水源工程的年运行费与灌溉渠系工程的年运行费之和。资料具备时，应按第二章介绍的年运行费的构成及分项计算法确定年运行费。

对于灌溉输水工程、泵站工程，缺乏资料时，《水利建设项目经济评价规范》（SL 72—2013）中附录 D 给出了利用不包括占地淹没补偿费用的固定资产原值为基数乘以费率的方法，确定年运行费中的工程维护费、管理费、固定资产保险费。工程维护费包括修理费、材料费、燃料及动力费等与工程修理维护有关的成本费用，灌溉输水工程中管涵、渠道、隧洞以及泵站工程的工程维护费的费率分别为 1.0%～2.5%、1.0%～1.5%、1.0%、1.5%～2.0%。管理费包括了职工薪酬、其他费用等与工程管理有关的费用，灌溉输水工程中管涵、渠道、隧洞以及泵站工程的管理费的费率分别为 1.0%、0.5%、0.3%、1.0%。泵站工程的抽水电费以抽水量或扬程为基数，根据电价计算。对于输水干线沿线建筑物和规模较小的泵站，可与输水工程视为一个整体，按输水工程的相关费率测算成本。固定资产保险费的费率为 0.05%～0.25%。

水资源费应按灌溉工程的引水渠首断面水量进行计算，其他中间环节不再重复计算，水资源费价格按各省市水行政主管部门有关规定执行。

三、灌溉效益的特点与表示方法

灌溉工程的财务效益，即财务收入，等于灌溉供水量与水价的乘积。以下介绍灌溉工程的国民经济效益，包括直接和间接效益。此处介绍直接效益，简称灌溉效益，是指灌溉和未灌溉相比所增加的农、林、牧、经济作物等的产值。它主要反映灌溉前后灌区农作物质量的提高及产量的增加。灌溉效益具有如下特点。

（1）农作物的总增产效益，是灌溉与农业技术措施综合作用的结果。例如，作物品种改良、肥料用量增加、耕作技术与植保措施改善等均为农业技术措施。因此，总增产效益应在水利和农业技术措施两部门之间进行合理的分摊，进而确定灌溉效益。

（2）灌溉效益具有较大的年际变化。由于水文气象因素每年均不相同，故灌溉效益各年亦有差异，干旱年份灌溉效益很大，风调雨顺的年份，即使没有灌溉也可获得丰收，此种情况灌溉效益很小。

由于灌溉效益具有较大的年际变化，因此，灌溉效益用多年平均效益、设计年效益和特大干旱年效益表示。

四、灌溉效益的计算方法

灌溉效益的计算可采用分摊系数法、影子水价法、缺水损失法等。

1. 分摊系数法

灌溉效益分摊系数是指灌溉效益与总增产效益之比，记为 ε。分摊系数法，则是按有、无灌溉建设项目对比，可获得的总增产效益，乘以灌溉效益分摊系数得到灌溉效益。该法确定多年平均灌溉效益的计算式为

$$B = \sum_{i=1}^{n} \varepsilon_i V_i (Y_i - Y_{0i}) A_i + \sum_{i=1}^{n} \varepsilon_i V'_i (Y'_i - Y'_{0i}) A_i \qquad (8-1)$$

式中　B——多年平均灌溉效益，元；

$\quad i$——农作物种类的序号，$i = 1, 2, \cdots, n$；

$\quad n$——农作物种类的总数目；

$\quad \varepsilon_i$——第 i 种作物的多年平均灌溉效益分摊系数；

$\quad V_i$——第 i 种作物产品的影子价格，元/kg；

Y_i、Y_{0i}——有、无灌溉建设项目条件下，灌区第 i 种作物的多年平均亩产量，kg/亩，可根据相似灌区的历史资料或灌溉试验站的试验资料确定；

$\quad A_i$——灌区第 i 种作物种植面积，亩；

$\quad V'_i$——第 i 种作物副产品的影子价格，元/kg；

Y'_i、Y'_{0i}——有、无灌溉项目的第 i 种作物副产品的多年平均亩产量，kg/亩，可根据调查资料确定。

采用分摊系数法，如何计算设计年效益和特大干旱年效益，请读者思考。

由于有灌溉时农作物的副产品增产幅度并不显著，为了简化计算，常按农作物主、副产品增产量及价格比例，把副产品增产量折算入主产品的增产量中，故式（8-1）可简化为

$$B = \sum_{i=1}^{n} \varepsilon_i V_i (Y_{zi} - Y_{0i}) A_i \qquad (8-2)$$

式中　Y_{zi}——有灌溉项目条件下，对灌区第 i 种作物按价格比例把其副产品增产量计入主产品增产量中的总值，kg/亩；

其他符号含义同前。

一般水稻主、副产品产量之比为 1:1；小麦主、副产品产量之比为 1:1.5；棉花主、副产品产量之比为 1:5。

分摊系数法的关键在于确定灌溉分摊系数 ε。当灌区灌溉前后，农业技术措施基本相同时，可取分摊系数 $\varepsilon = 1.0$。农业技术措施发生变化时，应根据各地区农业生产对灌溉的依赖程度、灌溉以后其他技术措施如耕作技术、良种推广、病虫害防治及施肥条件等变化情况进行具体分析、试验确定。

方法一：对未开展对比试验研究的灌区，可进行实地调查，收集有关数据，并结合灌区的相关统计资料，分析确定灌溉效益分摊系数。所需收集的资料有：①无灌溉工程且农业技术措施一般，此种情况下的亩产 Y_q；②在有灌溉工程后的最初几年，农业技术措施变化不大、灌溉使产量增加后的亩产 Y_s；③灌区开发若干年后，农业技术措施和灌溉工

程同时发挥综合作用后的亩产 Y_{sn}。

根据灌溉效益分摊系数的定义，可计算该系数为

$$\varepsilon = (Y_s - Y_q)/(Y_{sn} - Y_q) \qquad (8-3)$$

当灌区内或附近有灌溉试验站对上述三种情况下进行对比试验的资料时，也可利用试验资料采用式（8-3）确定灌溉效益分摊系数。

【例 8-1】 某地区对小麦亩产量进行调查得到如下资料：（1）在天然降雨与农业技术措施一般的情况下小麦平均产量 228.9kg/亩；（2）作物按需水量灌溉，农业技术措施不变，小麦平均产量 269.7kg/亩；（3）作物按需水量灌溉，并改进农业技术措施后，小麦平均产量 305.8kg/亩。试计算该地区小麦灌溉效益的分摊系数。

解 根据调查资料得：灌溉与农业技术措施总增产为 305.8-228.9=76.9（kg/亩）；灌溉措施增产为 269.7-228.9=40.8（kg/亩）。则：小麦灌溉效益的分摊系数 ε=40.8/76.9=0.53

方法二：在灌区试验站选择土壤、水文地质条件均匀一致的试验区，分成若干小区进行下述试验：

1) 不进行灌溉，采取一般水平的农业技术措施，亩产 Y_q（kg/亩）。
2) 进行充分灌溉，采取一般水平的农业技术措施，亩产 Y_s（kg/亩）。
3) 不进行灌溉，采取较高水平的农业技术措施，亩产 Y_n（kg/亩）。
4) 进行充分灌溉，采取较高水平的农业技术措施，亩产 Y_{sn}（kg/亩）。

灌溉工程的效益分摊系数为

$$\varepsilon = \frac{Y_s - Y_q}{(Y_s - Y_q) + (Y_n - Y_q)} \qquad (8-4)$$

或

$$\varepsilon = \frac{1}{2}\left(\frac{Y_s - Y_q}{Y_{sn} - Y_q} + \frac{Y_{sn} - Y_n}{Y_{sn} - Y_q}\right) \qquad (8-5)$$

式（8-5）利用了四种情况的试验结果，比较合理。也可综合考虑式（8-4）、式（8-5）的计算结果，确定采用的灌溉效益分摊系数。

需要指出，丰水年、平水年、枯水年的灌溉分摊系数是不同的，应进行多年试验，得到丰水年、平水年、枯水年及多年平均的灌溉效益分摊系数。采用分摊系数法进行计算时，针对具体情况采用相应的灌溉分摊系数。

8-1 灌溉效益及其计算▶

没有历史分析数据或试验资料的地区，可参考近年来国内有关学者、专家分析的灌溉效益分摊系数，其结果见表 8-1。一般丰水年、平水年和农业生产水平较高的地区灌溉效益的分摊系数取较低值；反之，取较高值。

表 8-1　　　　我国各省（自治区、直辖市）灌溉效益分摊系数

地 区	平均分摊系数	分摊系数变化范围	地 区	平均分摊系数	分摊系数变化范围
北京市	0.52		山东省	0.68	
天津市	0.25		河南省	0.45	0.4~0.5
河北省	0.46	0.3~0.6	湖北省	0.45	
山西省	0.59		湖南省	0.41	

续表

地　区	平均分摊系数	分摊系数变化范围	地　区	平均分摊系数	分摊系数变化范围
内蒙古自治区	0.64		广东省	0.30	0.3~0.4
辽宁省	0.50	0.3~0.55	广西壮族自治区	0.46	0.33~0.49
吉林省	0.55	0.4~0.65	四川省	0.42	
黑龙江省	0.55	0.5~0.6	贵州省	0.41	0.2~0.5
上海市	0.43	0.29~0.71	云南省	0.60	0.35~1.0
江苏省	0.46	0.26~0.56	陕西省	0.42	0.35~0.6
浙江省	0.45		甘肃省	0.70	0.68~0.7
安徽省	0.45		宁夏回族自治区	0.62	
福建省	0.60		新疆维吾尔自治区	0.68	
江西省	0.67				

2. 影子水价法

灌溉供水的影子水价，是指灌溉工程供 $1m^3$ 水量为国家创造的经济价值。影子水价法的计算式为

$$灌溉效益＝影子水价×灌溉供水量 \qquad (8-6)$$

该法适用于灌溉供水影子水价研究取得合理成果的地区。

3. 缺水损失法

缺水损失法实质是减少损失法。将有灌溉工程与无灌溉工程相比，所减少的损失作为灌溉效益。则

$$多年平均灌溉效益＝无灌溉时多年平均减产损失－有灌溉时多年平均减产损失$$

$$(8-7)$$

引入
$$减产系数＝\frac{农作物缺水后每亩减产量}{水分得到满足情况下的亩产量} \qquad (8-8)$$

则基于式（8-7）、式（8-8），可得缺水损失法的计算公式为

$$B=(d_1-d_2)×A×Y×SP \qquad (8-9)$$

式中　B——多年平均灌溉效益，元；

d_1、d_2——无灌溉项目和有灌溉项目时的多年平均减产系数；

　　A——项目控制的灌溉面积，亩；

　　Y——单位面积上农作物的产量，kg/亩；

　　SP——单位产量的影子价格，元/kg。

当灌溉工程兴建前、后的农业技术措施有较大变化时，式（8-9）需进一步乘以灌溉效益分摊系数 ε。

关于减产系数 d 的确定，引入

$$缺水系数 \beta=\frac{某生育阶段的缺水量}{作物在该生育阶段的需水量}$$

可根据调查或试验资料建立不同缺水时期的减产系数 d 与缺水系数 β 的关系，如图

8-2所示。根据缺水量计算缺水系数 β，进而按相应的缺水时期，查图8-2，则可得到减产系数 d。

需要说明，有些书籍，减产系数定义为农作物缺水后的实际亩产量与水分得到满足情况下的亩产量之比，其减产系数 d 与缺水系数 β 的关系线趋势与图8-2是不同的。本书依据《水利建设项目经济评价规范》（SL 72—2013）给出减产系数的定义式（8-8），易知，如果农作物不缺水，减产系数 $d=0$，缺水量越大，减产量越大，因而 β 越大，d 越大。

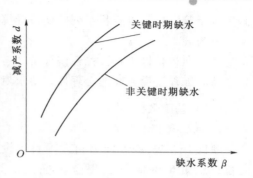

图8-2　减产系数与缺水系数关系示意图

对于经济作物、林、果、木、草等的灌溉效益计算，可用类似方法计算。

对于灌溉节水设施的效益，应按该节水设施可节省的水量，用于扩大灌溉面积或用于提供城镇用水等可获得的效益计算。

五、灌溉工程经济评价

对于具有综合利用功能的灌溉工程，应首先以项目整体进行国民经济评价和财务评价，然后，对项目各功能的方案进行评价、研究和比较。

对于灌溉工程的经济评价，包含国民经济评价和财务评价。进行国民经济评价步骤如下。

（1）计算灌溉工程应分摊的投资和专项工程投资。

（2）计算灌溉工程应分摊的年运行费和灌区的年运行费。

（3）计算灌溉工程国民经济效益。

（4）编制国民经济费用效益流量表，并按第四章所介绍的方法计算经济评价指标 $EIRR$、$ENPV$、R_{BC} 等，进而评价项目的经济合理性。

当进行财务评价时，按第五章所介绍的方法进行。若灌溉工程国民经济评价经济合理，而财务净现值 $FNPV<0$，财务内部收益率 $FIRR<i_c$，则应提出有效的改善措施，以便使工程在财务上可行。

六、灌溉工程国民经济评价案例

（一）概述

某地区为了减轻干旱威胁，防治河流山洪灾害，拟在 X 河上游修建水库，开发任务以灌溉为主，兼顾防洪。

该水库的流域面积为 $763km^2$，防洪库容 0.85 亿 m^3，兴利库容 1.95 亿 m^3，死库容 0.54 亿 m^3。规划灌溉面积 35 万亩，灌区开发前主要种植中稻和冬小麦，一年两熟。农作物生长需要的水量，除靠降雨补给外，还依赖于塘堰和小（1）型水库供水，由于塘库蓄水容积较小，一般连旱 25 天农作物产量就要大幅度下降，为了减轻该地区的干旱威胁，进行了该灌溉工程的规划工作。

根据塘堰、小（1）型水库等的当地径流量及 X 河坝址来水量，以及农作物历年的灌溉用水量等资料，进行长系列的调节计算。成果表明，水库具有多年调节性能，灌溉用水保证率为 80%。

经对项目整体进行国民经济评价，各项评价指标都是经济合理的，为了进一步论证项目中灌溉工程建设方案的合理性，要求对其进行国民经济评价。

（二）基础数据

1. 灌区规模和投产过程

灌区开发规模为 35 万亩。项目建设至第 4 年，水库开始蓄水，并有部分灌溉面积受益；至第 6 年枢纽工程全部完工，第 7 年灌区全面受益。灌区分年投产面积见表 8-2。

表 8-2   灌 区 分 年 投 产 面 积

年份	第1~3年	第4年	第5年	第6年	第7~46年
投产面积累计/万亩	0	5	12	25	35

2. 灌区农作物组成

根据灌区水资源、气候、土壤、劳力及种植习惯等条件，按照农业发展的要求，灌区农作物以稻麦倒茬为主，复种指数（复种指数＝播种面积/耕地面积）为 1.8，具体种植作物及种植百分比见表 8-3。

表 8-3   农 作 物 种 植 百 分 比

农作物名称	水稻	小麦	棉花	绿肥、油菜、蚕豆等	其他	合计
种植百分比/%	80	40	18	40	2	180

3. 计算期与社会折现率

根据工程建设资金及进度安排，其中建设期 6 年（包含 3 年运行初期）、正常运行期 40 年，故该灌溉工程计算期为 46 年。计算基准点为建设期第 1 年年初。根据《水利建设项目经济评价规范》（SL 72—2013），社会折现率取 8%。

4. 投资估算及资金来源

水利建设项目固定资产投资应包括主体工程和相应配套工程达到设计规模所需的全部建设投资。由于该水库服务于灌溉和防洪两个目标，所以对水库枢纽的共用工程还应进行投资分摊。按各部门所需库容分摊共用工程的投资，考虑到该项目开发目标以灌溉为主，故死库容全由灌溉部门承担，则灌溉部门分摊的比例为 (1.95＋0.54)/(1.95＋0.54＋0.85)＝2.49/3.34＝75%；防洪部门分摊的比例为 0.85/3.34＝25%。

灌溉工程分摊的概算固定资产投资见表 8-4 中第 2 列；用于国民经济评价进行调整的固定资产投资见表 8-4 中第 3 列。

项目建设资金 80% 为国家和地方的财政拨款，其余 20% 由中国建设银行贷款，流动资金由中国工商银行贷款。

全部建设资金分 6 年投入，年使用资金额按工程进度计划安排，为固定资产投资的 13%~20%，其结果详见国民经济评价费用效益流量表。

表 8 - 4　　　　　　　　　　**灌溉工程分摊的投资及投资调整结果**　　　　　　　　　　单位：万元

工程名称	调整前投资	调整后投资	说明
一、建筑工程	16901.5	16007	
1. 枢纽工程	7719.9	7110	
2. 配套工程	9181.6	8897	（1）表中调整后投资已剔除属于国民经济内部转移支付的投入资金及价差预备费等；
二、机电设备及安装工程	1570.9	1351	
三、金属结构及安装工程	2508.5	2205	（2）配套工程投资包括灌溉渠系（干、支、斗、农）及其上建筑物
四、临时工程	809.5	680	的全部建筑资金，田间工程如毛渠开挖、土地平整等费用均不在其内；
五、水库淹没补偿及渠道挖压占地补偿	1574.5	1606	
六、独立费用	474.2	460	（3）基本预备费按全部建设资金的
合计	23839.1	22309	10%计算
七、基本预备费	2383.9	2231	
总计	26223.0	24540	

（三）国民经济评价与敏感性分析

1. 费用计算

（1）固定资产投资。国民经济评价应从国家整体角度出发，采用影子价格来考察工程对国民经济的贡献，评价工程的经济合理性。工程投资需按影子价格进行调整，调整结果见表 8 - 4。表 8 - 4 中调整后投资栏内，已剔除了价差预备费及工程概（估）算中属于国民经济内部转移支付的国内贷款利息、税金等。

（2）年运行费。年运行费包括分摊给灌溉部门承担的枢纽工程年运行费和灌区年运行费，按经济性质分类，可归纳为如下几类。

1）职工薪酬。包括职工工资、职工福利费和"五险一金"、工会经费和职工教育等费用。根据类似灌区调查，一般每万亩需管理人员 4~6 人（含枢纽工程管理处负责灌溉管理人员），现以 5 人/万亩计，全灌区（含枢纽）定员为 175 人。人均年职工工资为 28000元，福利费按年工资的 14%计，"五险一金"、工会经费和职工教育等费用按职工工资的 50%计，合计人均职工薪酬为 45920 元/年，全灌区职工薪酬总额为 2.8×（1＋14%＋50%）×175＝803.6（万元/年）。

参照《水利建设项目经济评价规范》（SL 72—2013），影子工资换算系数采用 1.0，因此该灌溉工程调整后的职工薪酬为 803.6 万元/年。

2）材料、燃料动力费。包括灌溉工程进水闸、分水闸、节制闸等闸门启闭及少数局部高地提水灌溉等在运行和管理过程中所消耗的材料、油、电等费用。根据该灌区各种作物灌溉制度及水库供水量测算，全灌区多年平均的材料和燃料动力费按影子价格计算为 58.0 万元。

3）修理费。包括分摊给灌溉部门的枢纽共用工程，以及进水闸、分水闸、节制闸、灌溉渠道和渠系建筑物等的维修、养护和大修理费用。根据类似灌区调查和预测，年修理费约为固定资产投资的 2.5%，即 24540×2.5%＝613.5（万元/年）。

4）管理费及其他费用。包括清除或减轻项目带来不利影响所需补救措施的费用、日常行政开支、科学试验和观测以及其他经常性支出等费用。该项费用按职工薪酬、材料和燃料动力费、维护费等费用总和的 40% 估算，即 （803.6＋58.0＋613.5）×40%＝590.04（万元/年）。

因此，该灌溉工程正常运行期的年运行费为 2065.14 万元，平均每亩灌溉面积上的年运行费为 59.00 元。

（3）流动资金。参照类似工程分析，流动资金按年运行费的 10% 考虑，即 2065.14×10%＝206.51（万元/年）。

2. 效益计算

仅对灌区内需由该灌溉工程补水灌溉的作物，包括水稻、小麦、棉花等农作物计算灌溉效益；对于不需要该灌溉工程补水的绿肥、油菜、蚕豆及其他农作物，不考虑其灌溉效益。灌溉工程兴建后，对该地区带来的间接效益，如环境卫生条件的改善、水产养殖及乡镇企业的发展等，本次效益计算中均不予考虑。

（1）灌溉效益。分别计算该工程的多年平均灌溉效益、设计年灌溉效益、特别干旱年灌溉效益。

1）计算方法。采用分摊系数法计算灌溉效益。为了简化计算，按农作物主、副产品增产量及价格比例，把副产品增产量折算入主产品的增产量中进行计算。

农作物的灌溉效益等于规划区有、无该灌溉工程的增产值，乘以灌溉效益分摊系数计算。

2）农产品的影子价格。确定灌区稻谷影子价格为 1.34 元/kg，小麦影子价格为 1.48元/kg，棉花影子价格为 12.00 元/kg。

3）多年平均灌溉效益。根据拟建灌区工程前历年产量、附近灌区产量和小区灌溉试验产量等资料，分析各种农作物在有灌溉项目、无灌溉项目条件下的多年平均亩产量，进而确定多年平均情况下灌溉亩增产量，见表 8-5。灌溉效益多年平均分摊系数按附近地区试验成果选取。

表 8-5　　　　　　不同作物类型多年平均灌溉亩增产量及灌溉效益

项　目	水　稻		小　麦		棉花	合计
	有项目	无项目	有项目	无项目		
种植面积/万亩	28	28	14	14	6.3	
亩产量/kg	560	325	410	205		
亩增产量/kg	235.0		205.0			
灌溉效益分摊系数	0.40		0.30			
灌溉分摊的亩增产量/kg	94.0		61.5		15	
灌溉增产量/万 kg	2632		861		94.5	
灌溉效益/万元	3526.88		1274.28		1134.00	5935.16

由于棉花产量资料较少，不作详细分析，经调查并征得当地农业部门同意，棉花灌溉增产量按每亩 15kg 计算。

计算正常运行期不同作物的多年平均灌溉效益，见表 8-5 最后一行。以水稻为例说明计算方法。

正常运行期每年水稻的种植面积为

$$35×80\%＝28（万亩）$$

水稻灌溉效益＝灌溉分摊亩增产量×正常运行期每年水稻种植面积×稻谷影子价格

$$＝94×28×1.34＝3526.88（万元）。$$

同理，计算正常运行期小麦、棉花的灌溉效益分别为1274.28万元、1134.00万元。因此，该工程正常运行期的多年平均灌溉效益为5935.16万元。

4）设计年和特别干旱年灌溉效益。该灌溉工程的灌溉设计保证率为80%，根据该地区降雨资料分析，1989年作为设计保证率为80%的代表年。根据该设计代表年，分析计算有灌溉项目、无灌溉项目时灌溉亩增产量，以及枯水代表年灌溉分摊系数，见表8-6，计算正常运行期设计年灌溉效益为9234.40万元，为多年平均灌溉效益的1.56倍。

表8-6 不同作物类型设计年（1989年）灌溉亩增产量及灌溉效益

项 目	水 稻		小 麦		棉花	合计
	有项目	无项目	有项目	无项目		
亩产量/kg	560	210	410	160		
亩增产量/kg	350.0		250.0			
灌溉效益分摊系数	0.45		0.35			
灌溉分摊的亩增产量/kg	157.5		87.5		20	
灌溉增产量/万kg	4410		1225		126	
灌溉效益/万元	5909.40		1813.00		1512.00	9234.40

同理，根据该地区降雨资料分析，1972年、1978年年型相当于90%～95%的特别干旱年型，分析计算有灌溉项目、无灌溉项目时灌溉亩增产量，以及特别干旱年型灌溉分摊系数，计算正常运行期特别干旱年灌溉效益为11336.16万元（计算过程从略），为多年平均灌溉效益的1.91倍，为设计年灌溉效益的1.23倍。

（2）固定资产余值及流动资金的回收。根据该工程管理状况预测，固定资产余值按固定资产投资的8%计算，则固定资产余值为24540×8%＝1963.2（万元）。固定资产余值1963.2万元和流动资金206.51万元均应在计算期末一次回收，并计入工程的效益中。

3. 国民经济评价

根据上述费用、效益计算结果，编制国民经济评价费用与效益流量表，见表8-7，其中运行初期逐年的灌溉效益，根据正常运行期多年平均灌溉效益和表8-2灌区分年投产面积求得；流动资金在项目运行开始后的前4年内投入，每年投入的资金额根据表8-2中第4～7年中每年增加的灌溉面积占灌区面积的比例确定；运行初期逐年的年运行费，根据正常运行期年运行费和表8-2灌区分年投产面积求得。

依据现行规范取社会折现率8%，根据表8-7，计算经济净现值 $ENPV＝13268.08$ 万元；经济效益费用比 $R_{BC}＝1.37$；经济内部收益率 $EIRR＝13.21\%$。

该工程的经济净现值大于0，经济效益费用比大于1.0，经济内部收益率大于社会折现率8%，所以该工程国民经济评价经济合理。

表 8 - 7

国民经济评价费用效益流量表

单位：万元

序号	项目	建设期（含运行初期）			运行初期			正常运行期					合计
		第 1 年	第 2 年	第 3 年	第 4 年	第 5 年	第 6 年	第 7 年	第 8 年	…	第 45 年	第 46 年	
1	效益流量 B				847.88	2034.92	4239.40	5935.16	5935.16	…	5935.16	8104.91	246698.31
1.1	工程灌溉效益												
1.1.1	水稻				503.84	1209.22	2519.20	3526.88	3526.88	…	3526.88	3526.88	145307.46
1.1.2	小麦				182.04	436.90	910.20	1274.28	1274.28	…	1274.28	1274.28	52500.34
1.1.3	棉花				162.00	388.80	810.00	1134.00	1134.00	…	1134.00	1134.00	46720.80
1.2	回收固定资产余值											1963.20	1963.20
1.3	回收流动资金											206.51	206.51
2	费用流量 C	3231.00	4191.00	4680.00	4570.52	4962.35	5530.80	2124.14	2065.14	…	2065.14	2065.14	109830.27
2.1	固定资产投资	3231.00	4191.00	4680.00	4246.00	4213.00	3979.00						24540.00
2.2	流动资金				29.50	41.30	76.70	59.00					206.51
2.3	年运行费				295.02	708.05	1475.10	2065.14	2065.14	…	2065.14	2065.14	85083.77
3	净效益流量 B−C	−3231.00	−4191.00	−4680.00	−3722.64	−2927.43	−1291.40	3811.02	3870.02	…	3870.02	6039.73	136868.04
4	累计净效益流量	−3231.00	−7422.00	−12102.00	−15824.64	−18752.07	−20043.47	−16232.45	−12362.43	…	130828.31	136868.04	…

注　评价指标：经济内部收益率：$EIRR=13.21\%$；经济净现值（$i_s=8\%$）：$ENPV=13268.08$ 万元；经济效益费用比（$i_s=8\%$）：$R_{BC}=1.37$。

4．敏感性分析

本案例在国民经济评价投资增加 10％（需重新计算与之有关的年运行费、流动资金、回收固定资产余值、回收流动资金）、效益减小 10％的情况下，分别计算经济净现值及其对于投资和效益变化的敏感度系数，其结果见表 8-8。由表 8-8 数据可知，在投资增加 10％、效益减小 10％情况下，经济净现值均大于 0，国民经济评价均是经济合理的，并且由于本案例基本方案的经济净现值较大，因此该案例抗风险能力较强，但仍需对敏感性因素采取控制措施。由投资、效益的敏感度系数可知，效益的变化比投资的变化对经济净现值的影响更为敏感，尽管该工程方案抗风险能力较强，运行过程中仍应采取避免效益下降的措施。

表 8-8　　　　　　　　　　　　　**敏感性分析计算结果**

方案或影响因素	影响因素变化率/%	$ENPV$/万元	$\Delta ENPV$/万元	评价指标变化率（$\Delta ENPV/ENPV$）/%	敏感度系数
基本方案	0	13268.08			
投资	+10	10675.79	-2592.29	-0.20	-1.95
效益	-10	8340.04	-4928.04	-0.37	3.71

第二节　城镇供水工程的经济评价与案例

一、城镇供水的内容

城镇供水可分为工矿企业用水、综合生活用水、环境用水三部分，统称为给水。工矿企业用水指工矿企业生产过程和职工生活所需用的水。综合生活用水是指城镇居民生活用水和公共建筑用水的总称。公共建筑用水包括行政事业单位、学校、医院、商业、服务性行业及公益事业用水等。环境用水指市政绿化、河湖景观、洒扫道路等用水。工业用水量指工矿企业在生产过程中的总用水量，它包括制造、加工、冷却、空调、净化、洗涤、蒸汽等用水。工业用水量的大小与工业结构、产品种类、工艺流程、用水管理水平等因素有关。根据水量平衡关系，工业用水量等于耗水量、排水量、重复利用水量三者之和，也称为总用水量，即

$$Q_总 = Q_耗 + Q_排 + Q_重 \tag{8-10}$$

式中　$Q_总$——总用水量，在生产设备和工艺流程不变时可视为一定值；

$\quad\quad Q_耗$——耗水量，包括生产过程中蒸发、渗漏等损失的水量和产品带出的水量；

$\quad\quad Q_排$——排水量，指经过工业企业使用后，向外排放的水量；

$\quad\quad Q_重$——重复利用水量，包括使用二次以上用水量和循环用水量。

对于城镇供水工程，通常所说的供水量与工业企业总用水量是不同的，应加以区分。城镇供水工程的供水量是指工业生产中需要补充的新鲜水量，也称取用水量，记为 $Q_取$，应有

$$Q_取 = Q_耗 + Q_排 \tag{8-11}$$

易知，$Q_重$ 越大，$Q_取$ 越小。$Q_重$ 与 $Q_总$ 之比，称为重复利用率。

在计算城镇供水效益时，常用到万元产值取用水量，它与万元产值用水量是不同的，使用时需加以区分。

二、城镇供水系统的组成

　　城镇供水系统，也称为给水系统，是指由取水、输水、水质处理和配水等设施所组成的工程系统。图8-3、图8-4分别为地表水水源、地下水水源所组成的给水系统。

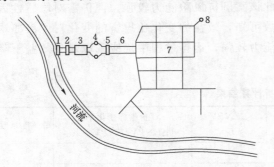

图8-3　地表水水源的给水系统
1—取水构筑物；2—一级泵站；3—水处理构筑物；
4—清水池；5—二级泵站；6—输水管；7—管网；
8—调节构筑物

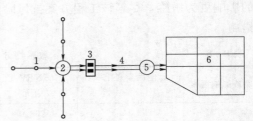

图8-4　地下水水源的给水系统
1—管井群；2—集水池；3—泵站；4—输水管；
5—水塔；6—管网

　　在供水系统中，包括水源工程、水厂工程、供水管网工程等。对于地表水取水系统，水源工程是将原水送入水厂的各工程的总称，包括水利枢纽或取水构筑物、一级泵站（取水泵站）、输水管道。对于地下水取水系统，水源工程即为地下水取水构筑，如管井群、大口井、渗渠等。水厂工程则包括了水处理构筑物、清水池、调节构筑物、二级泵站（送水泵站）等。供水管网将水厂处理后的水送至用户。

三、城镇供水工程的投资及年运行费

　　城镇供水工程的水源工程如为综合利用工程，则供水工程的投资包括应分摊的水源工程投资与供水工程专用工程投资之和，其专用工程投资包括取水构筑物、一级泵站（取水泵站）、输水管道、水厂工程、供水管网工程等工程投资；城镇供水工程的年运行费包括应分摊的水源工程的年运行费与供水工程的专用年运行费之和。各项投资均应按第二章固定资产投资构成，分项计算。资料具备时，应采用第二章介绍的分项计算法确定年运行费。对于输水工程和泵站工程，缺乏资料时，可采用不包括占地淹没补偿费用的固定资产原值为基数乘以费率的方法，确定年运行费中的工程维护费、管理费、固定资产保险费，各项费率的确定，与灌溉输水工程和泵站工程的情况相同，详见本章第一节。

　　城镇供水工程属经营性水利建设项目，兼有社会公益性质，其投资来源主要通过非财政性的资金渠道筹集，实行资本金制度，资本金比例一般不低于35%；具有城市供水功能的综合利用水利建设项目，资本金比例最少不得低于20%。城镇供水工程的运行维护管理费由企业经营收入支付。

四、城镇供水效益的表示方法

　　城镇供水工程的财务效益，即财务收入，指销售水利产品得到的收入。财务收入等于供水水价与供水量的乘积。

城镇供水工程的国民经济效益，指从国家角度，城镇供水工程向工矿企业和居民等用户供水可获得的效益，简称城镇供水效益。它与财务效益（财务收入）是不同的。

由于城镇生活供水的重要性和保证程度均高于工矿企业用水，故其经济效益应大于工矿企业供水效益，但目前尚无成熟的方法确定其经济价值，因此城镇生活用水效益的计算方法，与工矿企业用水相同。环境用水效益的计算方法也可与工矿企业用水相同。

与灌溉效益类似，城镇供水效益以多年平均效益、设计年效益和特大干旱年效益表示。

五、城镇供水效益的计算方法

城镇供水效益的计算采用最优等效替代法、分摊系数法、影子水价法等方法。

（一）最优等效替代法

最优等效替代法是把最优等效替代方案的年费用作为供水工程的年效益。最优等效替代工程方案，是指在同等程度满足某一部门要求的具有同等效益的许多替代方案中，在技术上可行、经济上最有利的替代工程方案。

最优等效替代法适用于水资源短缺、供需矛盾比较突出的地区。使用此法要注意，最优等效替代方案的选取，应具备与拟建项目具有相同的效果，并且一旦拟建项目不能实现时，是肯定将被采纳的替代方案。还应注意，拟建项目与最优等效替代方案费用、效益的计算口径应一致。

【例 8-2】 某市拟跨流域引水，年引水量 4000 万 m^3，最优等效替代工程为在本流域兴建两座小水库，其建设期 2 年，每年投资 8000 万元，建成后正常运行期 30 年，年运行费为 1800 万元，资金折现率 $i=8\%$。试计算跨流域引水工程的年效益、计算单方水的年效益。

解 利用式（2-33），计算折算年投资：

$$折算年投资 = [8000(1+8\%)+8000] \times [A/P, 8\%, 30] = 16640 \times 0.0888$$
$$= 1477.632（万元）$$

利用式（2-32），计算年费用：

$$年费用 = 折算年投资 + 年运行费 = 1477.632 + 1800 = 3277.632（万元）$$

按最优等效替代法可得，拟建跨流域引水工程的年效益为 3277.632 万元，该工程单方水的年效益为

$$3277.632 \times 10^4 / (4000 \times 10^4) = 0.82（元/m^3）$$

（二）分摊系数法

工业生产效益是包括供水在内的多生产要素共同作用的结果。分摊系数法就是把供水效益从工业总效益中分出来。引入供水效益的分摊系数，记为 α，是指实施城镇供水工程后，供水效益与供水范围内工矿企业增加的总产值之比，定义式为

$$\alpha = \frac{供水效益}{供水范围内工矿企业增加的总产值} \tag{8-12}$$

可见，欲求供水效益，关键是确定供水效益分摊系数 α。

实际工作中，按供水工程的费用现值占供水范围内工矿企业（含供水工程）的费用现值的比例计算分摊系数 α，则分摊系数法的计算式为

$$B = \frac{P_\text{水}}{P_\text{水+工}} \frac{W}{q} \tag{8-13}$$

式中　B——供水效益，万元；

　　$P_\text{水}$——供水范围内供水工程的固定资产投资、流动资金、年运行费的折算现值之和，万元；

　　$P_\text{水+工}$——供水范围内工矿企业（含供水工程）的固定资产投资、流动资金、年运行费的折算现值之和，万元；

　　W——供水工程的供水量，m^3；

　　q——供水范围内工矿企业的万元产值取水量，m^3/万元；$1/q$ 表示取用 1m^3 水进行生产，增加的总产值，万元。

分摊系数法适用于方案优选后的供水项目。由于此法存在供水项目投资越大，供水效益越大的不合理现象，故在进行供水项目不同方案比选时不宜用此法。

【例 8-3】　某拟建供水工程每年向 A 企业提供城镇供水量 3000 万 m^3，该企业万元产值取水量为 210m^3/万元，已确定供水工程的投资费用现值占供水范围内工矿企业（含供水工程）的投资费用现值的比例为 5%。试采用分摊系数法计算拟建供水工程的年供水效益。

解　由已知条件可知，供水效益分摊系数 $\alpha = 0.05$。利用式（8-13），得

$$B = 0.05 \times \frac{3000 \times 10^4}{210} = 7142.86（万元）$$

（三）影子水价法

城镇供水的影子水价，指城镇供水工程供 1m^3 水量为国家创造的经济价值，也即是水作为产出物的影子价格。影子水价法的计算式为

$$供水效益 = 影子水价 \times 供水量 \tag{8-14}$$

该法适用于已进行城镇供水影子水价研究取得合理成果的地区。

除上述方法外，计算城镇供水效益的方法，还有综合替代法、缺水损失法等。综合替代法是把采用兴建替代工程和实施节水措施相结合的综合替代措施所需的年费用作为拟建供水工程的年效益。缺水损失法是把兴建城镇供水工程后所减少的缺水损失作为拟建供水工程的年效益。

上述介绍了供水工程国民经济效益的计算方法。对于供水工程的国民经济评价和财务评价应分别按第四章、第五章的方法进行评价，此处不再赘述。需要指出的是，在进行经济评价时，效益与费用的口径要一致。若采用的是供水水源工程的费用，则应该相应供水水源工程的效益，一般按水源工程的年费用占整个供水系统的年费用的比例，分摊供水工程系统的供水效益求得。

六、城镇供水工程财务评价案例

某城市新材料产业园供水工程从黄河取水，供水对象为该工业园生产、生活用水。主

要工程设施包括取水管线与取水泵站、一级净水厂与加压泵站、输水管线、二级净水厂与给水泵站。根据用户需求，确定二级水厂的净化供水量为 1086.1 万 m³/年，并在此基础上，计入两级水厂的自用水量与水源至二级水厂的输水管道漏损水量（按二级净水厂净化供水量的 20% 计入），确定水源设计取水量为 1303.3 万 m³/年。

按 2018 年价格水平，经概算确定固定资产投资 26336 万元。建设期 3 年，第 4 年开始运营且达到设计供水量。

资金筹措及借款情况：该建设项目固定资产投资，由政府财政补助和企业自筹 9720 万元；向国内银行贷款 16836 万元，年利率 5.15%，根据贷款协议，建设期只计息，不还款，借款利息累计到建设期末，以后每年末等额还本，利息照付，至第 15 年末还清（从建设期第一年起算）。

按年运行费（见下述）的 8% 估算流动资金为 220 万元，拟全部按资本金筹集。

年度投资与资金筹措计划见表 8-9。

试对该建设项目的盈利能力进行评价。

表 8-9	年度投资与资金筹措计划						单位：万元
序号	项 目	年 份				合计	备 注
		1	2	3	4		
1	固定资产投资	10534	7901	7901		26336	
2	流动资金				220	220	
3	资金筹措	10534	7901	7901	220	26556	
3.1	用于建设投资的资本金	3800	2850	2850		9500	占固定资产投资的 36.07%
	用于流动资金的资本金				220	220	占流动资金的 100%
3.2	固定资产投资借款	6734	5051	5051		16836	占固定资产投资的 63.93%

（一）评价依据与计算参数

1. 评价主要依据

《建设项目经济评价方法与参数》（第三版）、《水利建设项目经济评价规范》（SL 72—2013）。

2. 主要参数

根据国家发展改革委、住房城乡建设部发布的《关于调整部分行业建设项目财务基准收益率的通知》（发改投资〔2013〕586 号）（见第五章表 5-6），确定融资前财务基准收益率为 4%；资本金税后财务基准收益率为 3%。参考典型调查数据，2018 年同类建设项目行业平均总投资利润率约为 6%，平均资本金净利润率约为 8%；投资方设定不超过 12 年（从建设期第 1 年起算）收回全部投资。

3. 正常运行期

正常运行期取 20 年，经济计算期 23 年。

（二）财务评价的内容与步骤

1. 项目借款还本付息的计算

项目借款还本付息的计算结果，见表 8-10，其计算方法已在第五章中学过了，此处不再赘述。

表 8-10 项目借款还本付息表 单位：万元

序号	项 目	年 份									
		1	2	3	4	5	6	...	13	14	15
1	年初借款本息累计	0	6907	12444	18266	16744	15222	...	4568	3046	1524
1.1	本金累计	0	6734	11785	16836						
1.2	建设期利息累计	0	173	659	1430						
1.3	本年借款	6734	5051	5051	0	0	0	...	0	0	0
1.4	本年应计利息	173	486	771	941	862	784	...	235	157	78
3	本年还本	0	0	0	1522	1522	1522	...	1522	1522	1524
4	本年付息	0	0	0	941	862	784	...	235	157	78

2. 固定资产原值的计算

该工程固定资产形成率按 96% 计，则固定资产原值为 $26336 \times 0.96 + 1430 = 26713$（万元）。

3. 年运行费与总成本费用的计算

总成本费用包括年运行费、年折旧费、摊销费、财务费用。

（1）年运行费的计算。依据《水利建设项目经济评价规范》（SL 72—2013）和已建类似工程资料分项确定。

1）材料费、燃料及动力费。该项目材料、燃料动力费主要指水厂液氯、混凝剂、电费和抽水电费等。借鉴类似工程数据，估算材料、燃料动力费总计 1302 万元。

2）修理费。该建设项目含多座泵站，修理费按固定资产原值的 1.5% 计算。修理费为 $26713 \times 1.5\% = 401$（万元）

3）职工薪酬。职工薪酬包括职工工资及福利费、"五险一金"、工会经费、职工教育经费等。通常按职工工资总额的 162% 计算。参考同类已建工程，该项目定员 60 人，按当地近三年平均工资水平，人均工资按 5 万元/年计算，则职工薪酬为 $5 \times 162\% \times 60 = 486$（万元）

4）管理费与其他费用。按职工薪酬的 1.0 倍计算，为 486 万元。

5）水资源费。工程所在地区水资源费征收标准为 0.04 元/m^3，水源设计取水量 1303.3 万 m^3/年，则水资源费为 $0.04 \times 1303.3 = 52$（万元）。

6）固定资产保险费。按固定资产原值的 0.1% 计算，固定资产保险费为 $26713 \times 0.1\% = 27$（万元）。

该工程无移民问题，也无淹没损失，因此不设置库区基金。

对上述 1）～6）项求和，得年运行费为 2754 万元。

（2）年折旧费的计算。综合考虑本项目土建工程、机电设备和金属结构所占比重，经分析确定年综合折旧率为 4.5%，则年折旧费为固定资产原值×年综合折旧率＝$26713 \times 4.5\% = 1202$（万元）。

（3）摊销费。本项目未单列无形资产，故无摊销费。

（4）财务费用的计算。本项目财务费用主要是利息支出，即表 8-10 中的"本年付息"一行相应数据。

（5）总成本费用的计算。运行期逐年总成本费用的计算结果，见表 8-11。总成本费用等于年运行费、年折旧费、摊销费、财务费用之和。为简洁起见，该表中用各项目所在行相应的序号代替相应项目的名称，则总成本费用的计算，表达为（1+2+3+4），见表 8-11 序号 5 所在行的第 2 列。本案例其他表中有关项目的计算方法及其相互联系，也采用这种表示方法。

表 8-11 　　　　　　　　总 成 本 费 用 计 算 表 　　　　　　　　单位：万元

序号	项　　目	运行期（年份）									合计
		4	5	…	14	15	16	17	…	22	23	
1	年运行费	2754	2754	…	2754	2754	2754	2754	…	2754	2754	55080
2	年折旧费	1202	1202	…	1202	1202	1202	1202	…	1202	1202	24040
3	摊销费	0	0	…	0	0	0	0	…	0	0	0
4	财务费用（利息支出）	941	862	…	157	78	0	0	…	0	0	6115
5	总成本费用（1+2+3+4）	4897	4818	…	4113	4034	3956	3956	…	3956	3956	85235

4. 流动资金的计算

采用扩大指标法确定流动资金。参照已建同类工程流动资金占年运行费的比例，按年运行费的 8% 计算，则流动资金为 2754×8%＝220（万元）。

5. 财务收入、税金与利润的计算

（1）水价测算。根据单位制水成本（年平均总成本费用/全年净化供水量）、销售税金及附加费率、供水利润率等因素，经测算，还贷期间水价为 5.73 元/m³，还贷结束后水价为 5.33 元/m³，上述水价均不含增值税。

（2）销售收入的计算。销售收入为年净化供水量（1086.1 万 m³）乘以水价，第 4～15 年，水价为 5.73 元/m³，第 16～23 年，水价为 5.33 元/m³，计算逐年销售收入见表 8-12。

（3）固定资产余值的计算。本工程运行期 20 年。回收固定资产余值为固定资产原值扣除在运行期内的年折旧费总和。因此固定资产余值为 26713－1202×20＝2673（万元）。

（4）销售税金及附加的计算。因本案例采用 2018 年价格水平年，故计算增值税时采用 2018 年城市自来水供水增值税税率 10%（见财税〔2018〕32 号文件），且由于规划设计阶段可以减扣的进项税额未知，故将销售收入的 10% 近似作为增值税额。城市维护建设税为增值税的 7%，教育费附加为增值税的 3%。因此，逐年的城市维护建设税及教育费附加，即销售税金及附加为：销售收入×10%×（7%＋3%）＝销售收入×0.01，计算结果见表 8-12。

（5）利润的计算与利润分配。编制损益表，即利润与利润分配表，见表 8-12。关于可供分配利润的分配，读者可结合图 2-3 加以理解。

需要说明，表 8-12 中，提取法定盈余公积金，根据《中华人民共和国公司法》规定，按照税后利润的10%提取；按企业投资协议，应付各投资方利润运行期每年按可分配利润的15%的比例分配。

在表8-12中，还列出息税前利润，它等于利润总额与利息支出之和，用以计算总投资利润率，见本案例第6部分；息税折旧摊销前利润，它等于息税前利润与折旧费、摊销费之和，用以计算偿债备付率，因本例仅进行盈利能力评价，故此处从略，请读者思考计算方法。

6. 项目盈利能力评价

(1) 全部投资的财务评价。全部投资的财务评价，不分投资资金来源，通过计算项目全部投资所得税前、所得税后的财务评价指标，考察项目全部投资的盈利能力。

编制全部投资的现金流量表，见表8-13。表8-13中调整所得税，根据式（5-2）计算；现金流出量、现金流入量的有关数据来自表8-11、表8-12。所得税前净现金流量等于现金流入量与现金流出量之差；所得税后净现金流量等于所得税前净现金流量与调整所得税之差。由所得税前、所得税后的净现金流量，计算相应的财务内部收益率、财务净现值和投资回收期，结果见表8-13。由计算结果可见，全部投资所得税前、所得税后的财务内部收益率均大于融资前财务基准收益率（4%）、财务净现值均大于0，表明该项目全部投资的盈利能力较好；所得税前和所得税后投资回收期分别为10.8年、12.3年，其中所得税后的值略大于投资方设定的12年收回全部投资的要求。

(2) 资本金财务评价。资本金财务评价，是在拟定的融资方案下，进行项目融资后的财务评价。通过计算项目资本金财务内部收益率，考察项目融资方案的可行性以及项目对投资者的盈利能力。

编制资本金现金流量表，见表8-14。该表的现金流入与表8-13的现金流入是相同的，而该表的现金流出与表8-13的现金流出不同。该表中现金流出的各项，依据表8-9～表8-12中相应数据确定。例如，借款本金偿还、借款利息支付，即为表8-10中序号3、序号4所在行的数据。根据该表中现金流入量、现金流出量，计算资本金净现金流量，并根据其计算资本金财务内部收益率为9.99%，远大于资本金税后财务基准收益率3%。因此，该项目融资方案可行，资本金盈利能力较好。

(3) 盈利能力静态评价指标的计算。根据表8-12中运行期逐年息税前利润，计算运行期内年平均息税前利润为2033万元。已知项目总投资为26336+1430=27766（万元）。则由式（5-21），计算总投资利润率 ROI 为7.3%，高于同类行业的平均总投资利润率6%。根据表8-12中运行期逐年税后利润即净利润，计算运行期内年平均净利润为1295.3万元。由表8-9得项目资本金为9500+220=9720（万元）。则由式（5-22），计算资本金净利润率 ROE 为13.3%，高于同类行业平均资本金净利润率8%。因此，由静态评价指标也表明，项目盈利能力较好。

7. 敏感性分析

在固定资产投资增加10%，且与其相关的项目（例如固定资产原值、年折旧费等）均随之变化后，在销售收入减小10%情况下，且与其相关的项目（例如销售税金及附加、调整所得税等）均随之变化后，分别计算其相应的现金流入、现金流出，进而计算财务评价指标 FIRR、FNPV，并进行敏感性分析。计算结果见表8-15、表8-16。

表 8-12　损益表（利润与利润分配表）

单位：万元

序号	项目	运行期（年份）																	合计
		4	5	6	7	8	9	10	11	12	13	14	15	16	17	...	22	23	
1	销售收入	6223	6223	6223	6223	6223	6223	6223	6223	6223	6223	6223	6223	5789	5789	...	5789	5789	120988
2	补贴收入																		
3	销售税金及附加（1×0.01）	62	62	62	62	62	62	62	62	62	62	62	62	58	58	...	58	58	1208
4	总成本费用	4897	4818	4740	4662	4583	4505	4426	4348	4270	4191	4113	4034	3956	3956	...	3956	3956	85235
5	利润总额（1+2-3-4）	1264	1343	1421	1499	1578	1656	1735	1813	1891	1970	2048	2127	1775	1775	...	1775	1775	34545
6	弥补亏损（前5年内）																		
7	应纳税所得额（5-6）	1264	1343	1421	1499	1578	1656	1735	1813	1891	1970	2048	2127	1775	1775	...	1775	1775	34545
8	所得税（7×25%）	316	336	355	375	395	414	434	453	473	493	512	532	444	444	...	444	444	8640
9	税后利润（5-8）	948	1007	1066	1124	1183	1242	1301	1360	1418	1477	1536	1595	1331	1331	...	1331	1331	25905
10	期初未分配利润（等于上一年度未分配利润）	0	725	1386	1993	2554	3076	3565	4026	4462	4877	5275	5658	6029	6143	...	6502	6545	
11	可供分配利润（9+10-6）	948	1732	2452	3117	3737	4318	4866	5386	5880	6354	6811	7253	7360	7474	...	7833	7876	
12	提取法定盈余公积金（9×10%）	95	101	107	112	118	124	130	136	142	148	154	160	133	133	...	133	133	2591
13	可分配利润（11-12）	853	1631	2345	3005	3619	4194	4736	5250	5738	6206	6657	7093	7227	7341	...	7700	7743	
14	应付各投资方利润（13×15%）	128	245	352	451	543	629	710	788	861	931	999	1064	1084	1101	...	1155	1161	16732
15	未分配利润（13-14）	725	1386	1993	2554	3076	3565	4026	4462	4877	5275	5658	6029	6143	6240	...	6545	6582	
16	息税前利润	2205	2205	2205	2205	2205	2205	2205	2205	2205	2205	2205	2205	1775	1775	...	1775	1775	40660
17	息税折旧摊销前利润	3407	3407	3407	3407	3407	3407	3407	3407	3407	3407	3407	3407	2977	2977	...	2977	2977	64700

注　该表中序号10、11、13、15相应项目已是累计值，因此不应再求相应行的合计值。

单位：万元

表 8-13　项目全部投资现金流量表

序号	项目	建设期			运行期												合计
	计算期（年份）	1	2	3	4	5	6	…	12	13	14	15	16	17	…	22	23	
1	现金流入（1.1+1.2+1.3+1.4+1.5）	0	0	0	6223	6223	6223	…	6223	6223	6223	6223	5789	5789	…	5789	8682	123881
1.1	销售收入				6223	6223	6223	…	6223	6223	6223	6223	5789	5789	…	5789	5789	120988
1.2	提供服务收入																	
1.3	补贴收入																	
1.4	回收固定资产余值																2673	2673
1.5	回收流动资金																220	220
2	现金流出（2.1+2.2+2.3+2.4+2.5）	10534	7901	7901	3036	2816	2816	…	2816	2816	2816	2816	2812	2812	…	2812	2812	82844
2.1	固定资产投资	10534	7901	7901														26336
2.2	流动资金				220													220
2.3	年运行费				2754	2754	2754	…	2754	2754	2754	2754	2754	2754	…	2754	2754	55080
2.4	销售税金及附加				62	62	62	…	62	62	62	62	58	58	…	58	58	1208
2.5	更新改造投资																	
3	所得税前净现金流量（1-2）	-10534	-7901	-7901	3187	3407	3407	…	3407	3407	3407	3407	2977	2977	…	2977	5870	41037
4	累计所得税前净现金流量	-10534	-18435	-26336	-23149	-19742	-16335	…	4107	7514	10921	14328	17305	20282	…	35167	41037	
5	调整所得税				551	551	551	…	551	551	551	551	444	444	…	444	444	10164
6	所得税后净现金流量（3-5）	-10534	-7901	-7901	2636	2856	2856	…	2856	2856	2856	2856	2533	2533	…	2533	5426	30873
7	累计所得税后净现金流量	-10534	-18435	-26336	-23700	-20844	-17988	…	-852	2004	4860	7716	10249	12782	…	25447	30873	

计算指标：

全部投资财务内部收益率：所得税前 9.64%；所得税后 7.59%；

全部投资财务净现值（$i_c=4\%$）：16083万元；9826万元；

全部投资回收期：10.79年；12.30年

表 8-14

资 本 现 金 流 量 表

单位：万元

序号	项 目	建设期 1	2	3	运行期 4	5	6	…	12	13	14	15	16	17	…	22	23	合计
1	现金流入 (1.1+1.2+1.3+1.4+1.5)	0	0	0	6223	6223	6223	…	6223	6223	6223	6223	5789	5789	…	5789	8682	123881
1.1	销售收入				6223	6223	6223	…	6223	6223	6223	6223	5789	5789	…	5789	5789	120988
1.2	提供服务收入																	
1.3	补贴收入																	
1.4	回收固定资产余值																2673	2673
1.5	回收流动资金																220	220
2	现金流出 (2.1~2.8之和)	3800	2850	2850	5815	5536	5477	…	5125	5066	5007	4950	3256	3256	…	3256	3256	99029
2.1	用于建设投资的资本金	3800	2850	2850														9500
2.2	用于流动资金的资本金				220													220
2.3	借款本金偿还				1522	1522	1522	…	1522	1522	1522	1524	0	0	…	0	0	18266
2.4	借款利息支付				941	862	784	…	314	235	157	78	0	0	…	0	0	6115
2.5	年运行费				2754	2754	2754	…	2754	2754	2754	2754	2754	2754	…	2754	2754	55080
2.6	销售税金及附加				62	62	62	…	62	62	62	62	58	58	…	58	58	1208
2.7	所得税				316	336	355	…	473	493	512	532	444	444	…	444	444	8640
2.8	更新改造投资																	
3	净现金流量 (1-2)	-3800	-2850	-2850	408	687	746	…	1098	1157	1216	1273	2533	2533	…	2533	5426	24852

计算指标：

资本金财务内部收益率：9.99%

表 8 - 15　　　　　　　投资与销售收入变化对 *FIRR* 影响的敏感性分析

评价指标	方案或影响因素	影响因素变化率/%	*FIRR*/%	Δ*FIRR*/%	评价指标变化率(Δ*FIRR*/*FIRR*)/%	敏感度系数
所得税前财务内部收益率*FIRR*	基本方案	0	9.64			
	投资	10	8.34	-1.3	-13.49	-1.35
	销售收入	-10	7.26	-2.38	-24.69	2.47
所得税后财务内部收益率*FIRR*	基本方案	0	7.59			
	投资	10	6.54	-1.05	-13.83	-1.38
	销售收入	-10	5.67	-1.92	-25.30	2.53

表 8 - 16　　　　　　　投资与销售收入变化对 *FNPV* 影响的敏感性分析

评价指标	方案或影响因素	影响因素变化率/%	*FNPV*/万元	Δ*FNPV*/万元	评价指标变化率(Δ*FNPV*/*FNPV*)/%	敏感度系数
所得税前财务净现值*FNPV*	基本方案	0	16083			
	投资	10	13238	-2845	-17.69	-1.77
	销售收入	-10	8801	-7282	-45.28	4.53
所得税后财务净现值*FNPV*	基本方案	0	9826			
	投资	10	7468	-2358	-24.00	-2.40
	销售收入	-10	4364	-5462	-55.59	5.56

由表 8 - 15、表 8 - 16 可见，当固定资产投资增加 10%，或销售收入减小 10% 的情况下，该建设项目盈利能力仍满足要求。

由表 8 - 15、表 8 - 16 中敏感度系数可见，投资和销售收入两个不确定因素中，销售收入是最敏感因素。该工程运行过程中要从净供水量、水价两方面入手采取避免销售收入下降的措施。

8. 财务评价结论

在完成财务评价的各项分析之后，应对各项财务评价指标进行汇总，并结合不确定性分析成果，作出项目财务评价的结论。

将该项目所得税后盈利能力财务评价指标进行汇总，结果见表 8 - 17。

表 8 - 17　　　　　　　　　盈利能力财务评价指标汇总表

序号	项　目	数值	比 较 基 准 值
1	全部投资所得税后财务内部收益率/%	7.59	融资前财务基准收益率 4%
2	全部投资所得税后财务净现值/万元	9826	财务净现值大于或等于 0
3	全部投资所得税后静态投资回收期/年	12.3	投资方设定不超过 12 年
4	资本金财务内部收益率/%	9.99	资本金财务基准收益率 3%
5	总投资利润率/%	7.3	同行业平均总投资利润率约 6%
6	资本金净利润率/%	13.3	同行业平均资本金净利润率约 8%

该项目所得税后投资回收期略大于投资方的设定值，除此之外，由其余各项盈利能力指标表明，该项目盈利能力较好。因此总体而言，该项目的盈利能力在财务上是可行的，且敏感性分析表明该项目抗风险能力较强。此外，该项目运行期间逐年税后利润均为正值；经比较，水价不高于所在地区同类工程同类工业生产项目的平均水价，具有一定的竞争力。

思考题与技能训练题

【思考题】

1. 简述灌溉工程效益的定义、表示方法。

2. 解释名词：减产系数、缺水系数。

3. 如何确定灌溉工程效益分摊系数？

4. 确定灌溉工程效益有哪些方法？试写出各种方法的计算式，并解释式中各符号的含义。

5. 城镇供水工程系统的投资、年运行费包括哪些？

6. 城镇供水工程的财务效益与国民经济效益（也称为城镇供水效益）有何区别？城镇供水效益有哪些计算方法？试简述最优等效替代法、分摊系数法。

【技能训练题】

1. 某市计划跨区域引水修建供水工程。该供水工程的年效益是以开采当地地下水和海水淡化两项替代措施的年费用表示。开采当地地下水年水量 6000 万 m^3，工程投资 5 亿元，建设期 5 年，各年按等额投入，年运行费 5000 万元；海水淡化年水量 600 万 m^3，工程投资 1 亿元，建设期 5 年，各年按等额投入，年运行费 600 万元。设两项替代措施的正常运行期均为 30 年，社会折现率 $i_s = 8\%$，试求该市供水工程的年效益、单位水量的年效益。

2. 基本资料见第二章技能训练题第 3 题。按贷款协议，建设期借款在项目开始运行后的 8 年内还清，且采用等额还本利息照付方式还款，已求得第 3～10 年逐年付息额见表 8-18。该项目运行期 20 年，流动资金 150 万元。财务基准收益率为 4%，投资方希望的静态投资回收期不超过 12 年（从建设期第 1 年年初起算）。试对该项目进行全部投资所得税后财务评价。

表 8-18　　　　　　　　技能训练第 2 题第 3～8 年逐年付息额

年　份	3	4	5	6	7	8	9	10
本年付息/万元	93.67	81.96	70.25	58.54	46.83	35.13	23.42	11.71

第九章　水力发电工程经济评价

[学习指南] 本章学习重点是水力发电工程的国民经济效益和财务效益（财务收入）的计算方法、中小型水力发电工程的经济评价方法。为突出应用，本章列举了小型水力发电工程经济评价案例，读者可根据此案例学习水力发电工程经济评价中相关经济要素、经济参数的确定方法、国民经济评价与财务评价的步骤与方法，以及相关规范的应用。本章学习目标如下。

（1）掌握水力发电工程的国民经济效益和财务效益（财务收入）的概念、计算方法。

（2）能初步进行中小型水力发电工程的经济评价。

第一节　概　　述

水能是指水体所具有的位能、动能和压能。据最新统计数据，我国水能资源的理论蕴藏量为 6.89 亿 kW，技术可开发量为 4.93 亿 kW，蕴藏量和可开发量均居世界首位。

水力发电工程（也称为水电工程、水电站）是开发水能、水力发电的工厂，其所有发电机机组铭牌出力（功率）之和称为装机容量，记为 N_y。水电站装机容量包括必需容量、重复容量。必需容量包括工作容量、负荷备用容量、事故备用容量、检修备用容量。重复容量是指调节性能较差的水电站，为减少丰水期弃水，多发季节性电能而增设的容量。

与化石能源（主要指煤炭、石油和天然气）相比，开发水电对减少碳及各种污染物的排放，成效十分显著。水电是我国应用最广、成本最低的可再生能源。截至 2022 年年底，我国各种能源发电总装机 25.64 亿 kW，其中水电装机达 4.135 亿 kW，已连续 18 年稳居全球首位，占各种能源发电总装机量的 16.1%，在非化石能源中占比最高，是仅次于煤炭的第二大能源，为能源绿色低碳转型提供了强大支撑，我国实现 2030 年非化石能源占比达到 25% 的目标，离不开水电。

按装机容量规模划分，$N_y \geqslant 30$ 万 kW 为大型水电站；5 万 kW $\leqslant N_y < 30$ 万 kW 为中型水电站；$N_y < 5$ 万 kW 为小型水电站。小型水电站建设项目包括装机容量 5 万 kW 以下的水电站和其配套电网的新建、改建、扩建、复建、更新改造项目，以及主要由中小水电站网供电的县级农村电气化规划项目。

利用水能发电与用其他燃料或原料相比，具有如下主要特点。

（1）水能具有可再生性，清洁不污染环境，可以综合利用，发电成本低。

（2）水力发电的主要设备有水轮机、发电机及其附属设备等，其运行灵活，启动迅速，水电机组从开机到满负荷运行只需几分钟，能适应变动的负荷。因此，水力发电工程可承担电网调峰、调频、调相及事故备用的任务。

（3）水力发电要有挡水建筑物及水库建设占地淹没迁移费用，通常工程总投资较大，但水电站的机电设备投资与火电站的相比，要小得多。

（4）水作为水力发电的发电原料，比消耗燃料发电的火电站年运行费用低；水电站的厂用电比火电站的要小，火电站的厂用电量是水电站的 1.05～1.10 倍。

因此，条件具备时应修建具有综合利用功能的水力发电工程，并贯彻党的二十大报告中提出的"统筹水电开发和生态保护"的方针。

第二节 水力发电工程的投资与年运行费

一、水力发电工程的投资

水力发电工程一般包括水源工程（闸、水库等）、引水建筑物、输水建筑物、发电主副厂房及机电设备、输变配电（输电、变电、配电）配套工程等。

水力发电工程固定资产投资构成与第二章所学内容相同。

对于多目标综合利用的水力发电工程，其水源工程，如水库区、大坝、溢洪道等为共用工程，而引水建筑物、输水建筑物、发电主副厂房及机电设备等则为水力发电专用工程。水力发电工程的投资应包括应分摊的水源工程投资与发电专用工程投资之和。对于发电与供电一体的建设项目，计算水力发电工程的专用工程投资时，应计入输变配电配套工程的全部投资；对于只发电不供电的建设项目，计算专用工程投资时不计入输变配电配套工程的投资，仅计入联网工程的投资。

投资的分摊原则与方法，详见第六章。对于小水电，投资分摊还应符合以下原则。

（1）以小水电开发为主兼有综合利用，且水利设施增加的费用和相应的效益均较小的情况，投资可不做分摊，全部计入小水电项目。

（2）以水利开发为主兼有小水电开发时，小水电应按收益比例分摊共用设施投资。

（3）小水电开发和水利开发各占相当比例时，应按相应比例分摊投资。

对投资分摊结果应进行合理性检查：任何一个受益部门所承担的投资，不应大于本部门建设最优等效替代工程的投资。各受益部门所承担的投资不应小于可分离投资或专用投资。各部门所承担的投资应具备合理的经济效果。如发现分摊结果不合理，应进行适当调整，直至合理为止。

水力发电工程基建投资的构成比例，一般永久性建筑工程占 32%～45%，机电设备购置与安装费占 18%～25%，该项的主要投资为水轮发电机组和升压变电站，其单位千瓦投资主要与机组类型、单机容量大小和设计水头等因素有关；临时工程投资占 15%～20%，其中主要为施工队伍的房建投资和施工机械的购置费；建设占地及库区移民安置等费用共占 10%～35%，这与库区移民安置方式、水库淹没的具体情况、补偿标准等因素有关。水电站单位千瓦投资与电站建设条件及物价水平有关，如 20 世纪 90 年代约为 5000 元/kW，目前约为 1 万元/kW。

二、水力发电工程的年运行费与年费用

年运行费的构成与分项计算方法详见第二章。对于综合利用的水力发电工程，年运行费应包括应分摊的水源工程的年运行费与水力发电工程的专用年运行费之和。水力发电工

程年运行费的分摊方法与投资分摊方法相同。

对于发供电一体的建设项目，水力发电工程的专用年运行费应计入输变配电配套工程的年运行费，即由发电和供电年运行费组成，其中供电年运行费可按所在电网上一年单位供电量的年运行费乘以建设项目的售电量计算。对于只发电不供电的建设项目不计入输变配电配套工程的年运行费。

在经济评价中，常用年费用反映水力发电工程所需费用的大小。

（1）当进行静态经济分析时，水力发电工程的年费用为年折旧费与年运行费之和，即

$$年费用＝年折旧费＋年运行费 \tag{9-1}$$

其中　　　　　　　　年折旧费＝固定资产原值×年综合折旧率

年综合折旧率按第二章式（2-19）计算，也可忽略固定资产净残值，按固定资产综合折旧年限的倒数计算。

（2）当进行动态经济分析时，水力发电工程的年费用为固定资产原值的本利年摊还值与年运行费之和，即

$$年费用＝K_水[A/P,i,n]＋年运行费 \tag{9-2}$$

式中　　　　$K_水$——折算到正常运行期第 1 年年初的水力发电工程的固定资产原值；

$[A/P,i,n]$——本利摊还因子；

i——折现率，当进行国民经济评价时，为社会折现率 i_s；当进行财务评价时，为财务基准收益率 i_c；

n——水力发电工程的正常运行期。

进行国民经济评价时，固定资产投资、年运行费均按影子价格计算，且固定资产原值中不包括国内贷款利息。

水电站的正常运行期，大中型水电站为 30～50 年，当取 50 年时，应考虑机电设备及金属结构等重置投资；小型水电站机电设备的折旧年限为 20 年，当正常运行期采用 20 年时，其他固定资产折旧年限大于 20 年，故应在计算期末回收其余值。

第三节　水力发电工程的经济效益

一、水力发电工程的国民经济效益

水力发电工程的国民经济效益，简称水力发电效益或水电站发电效益，是指从国家的角度，水力发电工程向电网或用户提供容量和电量所获得的效益。可采用最优等效替代法、影子电价法计算水力发电效益。

（一）最优等效替代法

最优等效替代法是用同等程度满足电力系统需要的最优替代电站的年费用，作为水力发电项目的年效益。此法是大中型水电站常用的方法。

使用此法的关键是最优等效替代电站的确定。等效替代电站有其他水电站、火电站、核电站、地热电站等，或上述几种不同形式的电站的组合方案。根据目前大多数国家的经济与商业模式，火电无疑是水电的主要竞争者，当水电站的最优替代方案是火电站时，该

水电站国民经济年效益 $B_水$ 等于按影子价格求得的火电站的年费用 $NF_火$，即

$$B_水 = NF_火 = K_火 \times [A/P, i_s, n] + 火电站的年运行费 \tag{9-3}$$

式中　　　$K_火$——折算到正常运行期第一年年初的火电站固定资产原值（不计国内贷款利息）；

$[A/P, i, n]$——本利摊还因子；

n——火电站经济寿命，一般采用 25 年；

i_s——社会折现率。

火电站的年运行费包括固定年运行费和年燃料费。固定年运行费主要包括火电站的大修理费、维修费、材料费、工资及福利费、水费（冷却用水等）以及行政管理费等。固定年运行费可分项计算。当缺乏资料时，可按火电站的固定年运行费为投资的 6% 左右估算。火电站的年燃料费，主要与年发电量、单位发电量的标准煤耗、煤的到厂价格等因素有关。

需要注意的是，当水电站的最优替代方案是火电站时，由于水电站、火电站运行的特点不同，火电站的容量应是水电站容量的 1.1 倍，火电站的电量应是水电站电量的 1.05～1.06 倍，才能使水电站、火电站方案等效。

（二）影子电价法

影子电价法是指按拟建水力发电项目提供的有效电量、影子电价等因素，计算水力发电效益的方法。在《小水电建设项目经济评价规程》（SL/T 16—2019）中，将计算国民经济效益的电价称为测算价格。

有效电量是指通过系统负荷预测，系统电力电量平衡计算，计入设备检修及设备事故因素，计算出的可为用户或电力系统利用的发电量。小型水电站可由多年平均发电量乘以有效电量系数求得。《小水电建设项目经济评价规程》（SL/T 16—2019）中给出了不同调节性能小型水电站的有效电量系数的取值。

对于只发电不供电的建设项目，年效益 $B_水$ 为发电效益，按式（9-4）计算，且当水电站联网有线路工程时，有效电量应减去相应线损电量。

$$B_水 = E_t(1-r)P_1 \tag{9-4}$$

9-1　《小水电建设项目经济评价规程》⑰

式中　E_t——水电站第 t 年的有效电量，可各年均采用其多年平均值，kW·h；

r——水电站厂用电率，即水电站自身用电量与有效电量的百分比，可根据建设项目具体情况或参照类似已建工程的统计资料分析确定；

P_1——上网影子电价，元/(kW·h)。

应强调指出，式（9-4）适用于只发电不供电的建设项目，即水电站的投资和年运行费中只包含水电站和联网工程部分的情况，这样效益与费用的计算口径一致。也就是说，使用影子电价法时，电量与价格必须相对应，式（9-4）中电量 $E_t(1-r)$ 是上网电量，与上网影子电价相对应。

对于发电与供电统一核算的建设项目，水电站的年效益 $B_水$ 则表现为供电收益，$B_水$ 的计算式为

$$B_水 = E_t(1-r)(1-\beta)P_2 \tag{9-5}$$

式中　β——网损率，根据所在电网的实际综合网损率，并适当考虑在建设期间电网改进

管理工作、减少网损等因素确定；

P_2——供电到用户的影子电价，元/(kW·h)；

其他符号含义同前。

需要指出的是，若拟建水电站的兴建使电力系统内其他电站存在由季节性电能变为保证电能的电量（前者电价低于后者电价），则在式（9-4）、式（9-5）基础上应计入其增加的效益；对于梯级水电站，还应考虑因本级水电站建设可增加或减少的其他梯级电站的效益。

使用影子电价法的关键在于合理确定影子电价。影子电价应由主管部门根据长远电力发展规划统一进行预测。在国家和地区未明确颁布影子电价的情况下，影子电价可通过测算电网或用电户可接受的电价，即按支付意愿法测定的电价进行分析确定；也可按成本分析法计算影子电价。考虑到影子电价计算比较复杂，一般在大中型常规水电站（一般指抽水蓄能电站和潮汐电站以外的水电站）的国民经济评价中不采用影子电价法，而《小水电建设项目经济评价规程》（SL/T 16—2019）指出，小型水电站的国民经济评价采用此法，并采用建设项目所在电网不同规模、不同性质水电站平均上网电价、综合售电价分别作为式（9-4）、式（9-5）中上网影子电价、供电到用户的影子电价。

二、水力发电工程的财务效益

水力发电工程的财务效益，即财务收入，指水力发电工程发电收入和提供服务所获得的收入。包括电量效益和容量效益（容量效益＝必须容量×容量价格）。目前主要计算电量效益，即发电收入。

对于只发电不供电的水电项目，按式（9-6）计算发电收入，且当水电站联网有线路工程时，有效电量应减去相应线损电量。

$$发电销售收入＝E_t(1-r)×计算电价 \qquad (9-6)$$

式（9-6）中计算电价应采用当地上网电价，其他符号含义同前。

对于发电与供电统一核算的建设项目，按式（9-7）计算供电销售收入，即

$$供电销售收入＝E_t(1-r)(1-\beta)×计算电价 \qquad (9-7)$$

式（9-7）中计算电价应采用售电价，其他符号含义同前。

当需要在满足还贷要求下，反算电价时，式（9-6）、式（9-7）中的计算电价则分别为满足还贷条件的预测上网电价、预测售电电价。

第四节　水力发电工程经济评价的内容与案例

一、水力发电工程经济评价的内容与有关参数

水力发电工程经济评价分为国民经济评价、财务评价及不确定性分析。国民经济评价方法与采用的经济评价指标及参数与第四章所学内容相同；财务评价方法与采用的财务评价指标与第五章所学内容相同。关于不确定性分析，对于一般水力发电建设项目可以只进行敏感性分析、盈亏平衡分析，对于重要的水力发电建设项目，或敏感性因素对经济或财务评价指标影响较为突出的水力发电建设项目，应进一步进行风险分析，确定经济不合理或财务不可行的可能性，为建设项目决策提供依据。对于小型水电站项目的财务评价，

《小水电建设项目经济评价规程》（SL/T 16—2019）指出，除计算盈利能力和偿债能力指标外，尚应计算单位千瓦投资、单位电能投资、单位电能成本等技术经济指标，并与所在电网同类工程的相应指标比较，作为参考指标。

当财务评价和国民经济评价的结论均可行时，建设项目经济评价可行；当财务评价和国民经济评价的结论均不可行或财务评价可行而国民经济评价不可行时，建设项目经济评价不可行；国民经济评价可行，而财务评价不可行时，考虑水力发电项目是属于关系到公共利益和国家安全的经济和社会发展项目，故应重新考虑方案，可提出经济与财税优惠措施、调整电价等建议，使项目在财务上可行。

水力发电建设项目的财务基准收益率，按国家发展改革委、住房城乡建设部发布的《关于调整部分行业建设项目财务基准收益率的通知》（发改投资〔2013〕586 号）选取，见第五章表 5-6。

对于小水电建设项目，经相关部门调查和测算后，现行《小水电建设项目经济评价规程》（SL/T 16—2019）规定，项目资本金税后财务基准收益率宜为 8%，全部投资财务基准收益率可在考虑资金成本的基础上综合分析确定。

二、水力发电工程经济评价案例

现以一小水电建设项目为例，说明水电建设项目经济评价的具体步骤。

XH 水电站位于农村，为一引水式水电站，装机容量为 1200kW，选择 3 台 400kW 机组。多年平均年发电量为 590.5 万 kW·h。建设期 2 年。该电站建成后，通过附近的变电站并网，即属于只发电不供电的建设项目。试对 XH 水电站进行经济评价。

（一）经济评价主要依据

（1）《水利建设项目经济评价规范》（SL 72—2013）。

（2）《建设项目经济评价方法与参数》（第三版）。

（3）《小水电建设项目经济评价规程》（SL/T 16—2019）。

（4）水利部及地方政府下发的上网电价等有关文件。

（二）计算参数和计算条件

依据国家发展改革委、住房城乡建设部发布的《关于调整部分行业建设项目财务基准收益率的通知》（发改投资〔2013〕586 号）、《小水电建设项目经济评价规程》（SL/T 16—2019），全部投资财务基准收益率 $i_c=7\%$，资本金税后财务基准收益率为 8%。社会折现率 $i_s=8\%$。经调查，该项目所在地区水电行业总投资利润率一般为 10%。

考虑小水电机电设备的折旧年限为 20 年，故正常运行期采用 20 年，其他设施和设备折旧年限大于 20 年的，在计算期末回收其余值。因此，计算期为 22 年。折现计算的基准点定在建设期的第 1 年年初，各项效益和费用均按年末发生和结算。

（三）财务评价

1. 投资概算结果与投资来源

按 2017 年价格水平，经投资概算得：该工程固定资产投资为 1259.09 万元。该水电站无移民问题，也不存在占地淹没补偿费。该水电站为股份投资，资金来源为政府部门支持及企业自筹，其中中央补贴 251.82 万元，占总投资的 20%；省配套 251.82 万元，占总投资的 20%；企业自筹 755.45 万元，占总投资的 60%；无借款。故总投资等于固定资产投资 1259.09 万元。该工程固定资产形成率按 100% 计，因此固定资产原值等于总投资。

根据施工组织设计建设进度安排，固定资产投资第 1 年、第 2 年的投入比例分别为 40%、60%，即第 1 年、第 2 年分别投入 503.64 万元、755.45 万元。

2. 年运行费与总成本费用的计算

依据《水利建设项目经济评价规范》（SL 72—2013）、《小水电建设项目经济评价规程》（SL/T 16—2019）、《农村水电站岗位设置及定员标准》（2003 年）进行计算。

（1）年运行费的计算。

1）职工薪酬。按照《农村水电站岗位设置及定员标准》规定，该水电站等级划分为Ⅳ等，其岗位设置及定员人数见表 9-1。由表 9-1 可知，该电站职工定编定员人数应为 6～12 人。以下按 9 人计算职工薪酬。按当地近三年平均工资水平，职工人均工资 3 万元/年，职工福利费、"五险一金"、工会经费、职工教育经费等为工资总额的 62%，即职工薪酬为工资总额的 162%，计算得

$$职工薪酬 = 3 \times 162\% \times 9 = 43.74（万元）$$

表 9-1　　　　　　　　　XH 水电站岗位定员人数表

机构名称		序号	岗位名称	岗位定员人数
单位负责		1	站长或总经理	1
		2	生产技术负责	
		3	资产财务负责	
职能机构	综合事务部	4	主任或部门经理	1～2
		5	人力资源管理	
		6	文秘与档案管理	
		7	事务管理	
		8	会计	
		9	出纳	
	生产部	10	主任或部门经理	0～1
		11	计划、统计及设备管理	
		12	机械技术管理	
		13	电气技术管理	
		14	水工及金属结构技术管理	
		15	安全监察	
		16	信息自动化技术管理	
班组		17	运行值长	4～8
		18	运行值班员	
		19	水工及金属结构值班员	
合　计				6～12

2）材料费、燃料及动力费。以装机容量为基数，按 8 元/kW 计算。材料费、燃料及动力费为 8×1200＝9600（元）。

3）修理费。按不含占地淹没补偿费的固定资产原值的 1% 计算，修理费为 1259.09×1%＝12.59（万元）。

4）管理费与其他费用。管理费包括差旅费、办公费、咨询费、审计费等费用，其他费用包括工程观测费、水质监测费、临时设施费等费用。借鉴当地同类电站近几年的统计资料，以装机容量为基数，按 30 元/kW 计算，则管理费与其他费用为 30×1200＝36000（元）。

5）水资源费。该水电站为引水式水电站，多年平均年发电量为 590.5 万 kW·h。根据电站所在地区水力发电水资源费征收标准，发电用水按 0.002 元/（kW·h）计算，则水资源费为平均每年 1.18 万元。

6）固定资产保险费。按固定资产原值的 0.05% 计算，固定资产保险费为 1259.09×0.05%＝0.63（万元）。

该引水式水电站，无移民问题，也无淹没损失，因此不设置库区基金。对上述 6 项求和，得年运行费为 62.70 万元。

（2）年折旧费的计算。年折旧费采用平均年限法，并按年综合折旧率计算。依据《小水电建设项目经济评价规程》（SL/T 16—2019）中各类固定资产的折旧年限以及该工程相应的各类固定资产投资，利用式（2-19）测算年综合折旧率为 3.5%，据此计算年折旧费为 1259.09×3.5%＝44.07（万元）。

（3）总成本费用的计算。该工程未单列无形资产，故无摊销费；无贷款，财务费用可忽略不计。因此，运行期每年总成本费用为年运行费与年折旧费之和，等于 106.77 万元。

3. 流动资金的计算

水电建设项目流动资金可按每千瓦装机容量的 10～15 元计算。本案例取 15 元/kW，故计算流动资金为 1.8 万元，在正常运行期的第 1 年投入，到计算期末一次回收。

4. 财务收入、税金与利润的计算

（1）财务收入的计算。

1）发电销售收入。该水电站多年平均年发电量为 590.5 万 kW·h，且为无调节的并网电站，依据《小水电建设项目经济评价规程》（SL/T 16—2019），有效电量系数取 0.9，则水电站年有效电量为 531.45 万 kW·h。厂用电率为 0.5%，电站到电网之间的输电线路较短，忽略输电线路损失，则上网电量为 531.45×（1−0.5%）＝528.79（万 kW·h）。该水电站所在电网上网电价为 0.45 元/kW·h（不含增值税），则依据式（9-6）计算该电站发电销售收入为 237.96 万元。

2）回收固定资产余值。本工程运行期 20 年。回收固定资产余值为固定资产原值扣除在运行期内的年折旧费总和。因此固定资产余值为 1259.09−44.07×20＝377.69（万元）。

（2）销售税金及附加的计算。该电站不含增值税的发电收入为 237.96 万元，故应征收增值税的财务收入小于 500 万元，根据财税〔2018〕33 号文件，该电站属于小规模纳税人，可按简易办法计算增值税。小规模纳税人增值税征收率为 3%，则

增值税额＝不含增值税额的销售额×征收率＝237.96×3%＝7.14（万元）

该电站位于农村，城市维护建设税为增值税的 1%，教育费附加为增值税的 3%，暂不征收地方教育费附加。据此可计算城市维护建设税及教育费附加，也即销售税金及附加，得

$$销售税金及附加＝增值税×（1\%＋3\%）＝7.14×4\%＝0.29（万元）$$

（3）利润的计算与利润分配。

编制损益表，即利润及利润分配表，见表 9-2。

表 9-2 　　　　　　　　　　利 润 及 利 润 分 配 表 　　　　　　　　单位：万元

序号	项目	运 行 期（年份）						合计
		3	4	5	…	21	22	
1	财务收入	237.96	237.96	237.96	…	237.96	237.96	4759.20
2	销售税金及附加	0.29	0.29	0.29	…	0.29	0.29	5.80
3	总成本费用（3.1+3.2）	106.77	106.77	106.77	…	106.77	106.77	2135.40
3.1	年折旧费	44.07	44.07	44.07	…	44.07	44.07	881.40
3.2	年运行费	62.70	62.70	62.70	…	62.70	62.70	1254.00
4	利润总额（1-2-3）	130.90	130.90	130.90	…	130.90	130.90	2618.00
5	弥补亏损（前5年内）	0.00	0.00	0.00	…	0.00	0.00	0.00
6	应纳税所得额（4-5）	130.90	130.90	130.90	…	130.90	130.90	2618.00
7	所得税	32.73	32.73	32.73	…	32.73	32.73	654.60
8	税后利润（4-7）	98.17	98.17	98.17	…	98.17	98.17	1963.40
9	期初未分配利润（等于上一年度未分配利润）	0.00	88.35	176.70	…	1590.30	1678.65	
10	可供分配利润（8+9-5）	98.17	186.52	274.87	…	1688.47	1776.82	
11	提取法定盈余公积金（8×10%）	9.82	9.82	9.82	…	9.82	9.82	196.40
12	可分配利润（10-11）	88.35	176.70	265.05	…	1678.65	1767.00	
13	投资方分配利润							
14	未分配利润（12-13）	88.35	176.70	265.05	…	1678.65	1767.00	
15	息税前利润（利润总额＋利息支出）	130.90	130.90	130.90	…	130.90	130.90	2618.00
16	息税折旧摊销前利润（息税前利润＋折旧＋摊销）	174.97	174.97	174.97	…	174.97	174.97	3499.40

注 1. 表中第2列括号中的数字代表序号所在行。
　　2. 该表中序号9、10、12、14相应的项目已是累计值，因此不应再求相应行的合计值。

1）利润总额＝财务收入-总成本费用-销售税金及附加。

2）利润总额分配，读者可结合第二章的图 2-3 加以理解。

a. 所得税、税后利润。根据企业所得税法，所得税＝应纳税所得额（利润总额-前5年内的亏损）×所得税税率，所得税税率为 25%。税后利润＝利润总额-所得税。

b. 可供分配利润、提取盈余公积金。可供分配利润＝税后利润＋期初未分配利润-弥补前5年内的亏损。盈余公积金有法定盈余公积金和任意盈余公积金，本工程只提取法定

盈余公积金，按照所得税后利润的 10% 提取。

　　c. 可分配利润。可分配利润＝可供分配利润－弥补前 5 年之前年度的亏损－提取法定盈余公积金。

　　d. 投资方分配利润。由于尚未确定分配方案，故表 9-2 中暂未考虑此项。

　　e. 未分配利润。未分配利润＝可分配利润－投资方分配利润。

　　f. 息税前利润和息税折旧摊销前利润。息税前利润用以计算总投资利润率（见第 5 部分）；对于运行期有还本付息的建设项目，息税折旧摊销前利润用以计算偿债备付率（本例无贷款，不计算此项）。

　　上述各项的计算结果，见表 9-2。

　　5. 全部投资财务现金流量表的编制与财务评价指标的计算

　　编制项目全部投资财务现金流量表，见表 9-3。

表 9-3　　　　　　　　　　　项目全部投资财务现金流量表　　　　　　　　　　单位：万元

序号	项目	计 算 期（年份）							合计
		建设期		运 行 期					
		1	2	3	4	…	21	22	
1	现金流入	0.00	0.00	237.96	237.96	…	237.96	617.45	5138.69
1.1	发电销售收入	0.00	0.00	237.96	237.96	…	237.96	237.96	4759.20
1.2	补贴收入								
1.3	其他收入								
1.4	回收固定资产余值							377.69	377.69
1.5	回收流动资金							1.80	1.80
2	现金流出	503.64	755.45	64.79	62.99	…	62.99	62.99	2520.69
2.1	建设投资	503.64	755.45						1259.09
2.2	流动资金			1.80					1.80
2.3	年运行费			62.70	62.70	…	62.70	62.70	1254.00
2.4	销售税金及附加			0.29	0.29	…	0.29	0.29	5.80
3	所得税前净现金流量	−503.64	−755.45	173.17	174.97	…	174.97	554.46	2618.00
4	所得税前累计净现金流量	−503.64	−1259.09	−1085.92	−910.95	…	2063.54	2618.00	
5	调整所得税	·		32.73	32.73	…	32.73	32.73	654.60
6	所得税后净现金流量	−503.64	−755.45	140.44	142.24	…	142.24	521.73	1963.40
7	所得税后累计净现金流量	−503.64	−1259.09	−1118.65	−976.41	…	1441.67	1963.40	

计算指标：

所得税前项目投资财务内部收益率：12.27%；　　　　所得税后项目投资财务内部收益率：9.56%；

所得税前项目投资财务净现值：572.69 万元（$i_c=7\%$）；　　所得税后项目投资财务净现值：269.83 万元（$i_c=7\%$）；

所得税前项目投资回收期：9.21 年；　　　　　　　　所得税后项目投资回收期：10.86 年

由于该建设项目无借款，故表9-3中序号5所在行调整所得税等于所得税。

计算所得税前、所得税后各财务评价指标，其计算结果见表9-3中最后一栏。

由表9-3中所得税前、所得税后各财务评价指标的结果表明，所得税前和所得税后的财务内部收益率均大于投资财务基准收益率7%，财务净现值均大于0；且所得税后财务内部收益率大于资本金税后财务基准收益率8%（因本项目无借款，全部投资财务评价也为资本金财务评价）。因此，该建设项目财务可行。

此外，根据总投资、表9-2中年息税前利润，及式（5-21）计算静态评价指标总投资利润率，得

$$总投资利润率＝年息税前利润/总投资＝130.90/1259.09＝10.40\%$$

该值略大于该地区水电行业总投资利润率10%，故建设项目财务可行。

6. 单位千瓦投资、单位电能投资、单位电能成本的计算

单位千瓦投资＝总投资/装机容量＝$1259.09×10^4/1200＝1.05$（万元/kW）。

单位电能投资＝总投资/上网电量＝$1259.09×10^4/(528.79×10^4)＝2.38$[元/(kW·h)]。

单位电能成本＝发电总成本费用/上网电量＝$106.77×10^4/(528.79×10^4)＝0.20$[元/(kW·h)]。

该建设项目单位千瓦投资、单位电能投资，与所在地区类似电站比较，处于中等情况，单位电能成本与所在地区类似电站比较是较低的。因此该建设项目具有一定的竞争力。

7. 财务评价敏感性分析

在固定资产投资增加10%、销售收入减小10%的情况下（与投资及与销售收入有关的经济因素也随之变化），分别计算其相应的现金流入量、现金流出量，然后计算财务评价指标 FIRR、FNPV，并进行敏感性分析，其计算结果见表9-4、表9-5。

在投资增加10%、销售收入减小10%的情况下，分别由表9-4、表9-5可知：所得税前和所得税后的财务内部收益率均大于投资财务基准收益率7%，且所得税后的财务内部收益率大于资本金（本项目投资均为资本金）税后财务基准收益率8%；所得税前和所得税后财务净现值均大于0。因此在投资增加10%、销售收入减小10%的情况下，财务评价仍可行，表明该项目抗风险能力较强。

表9-4　　　　投资与销售收入变化对 FIRR 影响的敏感性分析

评价指标	方案或影响因素	影响因素变化率/%	FIRR/%	ΔFIRR/%	评价指标变化率(ΔFIRR/FIRR)/%	敏感度系数
所得税前财务内部收益率 FIRR	基本方案	0	12.27			
	投资	10	10.88	−1.39	−11.33	−1.13
	销售收入	−10	10.32	−1.95	−15.89	1.59
所得税后财务内部收益率 FIRR	基本方案	0	9.56			
	投资	10	8.46	−1.10	−11.51	−1.15
	销售收入	−10	8.02	−1.54	−16.11	1.61

表 9 - 5 投资与销售收入变化对 *FNPV* 影响的敏感性分析

评价指标	方案或影响因素	影响因素变化率/%	*FNPV*/万元	Δ*FNPV*/万元	评价指标变化率(Δ*FNPV*/*FNPV*)/%	敏感度系数
所得税前财务净现值*FNPV*	基本方案	0	572.69			
	投资	10	455.94	−116.75	−20.39	−2.04
	销售收入	−10	352.74	−219.95	−38.41	3.84
所得税后财务净现值*FNPV*	基本方案	0	269.83			
	投资	10	166.40	−103.43	−38.33	−3.83
	销售收入	−10	104.94	−164.89	−61.11	6.11

进一步根据敏感度系数，比较投资、销售收入两个不确定因素的变化对财务评价指标的影响。由表 9 - 4、表 9 - 5 可见，销售收入的变化比投资的变化对财务评价指标的影响更大，即财务评价指标对销售收入的变化更为敏感，该工程运行过程中要从发电量、电价两方面入手采取避免销售收入下降的措施。

（四）国民经济评价

1. 固定资产投资的调整与计算

该建设项目固定资产投资 1259.09 万元，依据《水利建设项目经济评价规范》（SL 72—2013）附录 B，调整工程投资，扣除概算投资中税金等内部转移的费用，调整后的固定资产投资为 1146.10 万元，调整后国民经济评价的投资与工程概算的固定资产投资之比为 0.91。根据第 1 年、第 2 年的投入比例 40%、60%，计算第 1 年、第 2 年投资分别为 458.44 万元、687.66 万元。

2. 年运行费的调整与计算

将财务评价中的年运行费，按投资调整比例 0.91，来确定国民经济评价的年运行费为 62.70×0.91=57.06（万元）。

3. 流动资金的计算

水电建设项目流动资金一般按 10～15 元/kW 估算。本案例取 15 元/kW，与财务评价的流动资金相同，为 1.80 万元。

4. 工程效益计算

（1）发电效益。该水电站建成后，上网电量为 528.79 万 kW·h。采用该水电站所在大电网的平均上网电价 0.42 元/kW·h 作为国民经济评价的计算电价，则该电站国民经济效益为 222.09 万元。

（2）回收固定资产余值与回收流动资金。与财务评价相同，回收固定资产余值、回收流动资金分别为 377.69 万元、1.80 万元。

5. 国民经济评价

根据国民经济评价的效益、费用，编制国民经济评价效益费用流量表（表 9 - 6）。计算经济内部收益率、经济净现值、经济效益费用比等评价指标，进行国民经济评价。评价结果：经济内部收益率 12.81%，大于社会折现率 8%；经济净现值 443.47 万元＞0；经济效益费用比 1.30＞1，因此国民经济评价合理。

表 9-6　　　　　　　国民经济评价效益费用流量表　　　　　单位：万元

序号	项　目	计　算　期（年份）								合计
		建设期		正常运行期						
		1	2	3	4	5	…	21	22	
1	效益流量 B	0.00	0.00	222.09	222.09	222.09	…	222.09	601.58	4821.29
1.1	发电效益			222.09	222.09	222.09	…	222.09	222.09	4441.80
1.2	回收固定资产余值								377.69	377.69
1.3	回收流动资金								1.80	1.80
2	费用流量 C	458.44	687.66	58.86	57.06	57.06	…	57.06	57.06	2289.10
2.1	固定资产投资	458.44	687.66							1146.10
2.2	流动资金			1.80						1.80
2.3	年运行费			57.06	57.06	57.06	…	57.06	57.06	1141.20
3	净效益流量（B－C）	−458.44	−687.66	163.23	165.03	165.03	…	165.03	544.52	2532.19
4	累计净效益流量	−458.44	−1146.1	−982.87	−817.84	−652.81	…	1987.67	2532.19	

评价指标：经济内部收益率 $EIRR$＝12.81%；
经济净现值 $ENPV$＝443.47 万元（i_s＝8%）；
经济效益费用比 R_{BC}＝1.30

6. 国民经济评价敏感性分析

在国民经济评价投资增加 10%、效益减小 10% 的情况下，分别对经济内部收益率、经济净现值两个评价指标进行敏感性分析，其结果见表 9-7、表 9-8。由表 9-7、表 9-8 数据可见，在投资增加 10%、效益减小 10% 的情况下，经济内部收益率均大于社会折现率 8%，经济净现值均大于 0，国民经济评价均是经济合理的；由敏感度系数表明，在投资、效益两不确定性因素中，经济内部收益率、经济净现值受效益的影响更敏感。因此，该工程运行过程中要从发电量、电价两方面入手采取避免效益下降的措施。

表 9-7　　　　　投资与效益变化对 $EIRR$ 影响的敏感性分析

方案或影响因素	影响因素变化率/%	$EIRR$/%	$\Delta EIRR$/%	评价指标变化率（$\Delta EIRR/EIRR$）/%	敏感度系数
基本方案	0	12.81			
投资	10	11.45	−1.36	−10.62	−1.06
效益	−10	10.84	−1.97	−15.38	1.54

表 9-8　投资与效益变化对 ENPV 影响的敏感性分析

方案或影响因素	影响因素变化率/%	ENPV/万元	ΔENPV/万元	评价指标变化率(ΔENPV/ENPV)/%	敏感度系数
基本方案	0	443.47			
投资	10	342.07	−101.4	−22.87	−2.29
效益	−10	256.52	−186.95	−42.16	4.22

（五）综合评价

该项目国民经济内部收益率 12.81%，大于社会折现率 8%；经济净现值 443.47 万元，大于 0；经济效益费用比 1.30，大于 1.0。财务评价所得税前、所得税后财务内部收益率分别为 12.27%、9.56%，均大于投资财务基准收益率 7%，且所得税后的财务内部收益率大于资本金（本项目投资均为资本金）税后财务基准收益率 8%；所得税前、所得税后财务净现值分别为 572.69 万元、269.83 万元，均大于 0。因此该项目经济上合理，财务上可行。

经敏感性分析计算表明，在投资增加 10%、效益减小 10% 的情况下，该建设项目仍是经济合理和财务可行的，故抗风险能力较强。

思考题与技能训练题

【思考题】

1. 解释术语：有效电量、水电站厂用电率、网损率、上网电价、售电价。
2. 水力发电工程国民经济效益有哪些计算方法？各种方法如何计算？
3. 水力发电工程财务效益有哪些计算方法？各种方法如何计算？
4. 对于小型水电站项目的财务评价，除计算盈利能力和偿债能力指标外，依据《小水电建设项目经济评价规程》（SL/T 16—2019），还应计算哪些技术经济指标？如何计算与评判？
5. 简述水力发电工程经济评价的内容与主要步骤。

【技能训练题】

1. 某水电站装机容量 10 万 kW，多年平均有效发电量 4.6 亿 kW·h，工程投资（包含水电站和专用输变配电配套工程的全部投资）6.3 亿元。工期 3 年，第 4 年年初全部机组投入运行。水电站厂用电率 0.5%，网损率 2.0%，上网电价 0.35 元/(kW·h)，电网用户平均电价 0.58 元/(kW·h)。试利用上述有关数据计算该水电站的供电销售收入。

2. 某水电站的投资在 3 年施工期内平均投入，每年 400 万元，年运行费为投资 5%，计算期 33 年，社会折现率 8%，每年发电效益 290 万元。试计算该水电站的经济净现值。

课程思政四　碳达峰碳中和的提出背景及水电的重要作用
——兼述低碳从我做起[*]

[**教学目的**] 碳达峰碳中和目标的实现所涉及的社会层面极其广泛，未来对人类社会将带来巨大的变革，当代大学生是实现碳达峰碳中和目标的参与者和贡献者。此部分内容旨在使学生理解我国能源开发与转型的战略意义；结合专业知识进一步理解水电在能源开发与转型中的重要作用，并增强专业的自豪感和责任感；认识到实现碳达峰碳中和需要公众积极参与，并倡导和践行低碳从我做起。

一、碳达峰碳中和及其提出背景

"碳"，指 CO_2。碳达峰是指在某一个时点，CO_2 排放总量达到峰值，以后便开始下降。碳中和是指 CO_2 净排放量为 0，即某一区域在一定时间内（一般指 1 年），通过植树造林、碳捕捉及储存等形式，抵消 CO_2 的排放总量，实现零排放。我国 2030 年实现碳达峰是在长期碳中和目标下的阶段性目标，碳达峰时间越早，峰值排放量越低，越有利于实现长期碳中和的目标。

科学研究表明，CO_2 是造成全球变暖的重要"元凶"。在过去 200 年里，人类向大气层排放了数万吨 CO_2，如同给地球穿了个"棉袄"，让地球无法散热，温度持续升高。据统计，2011 年全球 CO_2 排放量 322.74 亿 t，与 1850 年的 1.98 亿 t 相比，增长了 162 倍，而 2019 年全球 CO_2 排放量达 368 亿 t，与 1850 年的相比，增长了 185 倍。随着逐年全球 CO_2 排放量的增加，全球平均温度也在上升。1850—2019 年全球平均气温相对于 1951—1980 年平均值的变化，如图 9-1 所示，图 9-1 横坐标为年份，纵坐标为每年全球平均气温相对于 1951—1980 年平均值的变化值。

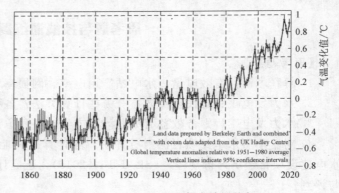

图 9-1　1850—2019 年全球平均气温相对于 1951—1980 年平均值的变化曲线

查一查：若全球平均气温较工业化前水平上升幅度控制在 2℃，与升幅控制在 1.5℃ 相比，将对人类产生怎样的不利影响？

全球气候变暖与我们每个人的生存息息相关，其后果会导致全球降水量重新分配，冰川和冻土消融，海平面上升，极端天气事件增加，对生命系统形成威胁。在这一背景下，为了应对全球气候变化对人类带来的挑战，2015 年 12 月巴黎气候变化大会上各国签订了《巴黎协定》，在 21 世纪末，把全球平均

---

[*] 张子贤撰写，未经许可，本文不得全文转载。

气温升幅控制在工业化前水平以上低于2℃之内，并努力将气温升幅限制在工业化前水平以上1.5℃之内，实现此目标全球须在2065—2070年左右实现碳中和。习近平主席在2020年9月22日第七十五届联合国大会一般性辩论会上宣布："中国将提高国家自主贡献力度，采取更加有力的政策和措施，二氧化碳排放力争于2030年前达到峰值，努力争取2060年前实现碳中和"。后来人们简称为"30·60"目标。欧盟从达峰到2050年实现碳中和有60年时间，美国从碳达峰到2050年实现碳中和有40多年时间，而我国从达峰到实现碳中和仅30年时间。这表明了我国为实现全球碳中和目标、为推动构建人类命运共同体的责任担当，也是我国走社会经济可持续发展和生态优先与绿色低碳道路的必然选择。

化石能源（主要指煤炭、石油和天然气）产生的CO_2等温室气体是气候变化、全球变暖的主因。因此，以清洁低碳为目标的能源革命势在必行。我国实现碳达峰碳中和的阶段性具体目标是，到2030年，将非化石能源占一次能源（一次能源指直接取自自然界没有经过加工转换的各种能量和资源。注：国家统计局将水电按一次能源统计）消费占比提高至25%；单位GDP的CO_2排放比2005年进一步下降65%以上；风电、太阳能发电总装机容量将达到12亿kW以上（截至2020年年底5.3亿kW）；全国森林覆盖率达到25%左右，森林蓄积量达到190亿m^3。

二、水电在我国实现碳达峰碳中和目标中的重要作用

借助流域水量平衡的概念，不难理解，碳中和的实质就是排出的碳与移除的碳平衡。实现碳中和，总体上说有两条技术路径。其一，减少碳排放量（简称减排），其核心对策是加大可再生能源（如水能、风能、光能、地热能和生物质能）和核能的开发力度，将由化石能源为主转向非化石能源为主，这是我国新能源体系构建的一场革命。其二，增加碳汇量（简称增汇）、研发碳移除和碳利用以及碳捕捉碳封存等技术，以中和碳排放量。"碳汇"是指森林、草原、湿地、海洋、土壤、冻土等的固碳作用。

水电是我国应用最广、成本最低的可再生能源。开发水电对减少碳及各种污染物的排放的成效十分显著。截至2022年年底，我国各种能源发电总装机25.64亿kW，其中水电装机达4.135亿kW（其中抽水蓄能电站装机4579万kW），已连续18年稳居全球首位，占各种能源发电总装机量的16.1%，在非化石能源中占比最高，是仅次于煤炭的第二大能源。2022年我国可再生能源发电量达27000亿kW·h，占全国总发电量的31.3%，相当于减少CO_2排放量约达22.6亿t，而其中水电发电总量为13522亿kW·h，在可再生能源发电量中占比达50.1%。

可再生能源中风电、光伏等新能源一定程度上"靠天吃饭"，具有波动性、间歇性等特点，将给新型电力系统稳定和能源安全带来新挑战。而水电站增减负荷灵活、自动化程度高，它能适应用电负荷的剧烈变化，具备很好的调峰、调频特性。因此，在构建新型电力系统中，水电具有灵活的调节能力，有利于新能源更好的消纳。特别是抽水蓄能电站，既是水电站，又是电网管理的工具，当电力系统负荷变化频繁、变动速度快时，抽水蓄能电站能进行"调峰填谷"，可使电网成为高质量、稳定的电网。截至2022年年底，我国抽水蓄能电站在运装机4579万kW、在建装机1.21亿kW，是全球抽水蓄能电站规模最大

的国家，且"十四五"期间国家将积极推动抽水蓄能电站建设。

水电在加快发展非化石能源，构建现代能源体系中，具有重要的地位。"十四五"期间我国将加快西南地区的水电建设，包括雅鲁藏布江下游水电基地，以及包含水电的黄河上游清洁

> 查一查：抽水蓄能电站为什么具备"调峰填谷"特性？

能源基地、金沙江上下游清洁能源基地、雅砻江清洁能源基地等。我国在水电领域具备全球最大的百万千瓦水轮机组自主设计制造能力，特高坝和大型地下洞室设计施工能力均居世界领先水平，必将在上述水电基地建设中再放异彩，这些水电基地以及包括水电在内的清洁能源基地建成后，必将为我国的水电事业再创辉煌、为实现党的二十大报告中提出的"积极稳妥推进碳达峰碳中和"的战略目标而贡献力量！

三、低碳从我做起

党的二十大报告指出："实现碳达峰碳中和是一场广泛而深刻的经济社会系统性变革。"需要整个社会共同努力，需要公众积极参与。我们每个人都要建立低碳、环保理念，并将其融入日常工作和生活中，低碳从我做起，用点滴低碳行为减排增汇，为保护我们的共同家园、为我国"30·60"目标实现、为构建绿色低碳社会贡献力量。

积极践行低碳简约的生活方式，反对奢侈浪费。将党的二十大报告中提出的倡导绿色消费、推动形成绿色低碳的生活方式，落实到行动中；将节约体现在生活的每个方面和细节中。例如，合理用餐，践行"光盘"行动；合理选购，适度消费；减少使用一次性产品（筷子、纸杯、餐盒、牙具、购物袋等）；重复使用购物袋；当不用电脑、电灯时及时关掉；践行绿色出行，尽量选择步行、自行车和公共交通。

重视并积极践行垃圾分类。各种废弃物混合在一起是垃圾，而分开可以循环利用则是资源，可减少废弃物的污染，保护生态环境。厨余垃圾可生产有机肥料，变废为宝，循环利用减少碳排放；可回收物合理利用，可减少原材料的需求，间接减少碳排放。

积极参加义务植树等活动。经过测算，森林蓄积量每增加 1 亿 m^3，相应地可以多固定 1.6 亿 t 的 CO_2。可见，植树造林在助力碳中和方面是既简单又行之有效的方法。

第十章　水土保持工程经济评价

[**学习指南**] 水土保持工程与措施，包括水土保持生态建设工程与措施、生产建设项目的水土保持工程与措施。本章所述水土保持工程，是指水土保持生态建设工程。本章仅介绍水土保持生态建设工程与措施的经济效益的计算与经济评价。水土保持工程的效益包括：调水保土效益、经济效益、社会效益和生态效益，重点学习各类效益的概念及经济效益的计算方法。为突出应用，本章列举了水土保持工程国民经济评价案例。学习目标如下。

(1) 能熟练表述水土保持效益的分类、各类效益的定义。

(2) 掌握水土保持经济效益的计算方法，理解调水保土效益、社会效益和生态效益的确定方法。

(3) 能初步进行水土保持工程的经济评价。

第一节　水土保持生态建设工程与措施

一、水土流失与水土保持的概念

水土流失是指在水力、风力、重力及冻融等自然营力和人类不合理活动作用下，水土资源和土地生产能力的破坏和损失，包括土地表层侵蚀及水的流失。

水土流失使土地变得贫瘠；泥沙淤积河床，加剧洪涝灾害；泥沙淤积水库湖泊，降低其综合利用功能。例如，在修建黄河小浪底水库之前，黄河下游河床平均每年抬高 8～10cm，使黄河成为地上"悬河"，严重威胁着下游人民的生命财产安全。2001 年，以治沙防洪为主的黄河小浪底水库建成后，显著扭转了黄河下游的泥沙淤积状况，并使黄河下游防洪标准从原来的 60 年一遇提高到 1000 年一遇。

水土保持是指为防止水土流失，保护、改良与合理利用水土资源（调水保土），维护和提高土地生产力，减轻洪水、干旱和风沙灾害，以利于充分发挥水、土资源的生态效益、经济效益和社会效益，建立良好生态环境，支持可持续发展的生产活动和社会公益事业。水土保持是国民经济和社会发展的基础，是山区发展的生命线，是我们需要长期面对的一项基本任务，是党的二十大报告中提出的"推动绿色发展，促进人与自然和谐共生"战略中"坚持山水林田湖草沙一体化保护和系统治理"的重要组成部分。

二、水土保持生态建设工程与措施

水土保持工程与措施，包括水土保持生态建设工程与措施、生产建设项目的水土保持工程与措施。水土保持生态建设工程与措施，是指为维护与改善生态系统而进行的水土流失防治（水土保持）活动。生产建设项目的水土保持工程与措施，是指为防止生产建设项目造成新的水土流失而进行的防治活动。对于水土保持生态建设工程与措施，与其他功能的水利工程建设项目类似，需进行经济评价；对于生产建设项目的水土保持工程与措施，依据《中华人民共和国水土保持法》，必须与主体工程同时设计、同时施工、同时投入使用。对其验收，是通过一系列水土流失防治的指标，来考察建设项目区原有水土流失和新增水土流失是否得到有效治理。

本章内容仅限于水土保持生态建设工程与措施，所述水土保持工程与措施即指水土保持生态建设工程与措施，本节介绍其所包括的工程措施、植物措施、耕作措施和风沙治理措施。

（一）工程措施

水土保持生态建设工程措施，指应用工程原理，为防止水土流失，保护、改良和合理利用水土资源而修建的工程设施。一般可分为坡面治理工程、沟道治理工程、山洪和泥石流排导工程和小型蓄排引水工程。

（1）坡面治理工程。它主要包括梯田、拦水沟埂、水平沟、水平阶、鱼鳞坑、沉沙函、坡面排水沟或渠系、稳定山坡的挡土墙及其他斜坡防护工程。

梯田、拦水沟埂、水平沟、水平阶、鱼鳞坑等工程的作用就是通过改变小地形的方法，防止坡面水土流失，将雨水及融雪水就地拦蓄、就地入渗，减少或防止形成坡面径流，使之渗入土壤，以增加林、草、农作物可利用的土壤水。

坡面排水沟或渠系工程的作用主要是将地面径流排导进入沟渠、河流或引入贮水建筑物，其有助于控制侵蚀、防涝（南方），也有助于控制滑坡等重力侵蚀。

稳定山坡的挡土墙及其他斜坡防护工程主要布设在滑坡、崩塌等地区。

（2）沟道治理工程。它指为固定沟床，防治沟蚀，减轻山洪及泥沙危害，合理开发利用水沙资源而在沟道中修建的工程设施。主要包括沟头防护工程、谷坊工程、拦沙坝、淤地坝、沟道护岸工程等。沟头防护工程，是指在侵蚀沟道源头修建的防止沟道溯源侵蚀的工程措施，其作用是抬高侵蚀基准，减缓沟床纵坡，防止沟头前进，控制沟底下切和沟岸扩张，同时具有减小洪峰流量，减小山洪、泥石流危害的作用。谷坊工程是横筑于易受侵蚀的小沟道或小溪中的小型固沟、拦泥、滞洪建筑物，高度在5m以下，可为林草措施创造条件。淤地坝是在多泥沙沟道上修建的以控制沟道侵蚀、拦泥淤地、减少洪水和泥沙灾害为主要目的的沟道治理工程设施。淤地坝可变荒沟为良田，也是农田基本建设的重要组成部分。

（3）山洪和泥石流排导工程。山洪和泥石流排导工程的作用是防止山洪或泥石流危害沟口冲积扇上的房屋、工矿企业、道路及农田等防护对象。主要包括导流堤、急流槽和束流堤三部分。导流堤的主要作用是改善泥石流流向；急流槽的作用是改善流速；束流堤的主要作用是控制流向，防止漫流。

（4）小型蓄排引水工程。它主要包括：①小水库、塘坝、引洪漫地、引水工程、人字闸、山坡截水沟；②水窖（旱井）、蓄水池等。第①部分工程的主要作用在于将坡地径流及地下潜流拦蓄起来，一方面减少水土流失危害，另一方面可解决农村人畜用水问题，灌溉农田，提高作物产量；而水窖（旱井）、蓄水池工程，是将拦截的地面径流汇入贮水建筑物，供生产生活使用，作为灌溉水源及人畜用水。

（二）植物措施

水土保持植物措施，也称林草措施，是指在水土流失地区，为防治水土流失，保护、改良和合理利用水土资源，所采取的造林、种草及封禁育保护等生产活动。植物措施包括水土保持造林、水源涵养林、水土保持种草、封育治理、固沙造林、固沙种草等。

（1）水土保持造林。它包括坡面防蚀林、护坡薪炭林、护坡用材林、护坡放牧林、护坡经济林、梯田地坎造林、水流调节林、护岸护滩林等，其主要作用是调节地表径流，控制水土流失，还可增加经济收入。

（2）水源涵养林。它包括天然林经营、次生林改造、疏林地改造、人工林营造等，其作用是涵养水源、调节河川径流、削减洪峰、改善水质。

（3）水土保持种草。它包括人工刈割草地、护坡种草、天然草地人工改良等，其主要作用是以控制水土流失，兼顾畜牧业发展。

（4）封育治理。它是在有水土流失的荒坡、疏林地、天然草地上采取的封禁、抚育与治理相结合的措施，实现林草植被的恢复，防止水土流失，可分为封山育林和封坡（场）育草。

（5）防风固沙造林和固沙种草。防风固沙造林是在风蚀和风沙地区，通过各种措施改良土地后，进行人工造林，其作用是控制风蚀和风沙危害。固沙种草是在林带已基本控制风蚀和流沙移动的沙地上进行大面积种草，以进一步控制风蚀和风沙危害。

（6）农林复合生态工程。它是指在同一土地管理单元上，人为地将多年生木本植物（乔木、灌木和竹类）与其他栽培植物（农作物、药用植物、经济植物、真菌等）或动物，在空间上按一定的结构和时序结合起来的一种复合生态工程。在水土流失地区采取此类水土保持措施，不仅能够控制水土流失、改善生态环境，而且能够建立长期稳定、高效的生态系统。此类措施也可称为水土保持复合生态工程。

（7）生态修复。它指通过外界力量，使受损（开挖、占压、污染、全球气候变化、自然灾害等）的生态系统得到恢复、重建或改建。水土保持生态修复主要措施有：封山禁牧、轮牧、休牧、改放牧为舍饲养畜，保障生态用水，促进植被恢复。同时，加快这些地区的基本农田、水利基础设施建设，改善农村生产生活条件，增加农民的经济收入，为生态修复创造条件，以便促进大面积生态修复。

（三）耕作措施

水土保持耕作措施，也称为保水保土耕作法，或水土保持农艺措施，是指在遭受水蚀和风蚀的农田中，采用改变微地形，增加地表覆盖和土壤抗蚀力，实现保水、保土、保肥、改良土壤、提高农作物产量的农业耕作方法。主要包括三类耕作法。

（1）改变微地形，使之能容蓄雨水，既便于耕作又减轻水土流失，提高作物产量，如等高耕作、沟垄耕作等。

（2）通过增加地面植被覆盖（包括活地被，如牧草；死地被，如秸秆、残茬等）控制水蚀风蚀。主要措施有草田轮作、间作、套种带状种植、休闲地种绿肥、残茬覆盖、秸秆覆盖、少耕免耕等。

（3）通过增施有机肥、深耕改土、培肥地力等改变土壤物理化学性质以增加土壤入渗、提高土壤抗蚀力，以及减轻土壤冲刷，主要包括深耕、增施有机肥、留茬播种等。

以上每一种水土保持耕作措施可能同时具有几种作用，是根据其主要作用进行分类的。

（四）风沙治理措施

风沙治理措施，指为防治风沙灾害而采取的治理措施。主要包括固沙沙障和引水拉沙造地。

固沙沙障主要用于风沙地区开发建设项目水土保持，是为保护该地区重要工程、建筑设施、绿洲等而对流动沙丘和半流动沙丘采取的固沙措施。主要有铺草沙障、秸秆沙障、卵石沙障、黏土沙障等。我国宁夏中卫地区的包兰铁路沙坡头段防护采取固沙沙障措施，是我国最早也是最成功的固沙典范。

引水拉沙造地是在有水源条件的风沙地区，应用引水（抽水）拉沙造地的工程措施，该工程源于陕西省榆林地区，配套的工程有引水渠、蓄水池、围埝、冲沙壕、排水口。

对于小流域水土流失综合治理，通常是上述各项工程与措施的综合。截至 2022 年年底，我国累计水土流失综合治理面积达 156 万 km²，累计封禁治理保有面积达 30.6 万 km²。仅 2019 年水土流失综合治理竣工小流域达 1248 个。全国森林覆盖率由新中国成立初期的 8.6% 提高到 2021 年年底的 24.02%。水土流失动态监测工作已实施全国覆盖。

第二节　水土保持效益的计算方法

一、水土保持效益的定义与分类

水土保持效益是指在水土流失地区，通过实施水土保持措施，保护、改良和合理利用水土资源（调水保土效益）及其他再生自然资源，所获取的调水保土效益、生态效益、经济效益和社会效益的总称。

调水保土效益是指实施水土保持措施后，在保水、保土、保肥以及改良土壤方面所获得的实际效果。它包括调水效益和保土效益，前者是指通过水土保持工程与措施，所产生的增加土壤入渗、拦蓄地表径流、改善坡面排水、调节小流域径流方面的效益；后者是指减轻土壤侵蚀（面蚀和沟蚀）、拦蓄坡沟泥沙等方面的效益。经济效益是指实施水土保持措施后，项目区内国民经济因此而增加的经济财富，包括直接经济效益和间接经济效益。前者主要是指促进农、林、牧、副、渔等各业发展所增加的经收效益，如粮食、果品、饲草、枝条、木材等的增产以及上述各类产品相应增加经济收入等；后者主要是指上述产品

10-1《水土保持综合治理效益计算方法》

加工后所衍生的经济收益，如各类产品就地加工转化的增值、基本农田比坡耕地节约的土地和劳工等。社会效益是指实施水土保持措施后对社会发展所做的贡献，主要包括在促进农业生产发展，增加社会就业机会，减少洪涝、干旱及山地灾害，减轻对河道、库塘、湖泊淤积，保护交通、工矿、水利、电力、旅游设施及城乡建设、人民生命财产安全等方面所带来的效益。生态效益是指通过实施水土保持措施，生态系统（包括水、土、生物及局地气候

等要素）得到改善，及其向良性循环转化所取得的效果。

四类效益之间的关系是：在调水保土效益的基础上产生经济效益、社会效益和生态效益。四类效益计算的具体项目，详见《水土保持综合治理效益计算方法》（GB/T 15774—2008）。

二、水土保持效益的计算方法

（一）水土保持效益的计算原则

1. 效益计算的数据来源

观测资料由水土保持综合治理小流域内直接布设试验取得；计算大中流域的效益时，除在控制性水文站进行观测外，还应在流域内选若干条有代表性的小流域布设观测。如引用附近其他流域的观测资料时，其主要影响因素（地形、降雨、土壤、植被、人类活动等）应基本一致或有较好的相关性。调查研究资料，在本流域内应进行多点调查，调查点的分布应能反映流域内各类不同情况。无论观测资料或调查资料，均应进行综合分析，用统计分析与成因分析相结合的方法，确定其确有代表性，然后使用。水土保持效益计算以观测和调查研究的数据资料为基础，采用的数据资料应经过分析、核实，做到确切可靠。观测资料如在时间和空间上有某些漏缺，应采取适当方法，进行插补。

2. 根据治理措施的保存数量计算效益

水土保持效益中的各项治理措施数量，应采用实有保存量进行计算。对统计上报的治理措施数量，应分不同情况，查清其保存率，进行折算，然后采用。小流域综合治理效益，应根据正式验收成果中各项治理措施的保存数量进行计算。

3. 根据治理措施的生效时间计算效益

造林、种草有水平沟、水平阶、反坡梯田等整地工程的，其调水保土效益，从有工程时起就可开始计算；没有整地工程的，应在林草成活、郁闭并开始有调水保土效益时开始计算；其经济效益应在开始有果品、枝条、饲草等收入时才能开始计算效益。梯田（梯地）、坝地的调水保土效益，从有工程之时起就开始计算；梯田的增产效益，在"生土熟化"后，确有增产效益时开始计算；坝地的增产效益，在坝地已淤成并开始种植后开始计算。淤地坝和谷坊的拦泥效益，在库容淤满后就不再计算。修在原来有沟底下切、沟岸扩张位置的淤地坝和谷坊，其减轻沟蚀（巩固并抬高沟床、稳定沟坡）的效益应长期计算。

4. 根据治理措施的研究分析计算效益

有条件的应对各项治理措施减少（或拦蓄）的泥沙进行颗粒组成分析，为进一步分析水土保持措施对减轻河道、水库淤积的作用提供科学依据。

（二）水土保持效益的计算方法

1. 水土保持调水保土效益

水土保持调水保土效益一般用定量指标表示，主要内容涉及改变微地形、植被覆盖、改良土壤性质、增加土壤入渗、拦蓄地表径流、改善坡面排水能力、调节小流域径流、减轻土壤侵蚀、拦蓄沟坡泥沙等几个方面。

水土保持调水保土效益的计算，一般采用水土保持法和水文法两种。

（1）单项措施效益累加法（简称水土保持法）。水土保持法是将各项治理措施的调水保土效益进行累加。如水土保持措施的年蓄水量就是将各项治理措施的年蓄水量进行累加，即耕作措施的蓄水量加上各种林草措施的蓄水量再加上工程措施的蓄水量。各种耕作措施年总蓄水量可用措施面积乘以径流模数及拦蓄径流指标进行计算；林草措施年总蓄水量计算方法同上；各种工程措施的年总蓄水量，小型工程可用工程个数乘以平均容积计算，较大工程应分别计算。如措施遭到一定破坏，蓄水量应乘以一定的折减系数，系数可用当地实际调查值。

（2）水文资料统计分析法（简称水文法）。水文法是实测或调查流域治理前后的地表径流总量、坡面排水量等，进行对比分析，其差值即为水土保持措施的调水保土效益。如计算各年水土保持措施蓄水总量，可采用治理流域的河（沟）道出口断面实测流量或通过流域出口控制性工程实测（调查）资料，分析计算出年径流总量。用治理前多年平均径流量减去治理后各年径流量，得出各种水土保持措施的蓄水总量。

水土保持措施的调水保土效益的各项具体计算方法可参照《水土保持综合治理效益计算方法》（GB/T 15774—2008）。

2. 水土保持经济效益

前已叙及，水土保持的经济效益包括直接经济效益和间接经济效益。

（1）直接经济效益。直接经济效益包括实施水土保持措施土地上生长的植物产品（未经任何加工）与未实施水土保持措施土地上的产品对比，其增产量和增产值。可按以下几个方面进行计算：

1）梯田、坝地、小片水地、引洪漫地、保土耕作法等增产的粮食与经济作物。

2）果园、经济林等增产的果品。

3）种草、育草和水土保持林增产的饲草（树叶与灌木林间放牧）和其他草产品。

4）水土保持林增产的枝条和木材蓄积量。

农、林、牧业等产生的直接经济效益可采用式（10-1）计算。

$$B = \sum_{i=1}^{n}[(V_iY_i - u_i) - (V_{0i}Y_{0i} - u_{0i})]A_i \tag{10-1}$$

式中　B——水土保持直接经济效益，元；

n——对水土保持治理区根据不同植物划分的种植面积的个数；

i——不同植物相应的种植面积的序号，$i=1,2,\cdots,n$；

V_i、V_{0i}——第i个种植面积治理后、治理前相应植物产品的单价，当治理后与治理前种植植物相同时，$V_i=V_{0i}$，元/kg；

Y_i、Y_{0i}——第i个种植面积治理后、治理前相应植物的单位面积产量，kg/亩或kg/hm²；

u_i、u_{0i}——第i个种植面积治理后、治理前相应植物的单位面积生产费用，元/亩或元/hm²；

A_i——第i个种植面积，亩或hm²。

（2）间接经济效益。间接经济效益是在直接经济效益基础上，经过加工转化，进一步产生的经济效益。水土保持的间接经济效益主要包括：各类产品就地加工转化增值、基本农田比坡耕地节约的土地和劳工、人工种草养畜比天然牧场节约土地、水土保持工程增加蓄水饮水、土地资源增值等。

在计算间接经济效益时应遵循以下原则：

1）各类产品就地加工转化增值的效益。对于水土保持产品，在农村当地分别用于饲养、纺织、加工后，其提高产值部分，可计算其间接经济效益，但需在加工转化以后，结合当地牧业、副业生产情况进行计算。

2）基本农田（梯田、坝地、引洪漫地等）间接经济效益。主要包括节约的土地面积和节约的劳工两部分。节约的土地和劳工，只按规定单价计算其价值，不再计算用于林、牧等产业的增产值。

3）人工种草养畜间接经济效益。主要包括以草养畜和提高土地载畜量进而节约土地面积两个方面。

4）工程蓄饮水的经济效益。只计算小型水利水保工程提供的用于生产、生活的水的价值，可按人畜饮水及灌溉用水水价分类计算。

5）土地资源增值的效益。水土保持治理后生产用地等级提高，导致土地增值，由此而产生的经济效益可根据当地的实际情况，在考虑土地资源情况、人均耕地面积、土地补偿费和征用耕地的安置补助费，以及不同等级的土地价格等情况下，参照《中华人民共和国土地管理办法》的相关规定进行计算。

水土保持措施的间接经济效益的各项具体计算方法可参照《水土保持综合治理效益计算方法》（GB/T 15774—2008）。

3. 水土保持社会效益

水土保持社会效益主要体现在减轻自然灾害和促进社会进步上。减轻自然灾害的效益主要包括减轻水土流失对土地的破坏、减轻洪水危害、减少沟道、河流泥沙、减少风沙危害、减轻干旱危害等方面。促进社会进步的效益主要包括改善农业基础设施提高土地生产率、剩余劳力有用武之地提高劳动生产率、调整土地利用结构合理利用土地、调整农村生产结构适应市场经济、提高环境容量缓解人地矛盾、促进良性循环制止恶性循环、促进脱贫致富奔小康等方面。水土保持的社会效益的计算一般采用定量和定性相结合的方法，有条件的应进行定量计算，不能作定量计算的，可根据实际情况作定性描述。各项效益的具体计算方法可参照《水土保持综合治理效益计算方法》（GB/T 15774—2008）。

4. 水土保持生态效益

水土保持的生态效益包括水圈生态效益、土圈生态效益、气圈生态效益、生物圈生态效益。水圈生态效益主要计算改善地表径流状况，包括减少洪水径流量和增加常水径流量的效益。由小流域观测资料得到治理前与治理后的洪水年总量（或一次洪水总量）差值表示减少的洪水径流量；由治理后与治理前的常水年径流量差值表示增加的常水径流量。土圈生态效益主要计算改善土壤物理化学性质，通过实施治理措施前后，分别取土样，测定或分析土壤水分、氮、磷、钾、有机质等内容，将分析结果进行前后对比，取得改良土壤的定量数据。气圈生态效益主要计算改善贴地层小气候，利用历年农田防护林网内外治理前后观测的温度、湿度、风力、作物产量等资料，对比分析对改善小气候的作用，并进行定量计算。生物圈生态效益，主要计算提高地面植物被覆程度以及碳固定量，并描述野生动物的增加。

由于水土保持措施的许多效益难以定量（如生态效益、社会效益），所以在计算时，一般可着重计算采取水土保持措施后，增加当地农、林、牧等产品的产值等经济效益，以及调水保土效益。

水土保持建设项目是纯公益性项目。随着水土保持投资体制的改革，国家对水土保持已逐步地实行有偿扶持，这给使用国家水保资金的部门和地方提出了更高的要求，即必须重视资金的使用效果。通过财务评价，提出维持项目正常运行需要由国家补贴的资金数额和需要采取的优惠措施。水土保持经济评价应遵循费用和效益计算口径对应一致的原则，以考虑资金时间价值的动态分析为主，静态分析为辅。

第三节　水土保持工程的经济评价案例

以引龙河小流域（下游片）水土保持综合治理工程为例进行经济评价。

一、项目区概况

引龙河小流域（下游片）位于江庄镇镇区北侧，引龙河流域范围内土地面积 1200hm²。流域内地貌上属于北方土石山区，土地起伏不平，部分山坡植被破坏，部分存在山体裸露现象。土地坡度组成为：坡度在 0°～5° 之间的占 65% 左右，坡度在 5°～15° 之间的占 20% 左右，坡度在 15°～25° 之间的占 15%。该区域林木稀疏，保水保土能力差，洪水短流急造成水土流失；引龙河两岸地面比降较大且两侧岸坡裸露，极易造成水土流失，现状河道淤积，水资源利用率低；引龙河内现状拦水坝较多，部分拦水坝布置间距及坝顶高

10-2　水土保持工程的经济评价案例▶

程设计不合理，非汛期拦蓄量较少，农田灌溉受限，农业生产效率很低，汛期排水不畅，两岸农田受淹；片区内部分生产道路为土路，雨天泥泞不堪；入引龙河的小排水沟无护砌，入河流速过大造成沟口冲刷、水土流失。

项目区内平原地区土地多种植玉米、小麦、大豆、棉花、果树等作物，水土流失为中度以下；丘陵地区多种植果树、经济类等作物，部分山体岩石、土体裸露，呈中度侵蚀。

二、治理措施

引龙河小流域（下游片）水土保持综合治理工程包含工程措施、植物（林草）措施等。具体治理措施如下。

（一）工程措施

（1）沟道土方疏浚。沟道治理一条，长度 5.4km，对生态防护段进行整坡，对下游增加水源涵养段进行扩挖，坡比为 1∶2，河底宽 15.0～40.5m，疏浚土方 20181m³。疏浚土方设计运输至快速通道两侧回填，用于后期树木补植。

（2）沟道挡土墙防护。引龙河桩号 0＋250～0＋420 段、3＋050～3＋102 段、3＋118～3＋218 段及 5＋015～5＋127 段河道两侧新建两阶浆砌石挡土墙，总长度 434m，挡土墙底板为 0.5m 厚 C25 素混凝土底板，墙身为 M10 浆砌石，墙顶宽度为 0.5m，采用 C25 素混凝土压顶（工程完成采用白色乳胶漆粉刷压顶），墙后设排水棱体及 φ10PVC 滤水管。两阶挡土墙之间铺设游步道，增设花岗岩栏杆。

（3）沟道生态植草砖防护。为防止水土流失，结合河道沿线村庄环境整治建设，本次

对引龙河桩号 0＋000～0＋140 段、0＋420～0＋620 段、2＋850～3＋050 段、3＋238～3＋385 段、4＋815～5＋015 段、5＋127～5＋390 段河坡进行植草砖生态护坡，护坡总长度 1150m，植草砖采用链锁式植草砖，护砌结构为 8cm 植草砖生态护坡，下设 10cm 厚砂石混合垫层、土工布 250g/m² 一层；顶格埂采用 C25 素混凝土结构，尺寸（宽×高）为 30cm×40cm，底格埂采用 M10 浆砌石结构，尺寸（宽×高）为 40cm×60cm。正常蓄水位以上为铺设草皮护坡，河顶岸坡种植灌木。汇集河坡径流，防止沟蚀，在岸坡设置集水沟，结构为 C25 混凝土矩形，净宽 25cm，深 25cm，厚 12cm。

（4）拦水坝改造。结合沿线环境整治及乡村环境建设，对引龙河上重点段上的 2 座拦水坝进行改造，在现状拦水坝下游侧堆放叠石。

（5）硅石塘水源涵养。硅石塘为江庄镇提供工业用水，为防止水土流失，增加硅石塘水源涵养，结合河道沿线环境整治及乡村水塘环境建设，本次将硅石塘水塘周围设计为生态护岸，结构为外购预制阶梯式挡墙生态护岸。设计采用 2 层阶梯式预制生态护坡，沿水塘周圈布设，预制混凝土阶梯式护坡单块尺寸长×宽×高＝2000mm×1000mm×500mm，内填塘渣，生态护坡顶部草皮防护。

（6）沟头护砌。引龙河沿线入河排水沟有 21 处，需新建跌水涵洞 21 座。跌水采用混凝土护底、护坡，厚 12cm，下设 10cm 厚砂石垫层，250g/m² 土工布一层。跌水格埂尺寸（宽×高）为 30cm×40cm，引龙河河底处格埂尺寸（宽×高）为 40cm×100cm。

（7）田间道路。引龙河小流域内硅石塘水塘南侧及东方引龙河红大桥处南侧田间道路现状为土路，农民生产、生活交通不便。本次新建田间道路 2 条，长度共计 600m，其中一条道路宽 3.5m，另一条道路宽 4.0m。新建道路结构从上至下分别为 C30 混凝土面层 18cm、水泥稳定碎石 20cm，4％水泥土 20cm。路面设 1％横坡（单向坡，坡向河道侧），以利路面积水排除，路肩部分撒草种防护保持水土。

（二）植物（林草）措施

（1）水保林。硅石塘、引龙河护岸景观带：为提高重点段景观要求及营造良好的水环境，绿化、美化流域环境，在硅石塘水塘、引龙河护岸两侧布置绿化景观带，面积为 9hm²。

疏林补密：在流域内北侧山体中上部采取疏林补密措施，考虑到美化景观需要，树种选用适生力强雪松，种植方式采用植苗造林，栽植季节安排在春季造林。造林密度根据原有林木数量，本着疏林补密原则，确定每亩实际补植数量。经调查核算，项目区疏林补植治理面积为 146hm²，共需补植雪松 5000 株。

（2）经济林。引龙河滩地新增经济果林 141hm²，其中：黄桃 7.3hm²；板栗 69hm²；核桃 64.7hm²。

（3）种草。岸坡种草防护：设计在引龙河及硅石塘水塘正常蓄水位以上坡面种草防护，岸坡种草防护总面积为 5.82hm²。其中，引龙河护岸段及硅石塘水塘铺设草皮护坡，面积 1.42hm²；引龙河其余段播撒狗牙根草籽进行水土保持，面积 4.4hm²。

山体补撒草籽防护：流域内山体疏林密补撒狗牙根草籽保持水土，面积 5hm²。

（4）封育治理措施。在生态修复范围周边，采用简易设施和标志明确封育范围；根据有关法规，制定管护乡规民约，促进封育治理顺利实施。流域水土流失较轻的疏幼林地和荒山荒坡实行全年封禁、季节封禁和轮封轮放的封禁方式。全年封禁期为3年，待植被覆盖率显著提高，水土流失得到有效控制后可采取季节封禁和轮封轮放等技术措施，封育年限共6年，做到既能有利林木生长，又能满足群众需要。在封育区出入口处，设立明显标志警示牌。引龙河小流域（下游片）封育面积共有40hm²。

引龙河小流域（下游片）水土保持综合治理工程各项措施数量见表10-1。

表10-1 引龙河小流域（下游片）水土保持治理措施统计表

措施名称	分 类	单位	数量	备 注
工程措施	沟道治理	km	5.40	疏浚土方20181m³
	挡土墙防护	km	0.434	浆砌石
	植草砖防护	km	1.15	生态植草砖
	拦水坝改造	座	2	增设叠石
	硅石塘水塘生态护岸	km	0.83	2阶
	沟头护砌	处	21	入引龙河
	田间道路新建	m	600	2条
植物（林草）措施	绿化景观带	hm²	9	枫杨、水杉等
	雪松	株	5000	山体补植，高度2m
	黄桃	hm²	7.3	
	板栗	hm²	69	
	核桃	hm²	64.7	
	岸坡种草防护	hm²	5.82	草皮护坡1.42hm²，狗牙根4.4hm²
	山体补撒草籽防护	hm²	5	狗牙根
	封山育林	hm²	40	

三、综合治理工程费用计算

（一）固定资产投资

依据《水土保持工程概（估）算编制规定》（水总〔2003〕67号）进行计算，引龙河小流域（下游片）水土保持综合治理工程静态总投资1236.05万元，其中工程措施823.93万元，植物措施258.87万元，施工临时工程39.13万元，独立费用78.12万元，基本预备费36万元。工程投资明细见表10-2。

10-3 《水土保持工程概（估）算编制规定》

表10-2 工程部分投资概算表 单位：万元

序号	项 目	建安工程费	植 物 措 施 费		独立费用	合计
			栽（种）植费	苗木、草、种子费		
一	工程措施	823.93				823.93
二	植物措施		77.66	181.21		258.87
三	施工临时工程	39.13				39.13
四	独立费用				78.12	78.12

续表

序号	项　目	建安工程费	植　物　措　施　费		独立费用	合计
			栽（种）植费	苗木、草、种子费		
五	第一～四部分合计	863.06	77.66	181.21	78.12	1200.05
六	基本预备费					36.00
七	静态总投资					1236.05

引龙河小流域（下游片）水土保持综合治理工程按国家基本建设项目立项，申请中央投资 494.41 万元，省级财政投资 370.82 万元，区级配套为 370.82 万元。

国民经济评价中的投资，应依据《水利建设项目经济评价规范》（SL 72—2013）附录 B 在工程设计概（估）算投资基础上进行调整，剔除工程设计概（估）算中属于国民经济内部的转移支付、按影子价格调整项目所需主要材料的费用、剔除预备费中的价差预备费。根据工程实际，该工程建设资金无贷款，故不涉及国内贷款利息等转移支付；因本工程属于小型水利建设项目，投入物的价格采用当地市场价格。上述工程静态总投资中未计算价差预备费。

（二）年运行费

参照邻近地区类似工程分析，年运行费按固定资产投资的 2% 计算，即 1236.05×2%＝24.72（万元）。

（三）流动资金

参照邻近地区类似工程分析，流动资金按工程年运行费的 10% 计算，即 24.72×10%＝2.47（万元）。

四、综合治理工程效益计算

（一）调水保土效益

按照国家标准《水土保持综合治理效益计算方法》中水文法、水保法及主要水土保持措施的实际拦蓄能力计算各项水土保持措施各年的保土能力。该小流域土地面积共计 1200hm²，年均土壤侵蚀模数为 1200t/（km²·a），年水土流失总量为 1.44 万 t。该项目区水土保持工程实施后，流域内水土保持工程措施治理面积 1200hm²，预期流域内年均土壤侵蚀模数降低到 800t/（km²·a），新增拦蓄泥沙量 0.48 万 t。清淤河道、修建拦水坝新增拦蓄水、保水 10.5 万 m³。

（二）经济效益

水土保持的经济效益，它包括直接经济效益与间接经济效益。本案例只计算通过实施水土保持各项治理措施，产生的直接经济效益。

（1）工程措施效益。通过水土保持综合治理工程，改造耕地和荒地，由旱田、荒地到旱涝保收田，增加旱涝保收田 20hm²。其中 12hm² 旱田调整种植结构，耕作制度由小麦、大豆、玉米两年三熟改为小麦、水稻一年两熟，复种指数由 1.5 提高到 2.0，具体种植作物及种植面积见表 10-3；8hm² 荒地发展黄桃、苹果等果树高效农业，具体种植作物及种植面积见表 10－3。

表 10－3　　　　　　　　　　　　　旱涝保收田农作物种植面积　　　　　　　　　　　单位：hm²

种植作物	旱田改旱涝保收田			荒地改旱涝保收田		
	水稻	小麦	合计	黄桃	苹果	合计
种植面积	12	12	24	3	5	8

河道两岸滩地新增经济果林 141hm²，其中：黄桃 7.3hm²；板栗 69hm²；核桃 64.7hm²。

因本工程属于小型水利建设项目，计算经济效益时农作物采用市场价格。经调查，项目区所在区域小麦市场价格为 2.26 元/kg，大豆市场价格 5.48 元/kg，玉米市场价格 2.25 元/kg 水稻市场价格为 2.55 元/kg，黄桃市场价格为 8.94 元/kg，苹果市场价格为 6.15 元/kg，板栗市场价格为 11.35 元/kg，核桃市场价格为 10.64 元/kg。

分析各种农作物、经济林在有无水土保持工程条件下的每公顷产量，列入表 10－4 序号 2 所在行中；计算各作物的增产量，列入表 10－4 序号 3 所在行中；需要特别说明的是旱田改旱涝保收田后，不再种植大豆和玉米，所以计算出的增产量为负值。各种植面积植物产品的增产量乘以相应植物产品价格即为其毛效益，列入表 10－4 序号 5 所在行中，经计算该工程运行期的毛效益为 979.33 万元。其中旱田改旱涝保收田种植小麦、水稻，其毛效益为 5.56－5.87－7.22＋26.44＝18.90（万元），自 2020 年开始受益；荒地改旱涝保收田种植黄桃、苹果，其毛效益为 80.46＋80.72＝161.18（万元），自 2023 年开始受益；经济果林种植黄桃、板栗、核桃，其毛效益为 195.79＋293.68＋309.78＝799.25（万元），自 2023 年开始受益。

该工程的净增产效益应在毛效益的基础上剔除生产过程中新增的各种费用即各种植面积上农作物、经济林年生产成本。新增的年生产成本包括农业年生产成本和林业年生产成本等。农业年生产成本是农作物生产过程中所发生的各种费用，主要包括种子种苗肥料农药等直接材料费、直接工资、其他直接费用、制造费用等。林业生产成本是在林业产品生产过程中发生的各种费用。年生产成本可用单位面积生产成本或单位产量生产成本表示，参照《全国农产品成本收益资料汇编 2019》并结合项目区实际情况，各农作物、经济林单位面积生产成本列入表 10－4 序号 6 所在行中。各种植面积上农作物、经济林单位面积生产成本乘以新增种植面积即为其新增的年生产成本，列入表 10－4 序号 7 所在行中。其中水稻、小麦的年生产成本自 2020 年开始计算；黄桃、板栗、苹果、核桃等经济林三年成果，其 2020—2022 年年生产成本分别按经济林年生产成本的 30％计。

经计算可得，2020—2022 年该工程年净增产效益为－178.99 万元，具体各种植面积年净增产效益见表 10－4 序号 8 所在行；2023 年至运行期结束该工程年净增产效益为 350.39 万元。各种植面积净增产效益见表 10－4 序号 9 所在行。

（2）植物（林草）措施效益。通过在河道、道路两侧种植朴树，河道正常蓄水位以上植草护坡，防止水土流失，经估算，可增加效益 70 万元。

通过封山育林、保土耕作防止水土流失，经估算，可增加效益 70 万元。

表 10-4　各种植面积产生的直接经济效益计算表

序号	项目	旱田改旱浇保收田						荒地改旱浇保收田			经济果林			合计
	种植作物	小麦(有项目)	小麦(无项目)	大豆(有项目)	大豆(无项目)	玉米(有项目)	玉米(无项目)	水稻	黄桃	苹果	黄桃	板栗	核桃	
1	种植面积/hm²	12	9	0	4	0	5	12	3	5	7.3	69	64.7	
2	每公顷产量/kg	6004	5273	0	2677	0	6419	8639	30000	26250	30000	3750	4500	
3	增产量/万 kg	2.46		−1.07		−3.21		10.37	9.00	13.13	21.90	25.88	29.12	
4	单价/(元/kg)	2.26		5.48		2.25		2.55	8.94	6.15	8.94	11.35	10.64	
5	毛效益/万元	5.56		−5.86		−7.22		26.44	80.46	80.72	195.79	293.68	309.78	979.33
6	单位面积生产成本/(万元/hm²)	0.98		0.85		0.87		1.49	17.55	9.92	17.55	3.24	2.50	
7	年新增生产成本/万元	2.94		−3.38		−4.33		17.93	52.65	49.61	128.12	223.82	161.59	628.94
8	2020—2022 年的年净增产效益/万元	2.62		−2.48		−2.89		8.50	−15.80	−14.88	−38.43	−67.15	−48.48	−178.99
9	2023 年至运行期结束的年净增产效益/万元	2.62		−2.48		−2.89		8.50	27.81	31.11	67.67	69.86	148.20	350.39

（三）社会效益

本项目实施并产生效益后，所带来的社会效益主要体现在减轻流域内及其周边地区的自然灾害对人民群众生产、生活条件的破坏和促进当地社会进步两个方面。

（1）减轻自然灾害效益分析。减轻水土流失对土地的破坏，项目实施后，通过各项水土保持措施的综合治理，将基本控制流域内沟蚀割切吞蚀土地和面蚀，使山坡地"石化""沙化"的现状。

减轻沟道、河流的洪水、泥沙危害，通过对各项水土保持措施蓄水、保土效益的分析计算，项目实施后，预期每年将有效拦蓄泥沙 0.48 万 t，蓄水、保水 10.5 万 m³，减轻对下游农田洪涝的危害，大量减少排入下游河道的泥沙。

（2）促进社会进步的效益分析。提高土地生产率。工程实施后，岗坡地农田灌排能力有较大提高，使土地的单位面积实物产量提高。调整了土地种植结构，发展设施、优质水果，使当地人口、资源、环境与经济发展走上良性循环。

（四）固定资产余值及流动资金的回收

根据该工程管理状况预测，固定资产余值按固定资产投资的 3% 计算，则固定资产余值为 1236.05×3%＝37.08 万元。固定资产余值 37.08 万元和流动资金 2.47 万元均应在计算期末一次回收，并计入工程效益中。

五、国民经济评价

（一）国民经济评价有关参数

（1）根据《水利建设项目经济评价规范》（SL 72—2013），社会折现率 i_s 取 8%。

（2）根据工程建设进度安排，2019 年年初开工建设，当年验收，即建设期为 1 年；2020 年投产使用，运行期 30 年，故该水土保持工程计算期为 31 年。计算基准点为 2019 年年初。

（二）编制费用效益流量表

根据国民经济评价的效益、费用，编制国民经济评价费用效益流量表（表 10−5）。

（三）计算经济评价指标并进行经济评价

计算经济内部收益率、经济净现值、经济效益费用比等评价指标，进行国民经济评价。

评价结论为：经济内部收益率 $EIRR$＝19.66%＞8%；经济净现值 $ENPV$＝2447.94 万元＞0；效益费用比 R_{BC}＝2.74＞1.0，因此国民经济评价合理。

（四）敏感性分析

本案例在投资增加 20%、效益减小 20% 的情况下，分别计算经济净现值及其对于投资和效益变化的敏感度系数，其结果见表 10−6。由投资、效益的敏感度系数可知，效益的变化比投资的变化对经济净现值的影响更为敏感，尽管该工程方案抗风险能力较强，运行过程中仍应采取避免效益下降的措施。

表 10-5　国民经济评价费用效益流量表

单位：万元

序号	项目	建设期 2019年	运行期 2020年	2021年	2022年	2023年	...	2048年	2049年	合计
1	效益流量 B		-38.99	-38.99	-38.99	490.39	...	490.39	529.95	13163.25
1.1	工程措施效益		-178.99	-178.99	-178.99	350.39	...	350.39	350.39	8923.70
1.1.1	旱田改旱劳保收田效益		5.75	5.75	5.75	5.75	...	5.75	5.75	172.49
1.1.2	黄桃		-54.23	-54.23	-54.23	95.48	...	95.48	95.48	2415.30
1.1.3	苹果		-14.88	-14.88	-14.88	31.11	...	31.11	31.11	795.22
1.1.4	板栗		-67.15	-67.15	-67.15	69.86	...	69.86	69.86	1684.85
1.1.5	核桃		-48.48	-48.48	-48.48	148.20	...	148.20	148.20	3855.85
1.2	植物（林草）措施效益		140.00	140.00	140.00	140.00	...	140.00	140.00	4200.00
1.3	回收固定资产余值								37.08	37.08
1.4	回收流动资金								2.47	2.47
2	费用流量 C		27.19	24.72	24.72	24.72	...	24.72	24.72	1980.15
2.1	固定资产投资	1236.05								1236.05
2.2	流动资金		2.47							2.47
2.3	年运行费		24.72	24.72	24.72	24.72	...	24.72	24.72	741.63
3	净效益流量（$B-C$）	-1236.05	-66.18	-63.71	-63.71	465.67	...	465.67	505.23	11183.10
4	累计净效益流量	-1236.05	-1302.23	-1365.94	-1429.64	-963.97	...	10677.87	11183.10	

评价指标：经济内部收益率 $EIRR=19.66\%$；

经济净现值 $ENPV=2447.94$ 万元（$i_s=8\%$）；

经济效益费用比 $R_{BC}=2.74$（$i_s=8\%$）。

表 10 - 6　　　　　　　　　　　　敏感性分析计算结果

方案或影响因素	影响因素变化率 /%	ENPV /万元	ΔENPV	评价指标变化率 (ΔENPV/ENPV)/%	敏感度系数
基本方案	0	2447.94			
投资	20	2167.81	−280.13	−11.44	−0.57
效益	−20	1678.22	−769.72	−31.44	1.57

思　考　题

1. 何谓水土保持？水土保持生态建设工程与措施、生产建设项目的水土保持工程与措施分别指什么？

2. 解释水土保持工程措施、植物措施、耕作措施的含义。

3. 水土保持效益指什么？包括哪四类效益？四类效益的关系是怎样的？各类效益所含的一级项目是什么？

4. 如何计算水土保持直接经济效益？计算时为什么要计入治理前与治理后，单位面积生产费用的差异？

5. 水土保持间接经济效益指什么？

6. 简述确定水土保持生态效益的方法；简述确定水土保持社会效益应考虑哪些方面。

附录1 复利因子表

$i=3\%$

n	$[F/P,i,n]$	$[P/F,i,n]$	$[F/A,i,n]$	$[A/F,i,n]$	$[P/A,i,n]$	$[A/P,i,n]$	$[F/G,i,n]$	$[P/G,i,n]$	$[A/G,i,n]$
1	1.0300	0.9709	1.0000	1.0000	0.9709	1.0300	0.0000	0.0000	0.0000
2	1.0609	0.9426	2.0300	0.4926	1.9135	0.5226	1.0000	0.9426	0.4926
3	1.0927	0.9151	3.0909	0.3235	2.8286	0.3535	3.0300	2.7729	0.9803
4	1.1255	0.8885	4.1836	0.2390	3.7171	0.2690	6.1209	5.4383	1.4631
5	1.1593	0.8626	5.3091	0.1884	4.5797	0.2184	10.3045	8.8888	1.9409
6	1.1941	0.8375	6.4684	0.1546	5.4172	0.1846	15.6137	13.0762	2.4138
7	1.2299	0.8131	7.6625	0.1305	6.2303	0.1605	22.0821	17.9547	2.8819
8	1.2668	0.7894	8.8923	0.1125	7.0197	0.1425	29.7445	23.4806	3.3450
9	1.3048	0.7664	10.1591	0.0984	7.7861	0.1284	38.6369	29.6119	3.8032
10	1.3439	0.7441	11.4639	0.0872	8.5302	0.1172	48.7960	36.3088	4.2565
11	1.3842	0.7224	12.8078	0.0781	9.2526	0.1081	60.2599	43.5330	4.7049
12	1.4258	0.7014	14.1920	0.0705	9.9540	0.1005	73.0677	51.2482	5.1485
13	1.4685	0.6810	15.6178	0.0640	10.6350	0.0940	87.2597	59.4196	5.5872
14	1.5126	0.6611	17.0863	0.0585	11.2961	0.0885	102.8775	68.0141	6.0210
15	1.5580	0.6419	18.5989	0.0538	11.9379	0.0838	119.9638	77.0002	6.4500
16	1.6047	0.6232	20.1569	0.0496	12.5611	0.0796	138.5627	86.3477	6.8742
17	1.6528	0.6050	21.7616	0.0460	13.1661	0.0760	158.7196	96.0280	7.2936
18	1.7024	0.5874	23.4144	0.0427	13.7535	0.0727	180.4812	106.0137	7.7081
19	1.7535	0.5703	25.1169	0.0398	14.3238	0.0698	203.8956	116.2788	8.1179
20	1.8061	0.5537	26.8704	0.0372	14.8775	0.0672	229.0125	126.7987	8.5229
21	1.8603	0.5375	28.6765	0.0349	15.4150	0.0649	255.8829	137.5496	8.9231
22	1.9161	0.5219	30.5368	0.0327	15.9369	0.0627	284.5593	148.5094	9.3186
23	1.9736	0.5067	32.4529	0.0308	16.4436	0.0608	315.0961	159.6566	9.7093
24	2.0328	0.4919	34.4265	0.0290	16.9355	0.0590	347.5490	170.9711	10.0954
25	2.0938	0.4776	36.4593	0.0274	17.4131	0.0574	381.9755	182.4336	10.4768
26	2.1566	0.4637	38.5530	0.0259	17.8768	0.0559	418.4347	194.0260	10.8535
27	2.2213	0.4502	40.7096	0.0246	18.3270	0.0546	456.9878	205.7309	11.2255
28	2.2879	0.4371	42.9309	0.0233	18.7641	0.0533	497.6974	217.5320	11.5930
29	2.3566	0.4243	45.2189	0.0221	19.1885	0.0521	540.6283	229.4137	11.9558
30	2.4273	0.4120	47.5754	0.0210	19.6004	0.0510	585.8472	241.3613	12.3141
31	2.5001	0.4000	50.0027	0.0200	20.0004	0.0500	633.4226	253.3609	12.6678
32	2.5751	0.3883	52.5028	0.0190	20.3888	0.0490	683.4253	265.3993	13.0169
33	2.6523	0.3770	55.0778	0.0182	20.7658	0.0482	735.9280	277.4642	13.3616
34	2.7319	0.3660	57.7302	0.0173	21.1318	0.0473	791.0059	289.5437	13.7018
35	2.8139	0.3554	60.4621	0.0165	21.4872	0.0465	848.7361	301.6267	14.0375
36	2.8983	0.3450	63.2759	0.0158	21.8323	0.0458	909.1981	313.7028	14.3688
37	2.9852	0.3350	66.1742	0.0151	22.1672	0.0451	972.4741	325.7622	14.6957
38	3.0748	0.3252	69.1594	0.0145	22.4925	0.0445	1038.6483	337.7956	15.0182
39	3.1670	0.3158	72.2342	0.0138	22.8082	0.0438	1107.8078	349.7942	15.3363
40	3.2620	0.3066	75.4013	0.0133	23.1148	0.0433	1180.0420	361.7499	15.6502
45	3.7816	0.2644	92.7199	0.0108	24.5187	0.0408	1590.6620	420.6325	17.1556
50	4.3839	0.2281	112.7969	0.0089	25.7298	0.0389	2093.2289	477.4803	18.5575
55	5.0821	0.1968	136.0716	0.0073	26.7744	0.0373	2702.3873	531.7411	19.8600
60	5.8916	0.1697	163.0534	0.0061	27.6756	0.0361	3435.1146	583.0526	21.0674
65	6.8300	0.1464	194.3328	0.0051	28.4529	0.0351	4311.0919	631.2010	22.1841
70	7.9178	0.1263	230.5941	0.0043	29.1234	0.0343	5353.1355	676.0869	23.2145
75	9.1789	0.1089	272.6309	0.0037	29.7018	0.0337	6587.6952	717.6978	24.1634
80	10.6409	0.0940	321.3630	0.0031	30.2008	0.0331	8045.4340	756.0865	25.0353
85	12.3357	0.0811	377.8570	0.0026	30.6312	0.0326	9761.8984	791.3529	25.8349
90	14.3005	0.0699	443.3489	0.0023	31.0024	0.0323	11778.2968	823.6302	26.5667
95	16.5782	0.0603	519.2720	0.0019	31.3227	0.0319	14142.4009	853.0742	27.2351
100	19.2186	0.0520	607.2877	0.0016	31.5989	0.0316	16909.5911	879.8540	27.8444

附表 1 - 2 $i=5\%$

n	$[F/P,i,n]$	$[P/F,i,n]$	$[F/A,i,n]$	$[A/F,i,n]$	$[P/A,i,n]$	$[A/P,i,n]$	$[F/G,i,n]$	$[P/G,i,n]$	$[A/G,i,n]$
1	1.0500	0.9524	1.0000	1.0000	0.9524	1.0500	0.0000	0.0000	0.0000
2	1.1025	0.9070	2.0500	0.4878	1.8594	0.5378	1.0000	0.9070	0.4878
3	1.1576	0.8638	3.1525	0.3172	2.7232	0.3672	3.0500	2.6347	0.9675
4	1.2155	0.8227	4.3101	0.2320	3.5460	0.2820	6.2025	5.1028	1.4391
5	1.2763	0.7835	5.5256	0.1810	4.3295	0.2310	10.5126	8.2369	1.9025
6	1.3401	0.7462	6.8019	0.1470	5.0757	0.1970	16.0383	11.9680	2.3579
7	1.4071	0.7107	8.1420	0.1228	5.7864	0.1728	22.8402	16.2321	2.8052
8	1.4775	0.6768	9.5491	0.1047	6.4632	0.1547	30.9822	20.9700	3.2445
9	1.5513	0.6446	11.0266	0.0907	7.1078	0.1407	40.5313	26.1268	3.6758
10	1.6289	0.6139	12.5779	0.0795	7.7217	0.1295	51.5579	31.6520	4.0991
11	1.7103	0.5847	14.2068	0.0704	8.3064	0.1204	64.1357	37.4988	4.5144
12	1.7959	0.5568	15.9171	0.0628	8.8633	0.1128	78.3425	43.6241	4.9219
13	1.8856	0.5303	17.7130	0.0565	9.3936	0.1065	94.2597	49.9879	5.3215
14	1.9799	0.5051	19.5986	0.0510	9.8986	0.1010	111.9726	56.5538	5.7133
15	2.0789	0.4810	21.5786	0.0463	10.3797	0.0963	131.5713	63.2880	6.0973
16	2.1829	0.4581	23.6575	0.0423	10.8378	0.0923	153.1498	70.1597	6.4736
17	2.2920	0.4363	25.8404	0.0387	11.2741	0.0887	176.8073	77.1405	6.8423
18	2.4066	0.4155	28.1324	0.0355	11.6896	0.0855	202.6477	84.2043	7.2034
19	2.5270	0.3957	30.5390	0.0327	12.0853	0.0827	230.7801	91.3275	7.5569
20	2.6533	0.3769	33.0660	0.0302	12.4622	0.0802	261.3191	98.4884	7.9030
21	2.7860	0.3589	35.7193	0.0280	12.8212	0.0780	294.3850	105.6673	8.2416
22	2.9253	0.3418	38.5052	0.0260	13.1630	0.0760	330.1043	112.8461	8.5730
23	3.0715	0.3256	41.4305	0.0241	13.4886	0.0741	368.6095	120.0087	8.8971
24	3.2251	0.3101	44.5020	0.0225	13.7986	0.0725	410.0400	127.1402	9.2140
25	3.3864	0.2953	47.7271	0.0210	14.0939	0.0710	454.5420	134.2275	9.5238
26	3.5557	0.2812	51.1135	0.0196	14.3752	0.0696	502.2691	141.2585	9.8266
27	3.7335	0.2678	54.6691	0.0183	14.6430	0.0683	553.3825	148.2226	10.1224
28	3.9201	0.2551	58.4026	0.0171	14.8981	0.0671	608.0517	155.1101	10.4114
29	4.1161	0.2429	62.3227	0.0160	15.1411	0.0660	666.4542	161.9126	10.6936
30	4.3219	0.2314	66.4388	0.0151	15.3725	0.0651	728.7770	168.6226	10.9691
31	4.5380	0.2204	70.7608	0.0141	15.5928	0.0641	795.2158	175.2333	11.2381
32	4.7649	0.2099	75.2988	0.0133	15.8027	0.0633	865.9766	181.7392	11.5005
33	5.0032	0.1999	80.0638	0.0125	16.0025	0.0625	941.2754	188.1351	11.7566
34	5.2533	0.1904	85.0670	0.0118	16.1929	0.0618	1021.3392	194.4168	12.0063
35	5.5160	0.1813	90.3203	0.0111	16.3742	0.0611	1106.4061	200.5807	12.2498
36	5.7918	0.1727	95.8363	0.0104	16.5469	0.0604	1196.7265	206.6237	12.4872
37	6.0814	0.1644	101.6281	0.0098	16.7113	0.0598	1292.5628	212.5434	12.7186
38	6.3855	0.1566	107.7095	0.0093	16.8679	0.0593	1394.1909	218.3378	12.9440
39	6.7048	0.1491	114.0950	0.0088	17.0170	0.0588	1501.9005	224.0054	13.1636
40	7.0400	0.1420	120.7998	0.0083	17.1591	0.0583	1615.9955	229.5452	13.3775
45	8.9850	0.1113	159.7002	0.0063	17.7741	0.0563	2294.0031	255.3145	14.3644
50	11.4674	0.0872	209.3480	0.0048	18.2559	0.0548	3186.9599	277.9148	15.2233
55	14.6356	0.0683	272.7126	0.0037	18.6335	0.0537	4354.2524	297.5104	15.9664
60	18.6792	0.0535	353.5837	0.0028	18.9293	0.0528	5871.6744	314.3432	16.6062
65	23.8399	0.0419	456.7980	0.0022	19.1611	0.0522	7835.9602	328.6910	17.1541
70	30.4264	0.0329	588.5285	0.0017	19.3427	0.0517	10370.5702	340.8409	17.6212
75	38.8327	0.0258	756.6537	0.0013	19.4850	0.0513	13633.0744	351.0721	18.0176
80	49.5614	0.0202	971.2288	0.0010	19.5965	0.0510	17824.5764	359.6460	18.3526
85	63.2545	0.0158	1245.0871	0.0008	19.6838	0.0508	23201.7414	366.8007	18.6346
90	80.7304	0.0124	1594.6073	0.0006	19.7523	0.0506	30092.1460	372.7488	18.8712
95	103.0347	0.0097	2040.6935	0.0005	19.8059	0.0505	38913.8706	377.6774	19.0689
100	131.5013	0.0076	2610.0252	0.0004	19.8479	0.0504	50200.5031	381.7492	19.2337

附表 1 - 3　　　　　　　　　　　　　　$i=6\%$

n	$[F/P,i,n]$	$[P/F,i,n]$	$[F/A,i,n]$	$[A/F,i,n]$	$[P/A,i,n]$	$[A/P,i,n]$	$[F/G,i,n]$	$[P/G,i,n]$	$[A/G,i,n]$
1	1.0600	0.9434	1.0000	1.0000	0.9434	1.0600	0.0000	0.0000	0.0000
2	1.1236	0.8900	2.0600	0.4854	1.8334	0.5454	1.0000	0.8900	0.4854
3	1.1910	0.8396	3.1836	0.3141	2.6730	0.3741	3.0600	2.5692	0.9612
4	1.2625	0.7921	4.3746	0.2286	3.4651	0.2886	6.2436	4.9455	1.4272
5	1.3382	0.7473	5.6371	0.1774	4.2124	0.2374	10.6182	7.9345	1.8836
6	1.4185	0.7050	6.9753	0.1434	4.9173	0.2034	16.2553	11.4594	2.3304
7	1.5036	0.6651	8.3938	0.1191	5.5824	0.1791	23.2306	15.4497	2.7676
8	1.5938	0.6274	9.8975	0.1010	6.2098	0.1610	31.6245	19.8416	3.1952
9	1.6895	0.5919	11.4913	0.0870	6.8017	0.1470	41.5219	24.5768	3.6133
10	1.7908	0.5584	13.1808	0.0759	7.3601	0.1359	53.0132	29.6023	4.0220
11	1.8983	0.5268	14.9716	0.0668	7.8869	0.1268	66.1940	34.8702	4.4213
12	2.0122	0.4970	16.8699	0.0593	8.3838	0.1193	81.1657	40.3369	4.8113
13	2.1329	0.4688	18.8821	0.0530	8.8527	0.1130	98.0356	45.9629	5.1920
14	2.2609	0.4423	21.0151	0.0476	9.2950	0.1076	116.9178	51.7128	5.5635
15	2.3966	0.4173	23.2760	0.0430	9.7122	0.1030	137.9328	57.5546	5.9260
16	2.5404	0.3936	25.6725	0.0390	10.1059	0.0990	161.2088	63.4592	6.2794
17	2.6928	0.3714	28.2129	0.0354	10.4773	0.0954	186.8813	69.4011	6.6240
18	2.8543	0.3503	30.9057	0.0324	10.8276	0.0924	215.0942	75.3569	6.9597
19	3.0256	0.3305	33.7600	0.0296	11.1581	0.0896	245.9999	81.3062	7.2867
20	3.2071	0.3118	36.7856	0.0272	11.4699	0.0872	279.7599	87.2304	7.6051
21	3.3996	0.2942	39.9927	0.0250	11.7641	0.0850	316.5454	93.1136	7.9151
22	3.6035	0.2775	43.3923	0.0230	12.0416	0.0830	356.5382	98.9412	8.2166
23	3.8197	0.2618	46.9958	0.0213	12.3034	0.0813	399.9305	104.7007	8.5099
24	4.0489	0.2470	50.8156	0.0197	12.5504	0.0797	446.9263	110.3812	8.7951
25	4.2919	0.2330	54.8645	0.0182	12.7834	0.0782	497.7419	115.9732	9.0722
26	4.5494	0.2198	59.1564	0.0169	13.0032	0.0769	552.6064	121.4684	9.3414
27	4.8223	0.2074	63.7058	0.0157	13.2105	0.0757	611.7628	126.8600	9.6029
28	5.1117	0.1956	68.5281	0.0146	13.4062	0.0746	675.4685	132.1420	9.8568
29	5.4184	0.1846	73.6398	0.0136	13.5907	0.0736	743.9966	137.3096	10.1032
30	5.7435	0.1741	79.0582	0.0126	13.7648	0.0726	817.6364	142.3588	10.3422
31	6.0881	0.1643	84.8017	0.0118	13.9291	0.0718	896.6946	147.2864	10.5740
32	6.4534	0.1550	90.8898	0.0110	14.0840	0.0710	981.4963	152.0901	10.7988
33	6.8406	0.1462	97.3432	0.0103	14.2302	0.0703	1072.3861	156.7681	11.0166
34	7.2510	0.1379	104.1838	0.0096	14.3681	0.0696	1169.7292	161.3192	11.2276
35	7.6861	0.1301	111.4348	0.0090	14.4982	0.0690	1273.9130	165.7427	11.4319
36	8.1473	0.1227	119.1209	0.0084	14.6210	0.0684	1385.3478	170.0387	11.6298
37	8.6361	0.1158	127.2681	0.0079	14.7368	0.0679	1504.4686	174.2072	11.8213
38	9.1543	0.1092	135.9042	0.0074	14.8460	0.0674	1631.7368	178.2490	12.0065
39	9.7035	0.1031	145.0585	0.0069	14.9491	0.0669	1767.6410	182.1652	12.1857
40	10.2857	0.0972	154.7620	0.0065	15.0463	0.0665	1912.6994	185.9568	12.3590
45	13.7646	0.0727	212.7435	0.0047	15.4558	0.0647	2795.7252	203.1096	13.1413
50	18.4202	0.0543	290.3359	0.0034	15.7619	0.0634	4005.5984	217.4574	13.7964
55	24.6503	0.0406	394.1720	0.0025	15.9905	0.0625	5652.8671	229.3222	14.3411
60	32.9877	0.0303	533.1282	0.0019	16.1614	0.0619	7885.4697	239.0428	14.7909
65	44.1450	0.0227	719.0829	0.0014	16.2891	0.0614	10901.3810	246.9450	15.1601
70	59.0759	0.0169	967.9322	0.0010	16.3845	0.0610	14965.5362	253.3271	15.4613
75	79.0569	0.0126	1300.9487	0.0008	16.4558	0.0608	20432.4780	258.4527	15.7058
80	105.7960	0.0095	1746.5999	0.0006	16.5091	0.0606	27776.6649	262.5493	15.9033
85	141.5789	0.0071	2342.9817	0.0004	16.5489	0.0604	37633.0290	265.8096	16.0620
90	189.4645	0.0053	3141.0752	0.0003	16.5787	0.0603	50851.2531	268.3946	16.1891
95	253.5463	0.0039	4209.1042	0.0002	16.6009	0.0602	68568.4042	270.4375	16.2905
100	339.3021	0.0029	5638.3681	0.0002	16.6175	0.0602	92306.1343	272.0471	16.3711

$i=7\%$

n	$[F/P,i,n]$	$[P/F,i,n]$	$[F/A,i,n]$	$[A/F,i,n]$	$[P/A,i,n]$	$[A/P,i,n]$	$[F/G,i,n]$	$[P/G,i,n]$	$[A/G,i,n]$
1	1.0700	0.9346	1.0000	1.0000	0.9346	1.0700	0.0000	0.0000	0.0000
2	1.1449	0.8734	2.0700	0.4831	1.8080	0.5531	1.0000	0.8734	0.4831
3	1.2250	0.8163	3.2149	0.3111	2.6243	0.3811	3.0700	2.5060	0.9549
4	1.3108	0.7629	4.4399	0.2252	3.3872	0.2952	6.2849	4.7947	1.4155
5	1.4026	0.7130	5.7507	0.1739	4.1002	0.2439	10.7248	7.6467	1.8650
6	1.5007	0.6663	7.1533	0.1398	4.7665	0.2098	16.4756	10.9784	2.3032
7	1.6058	0.6227	8.6540	0.1156	5.3893	0.1856	23.6289	14.7149	2.7304
8	1.7182	0.5820	10.2598	0.0975	5.9713	0.1675	32.2829	18.7889	3.1465
9	1.8385	0.5439	11.9780	0.0835	6.5152	0.1535	42.5427	23.1404	3.5517
10	1.9672	0.5083	13.8164	0.0724	7.0236	0.1424	54.5207	27.7156	3.9461
11	2.1049	0.4751	15.7836	0.0634	7.4987	0.1334	68.3371	32.4665	4.3296
12	2.2522	0.4440	17.8885	0.0559	7.9427	0.1259	84.1207	37.3506	4.7025
13	2.4098	0.4150	20.1406	0.0497	8.3577	0.1197	102.0092	42.3302	5.0648
14	2.5785	0.3878	22.5505	0.0443	8.7455	0.1143	122.1498	47.3718	5.4167
15	2.7590	0.3624	25.1290	0.0398	9.1079	0.1098	144.7003	52.4461	5.7583
16	2.9522	0.3387	27.8881	0.0359	9.4466	0.1059	169.8293	57.5271	6.0897
17	3.1588	0.3166	30.8402	0.0324	9.7632	0.1024	197.7174	62.5923	6.4110
18	3.3799	0.2959	33.9990	0.0294	10.0591	0.0994	228.5576	67.6219	6.7225
19	3.6165	0.2765	37.3790	0.0268	10.3356	0.0968	262.5566	72.5991	7.0242
20	3.8697	0.2584	40.9955	0.0244	10.5940	0.0944	299.9356	77.5091	7.3163
21	4.1406	0.2415	44.8652	0.0223	10.8355	0.0923	340.9311	82.3393	7.5990
22	4.4304	0.2257	49.0057	0.0204	11.0612	0.0904	385.7963	87.0793	7.8725
23	4.7405	0.2109	53.4361	0.0187	11.2722	0.0887	434.8020	91.7201	8.1369
24	5.0724	0.1971	58.1767	0.0172	11.4693	0.0872	488.2382	96.2545	8.3923
25	5.4274	0.1842	63.2490	0.0158	11.6536	0.0858	546.4148	100.6765	8.6391
26	5.8074	0.1722	68.6765	0.0146	11.8258	0.0846	609.6639	104.9814	8.8773
27	6.2139	0.1609	74.4838	0.0134	11.9867	0.0834	678.3403	109.1656	9.1072
28	6.6488	0.1504	80.6977	0.0124	12.1371	0.0824	752.8242	113.2264	9.3289
29	7.1143	0.1406	87.3465	0.0114	12.2777	0.0814	833.5218	117.1622	9.5427
30	7.6123	0.1314	94.4608	0.0106	12.4090	0.0806	920.8684	120.9718	9.7487
31	8.1451	0.1228	102.0730	0.0098	12.5318	0.0798	1015.3292	124.6550	9.9471
32	8.7153	0.1147	110.2182	0.0091	12.6466	0.0791	1117.4022	128.2120	10.1381
33	9.3253	0.1072	118.9334	0.0084	12.7538	0.0784	1227.6204	131.6435	10.3219
34	9.9781	0.1002	128.2588	0.0078	12.8540	0.0778	1346.5538	134.9507	10.4987
35	10.6766	0.0937	138.2369	0.0072	12.9477	0.0772	1474.8125	138.1353	10.6687
36	11.4239	0.0875	148.9135	0.0067	13.0352	0.0767	1613.0494	141.1990	10.8321
37	12.2236	0.0818	160.3374	0.0062	13.1170	0.0762	1761.9629	144.1441	10.9891
38	13.0793	0.0765	172.5610	0.0058	13.1935	0.0758	1922.3003	146.9730	11.1398
39	13.9948	0.0715	185.6403	0.0054	13.2649	0.0754	2094.8613	149.6883	11.2845
40	14.9745	0.0668	199.6351	0.0050	13.3317	0.0750	2280.5016	152.2928	11.4233
45	21.0025	0.0476	285.7493	0.0035	13.6055	0.0735	3439.2759	163.7559	12.0360
50	29.4570	0.0339	406.5289	0.0025	13.8007	0.0725	5093.2704	172.9051	12.5287
55	41.3150	0.0242	575.9286	0.0017	13.9399	0.0717	7441.8370	180.1243	12.9215
60	57.9464	0.0173	813.5204	0.0012	14.0392	0.0712	10764.5769	185.7677	13.2321
65	81.2729	0.0123	1146.7552	0.0009	14.1099	0.0709	15453.6452	190.1452	13.4760
70	113.9894	0.0088	1614.1342	0.0006	14.1604	0.0706	22059.0596	193.5185	13.6662
75	159.8760	0.0063	2269.6574	0.0004	14.1964	0.0704	31352.2488	196.1035	13.8136
80	224.2344	0.0045	3189.0627	0.0003	14.2220	0.0703	44415.1811	198.0748	13.9273
85	314.5003	0.0032	4478.5761	0.0002	14.2403	0.0702	62765.3731	199.5717	14.0146
90	441.1030	0.0023	6287.1854	0.0002	14.2533	0.0702	88531.2204	200.7042	14.0812
95	618.6697	0.0016	8823.8535	0.0001	14.2626	0.0701	124697.9077	201.5581	14.1319
100	867.7163	0.0012	12381.6618	0.0001	14.2693	0.0701	175452.3113	202.2001	14.1703

附表 1 – 5 $i=8\%$

n	[F/P,i,n]	[P/F,i,n]	[F/A,i,n]	[A/F,i,n]	[P/A,i,n]	[A/P,i,n]	[F/G,i,n]	[P/G,i,n]	[A/G,i,n]
1	1.0800	0.9259	1.0000	1.0000	0.9259	1.0800	0.0000	0.0000	0.0000
2	1.1664	0.8573	2.0800	0.4808	1.7833	0.5608	1.0000	0.8573	0.4808
3	1.2597	0.7938	3.2464	0.3080	2.5771	0.3880	3.0800	2.4450	0.9487
4	1.3605	0.7350	4.5061	0.2219	3.3121	0.3019	6.3264	4.6501	1.4040
5	1.4693	0.6806	5.8666	0.1705	3.9927	0.2505	10.8325	7.3724	1.8465
6	1.5869	0.6302	7.3359	0.1363	4.6229	0.2163	16.6991	10.5233	2.2763
7	1.7138	0.5835	8.9228	0.1121	5.2064	0.1921	24.0350	14.0242	2.6937
8	1.8509	0.5403	10.6366	0.0940	5.7466	0.1740	32.9578	17.8061	3.0985
9	1.9990	0.5002	12.4876	0.0801	6.2469	0.1601	43.5945	21.8081	3.4910
10	2.1589	0.4632	14.4866	0.0690	6.7101	0.1490	56.0820	25.9768	3.8713
11	2.3316	0.4289	16.6455	0.0601	7.1390	0.1401	70.5686	30.2657	4.2395
12	2.5182	0.3971	18.9771	0.0527	7.5361	0.1327	87.2141	34.6339	4.5957
13	2.7196	0.3677	21.4953	0.0465	7.9038	0.1265	106.1912	39.0463	4.9402
14	2.9372	0.3405	24.2149	0.0413	8.2442	0.1213	127.6865	43.4723	5.2731
15	3.1722	0.3152	27.1521	0.0368	8.5595	0.1168	151.9014	47.8857	5.5945
16	3.4259	0.2919	30.3243	0.0330	8.8514	0.1130	179.0535	52.2640	5.9046
17	3.7000	0.2703	33.7502	0.0296	9.1216	0.1096	209.3778	56.5883	6.2037
18	3.9960	0.2502	37.4502	0.0267	9.3719	0.1067	243.1280	60.8426	6.4920
19	4.3157	0.2317	41.4463	0.0241	9.6036	0.1041	280.5783	65.0134	6.7697
20	4.6610	0.2145	45.7620	0.0219	9.8181	0.1019	322.0246	69.0898	7.0369
21	5.0338	0.1987	50.4229	0.0198	10.0168	0.0998	367.7865	73.0629	7.2940
22	5.4365	0.1839	55.4568	0.0180	10.2007	0.0980	418.2094	76.9257	7.5412
23	5.8715	0.1703	60.8933	0.0164	10.3711	0.0964	473.6662	80.6726	7.7786
24	6.3412	0.1577	66.7648	0.0150	10.5288	0.0950	534.5595	84.2997	8.0066
25	6.8485	0.1460	73.1059	0.0137	10.6748	0.0937	601.3242	87.8041	8.2254
26	7.3964	0.1352	79.9544	0.0125	10.8100	0.0925	674.4302	91.1842	8.4352
27	7.9881	0.1252	87.3508	0.0114	10.9352	0.0914	754.3846	94.4390	8.6363
28	8.6271	0.1159	95.3388	0.0105	11.0511	0.0905	841.7354	97.5687	8.8289
29	9.3173	0.1073	103.9659	0.0096	11.1584	0.0896	937.0742	100.5738	9.0133
30	10.0627	0.0994	113.2832	0.0088	11.2578	0.0888	1041.0401	103.4558	9.1897
31	10.8677	0.0920	123.3459	0.0081	11.3498	0.0881	1154.3234	106.2163	9.3584
32	11.7371	0.0852	134.2135	0.0075	11.4350	0.0875	1277.6692	108.8575	9.5197
33	12.6760	0.0789	145.9506	0.0069	11.5139	0.0869	1411.8828	111.3819	9.6737
34	13.6901	0.0730	158.6267	0.0063	11.5869	0.0863	1557.8334	113.7924	9.8208
35	14.7853	0.0676	172.3168	0.0058	11.6546	0.0858	1716.4600	116.0920	9.9611
36	15.9682	0.0626	187.1021	0.0053	11.7172	0.0853	1888.7768	118.2839	10.0949
37	17.2456	0.0580	203.0703	0.0049	11.7752	0.0849	2075.8790	120.3713	10.2225
38	18.6253	0.0537	220.3159	0.0045	11.8289	0.0845	2278.9493	122.3579	10.3440
39	20.1153	0.0497	238.9412	0.0042	11.8786	0.0842	2499.2653	124.2470	10.4597
40	21.7245	0.0460	259.0565	0.0039	11.9246	0.0839	2738.2065	126.0422	10.5699
45	31.9204	0.0313	386.5056	0.0026	12.1084	0.0826	4268.8202	133.7331	11.0447
50	46.9016	0.0213	573.7702	0.0017	12.2335	0.0817	6547.1270	139.5928	11.4107
55	68.9139	0.0145	848.9232	0.0012	12.3186	0.0812	9924.0400	144.0065	11.6902
60	101.2571	0.0099	1253.2133	0.0008	12.3766	0.0808	14915.1662	147.3000	11.9015
65	148.7798	0.0067	1847.2481	0.0005	12.4160	0.0805	22278.1010	149.7387	12.0602
70	218.6064	0.0046	2720.0801	0.0004	12.4428	0.0804	33126.0009	151.5326	12.1783
75	321.2045	0.0031	4002.5566	0.0002	12.4611	0.0802	49094.4578	152.8448	12.2658
80	471.9548	0.0021	5886.9354	0.0002	12.4735	0.0802	72586.6929	153.8001	12.3301
85	693.4565	0.0014	8655.7061	0.0001	12.4820	0.0801	107133.8261	154.4925	12.3772
90	1018.9151	0.0010	12723.9386	0.0001	12.4877	0.0801	157924.2327	154.9925	12.4116
95	1497.1205	0.0007	18701.5069	0.0001	12.4917	0.0801	232581.3357	155.3524	12.4365
100	2199.7613	0.0005	27484.5157	0.0000	12.4943	0.0800	342306.4463	155.6107	12.4545

附表 1 - 6 $i = 10\%$

n	$[F/P,i,n]$	$[P/F,i,n]$	$[F/A,i,n]$	$[A/F,i,n]$	$[P/A,i,n]$	$[A/P,i,n]$	$[F/G,i,n]$	$[P/G,i,n]$	$[A/G,i,n]$
1	1.1000	0.9091	1.0000	1.0000	0.9091	1.1000	0.0000	0.0000	0.0000
2	1.2100	0.8264	2.1000	0.4762	1.7355	0.5762	1.0000	0.8264	0.4762
3	1.3310	0.7513	3.3100	0.3021	2.4869	0.4021	3.1000	2.3291	0.9366
4	1.4641	0.6830	4.6410	0.2155	3.1699	0.3155	6.4100	4.3781	1.3812
5	1.6105	0.6209	6.1051	0.1638	3.7908	0.2638	11.0510	6.8618	1.8101
6	1.7716	0.5645	7.7156	0.1296	4.3553	0.2296	17.1561	9.6842	2.2236
7	1.9487	0.5132	9.4872	0.1054	4.8684	0.2054	24.8717	12.7631	2.6216
8	2.1436	0.4665	11.4359	0.0874	5.3349	0.1874	34.3589	16.0287	3.0045
9	2.3579	0.4241	13.5795	0.0736	5.7590	0.1736	45.7948	19.4215	3.3724
10	2.5937	0.3855	15.9374	0.0627	6.1446	0.1627	59.3742	22.8913	3.7255
11	2.8531	0.3505	18.5312	0.0540	6.4951	0.1540	75.3117	26.3963	4.0641
12	3.1384	0.3186	21.3843	0.0468	6.8137	0.1468	93.8428	29.9012	4.3884
13	3.4523	0.2897	24.5227	0.0408	7.1034	0.1408	115.2271	33.3772	4.6988
14	3.7975	0.2633	27.9750	0.0357	7.3667	0.1357	139.7498	36.8005	4.9955
15	4.1772	0.2394	31.7725	0.0315	7.6061	0.1315	167.7248	40.1520	5.2789
16	4.5950	0.2176	35.9497	0.0278	7.8237	0.1278	199.4973	43.4164	5.5493
17	5.0545	0.1978	40.5447	0.0247	8.0216	0.1247	235.4470	46.5819	5.8071
18	5.5599	0.1799	45.5992	0.0219	8.2014	0.1219	275.9917	49.6395	6.0526
19	6.1159	0.1635	51.1591	0.0195	8.3649	0.1195	321.5909	52.5827	6.2861
20	6.7275	0.1486	57.2750	0.0175	8.5136	0.1175	372.7500	55.4069	6.5081
21	7.4002	0.1351	64.0025	0.0156	8.6487	0.1156	430.0250	58.1095	6.7189
22	8.1403	0.1228	71.4027	0.0140	8.7715	0.1140	494.0275	60.6893	6.9189
23	8.9543	0.1117	79.5430	0.0126	8.8832	0.1126	565.4302	63.1462	7.1085
24	9.8497	0.1015	88.4973	0.0113	8.9847	0.1113	644.9733	65.4813	7.2881
25	10.8347	0.0923	98.3471	0.0102	9.0770	0.1102	733.4706	67.6964	7.4580
26	11.9182	0.0839	109.1818	0.0092	9.1609	0.1092	831.8177	69.7940	7.6186
27	13.1100	0.0763	121.0999	0.0083	9.2372	0.1083	940.9994	71.7773	7.7704
28	14.4210	0.0693	134.2099	0.0075	9.3066	0.1075	1062.0994	73.6495	7.9137
29	15.8631	0.0630	148.6309	0.0067	9.3696	0.1067	1196.3093	75.4146	8.0489
30	17.4494	0.0573	164.4940	0.0061	9.4269	0.1061	1344.9402	77.0766	8.1762
31	19.1943	0.0521	181.9434	0.0055	9.4790	0.1055	1509.4342	78.6395	8.2962
32	21.1138	0.0474	201.1378	0.0050	9.5264	0.1050	1691.3777	80.1078	8.4091
33	23.2252	0.0431	222.2515	0.0045	9.5694	0.1045	1892.5154	81.4856	8.5152
34	25.5477	0.0391	245.4767	0.0041	9.6086	0.1041	2114.7670	82.7773	8.6149
35	28.1024	0.0356	271.0244	0.0037	9.6442	0.1037	2360.2437	83.9872	8.7086
36	30.9127	0.0323	299.1268	0.0033	9.6765	0.1033	2631.2681	85.1194	8.7965
37	34.0039	0.0294	330.0395	0.0030	9.7059	0.1030	2930.3949	86.1781	8.8789
38	37.4043	0.0267	364.0434	0.0027	9.7327	0.1027	3260.4343	87.1673	8.9562
39	41.1448	0.0243	401.4478	0.0025	9.7570	0.1025	3624.4778	88.0908	9.0285
40	45.2593	0.0221	442.5926	0.0023	9.7791	0.1023	4025.9256	88.9525	9.0962
45	72.8905	0.0137	718.9048	0.0014	9.8628	0.1014	6739.0484	92.4544	9.3740
50	117.3909	0.0085	1163.9085	0.0009	9.9148	0.1009	11139.0853	94.8889	9.5704
55	189.0591	0.0053	1880.5914	0.0005	9.9471	0.1005	18255.9142	96.5619	9.7075
60	304.4816	0.0033	3034.8164	0.0003	9.9672	0.1003	29748.1640	97.7010	9.8023
65	490.3707	0.0020	4893.7073	0.0002	9.9796	0.1002	48287.0725	98.4705	9.8672
70	789.7470	0.0013	7887.4696	0.0001	9.9873	0.1001	78174.6957	98.9870	9.9113
75	1271.8954	0.0008	12708.9537	0.0001	9.9921	0.1001	126339.5371	99.3317	9.9410
80	2048.4002	0.0005	20474.0021	0.0000	9.9951	0.1000	203940.0215	99.5606	9.9609
85	3298.9690	0.0003	32979.6903	0.0000	9.9970	0.1000	328946.9030	99.7120	9.9742
90	5313.0226	0.0002	53120.2261	0.0000	9.9981	0.1000	530302.2612	99.8118	9.9831
95	8556.6760	0.0001	85556.7605	0.0000	9.9988	0.1000	854617.6047	99.8773	9.9889
100	13780.6123	0.0001	137796.1234	0.0000	9.9993	0.1000	1376961.2340	99.9202	9.9927

附表 1－7　　　　　　　　　　　　　$i＝12\%$

n	$[F/P,i,n]$	$[P/F,i,n]$	$[F/A,i,n]$	$[A/F,i,n]$	$[P/A,i,n]$	$[A/P,i,n]$	$[F/G,i,n]$	$[P/G,i,n]$	$[A/G,i,n]$
1	1.1200	0.8929	1.0000	1.0000	0.8929	1.1200	0.0000	0.0000	0.0000
2	1.2544	0.7972	2.1200	0.4717	1.6901	0.5917	1.0000	0.7972	0.4717
3	1.4049	0.7118	3.3744	0.2963	2.4018	0.4163	3.1200	2.2208	0.9246
4	1.5735	0.6355	4.7793	0.2092	3.0373	0.3292	6.4944	4.1273	1.3589
5	1.7623	0.5674	6.3528	0.1574	3.6048	0.2774	11.2737	6.3970	1.7746
6	1.9738	0.5066	8.1152	0.1232	4.1114	0.2432	17.6266	8.9302	2.1720
7	2.2107	0.4523	10.0890	0.0991	4.5638	0.2191	25.7418	11.6443	2.5515
8	2.4760	0.4039	12.2997	0.0813	4.9676	0.2013	35.8308	14.4714	2.9131
9	2.7731	0.3606	14.7757	0.0677	5.3282	0.1877	48.1305	17.3563	3.2574
10	3.1058	0.3220	17.5487	0.0570	5.6502	0.1770	62.9061	20.2541	3.5847
11	3.4785	0.2875	20.6546	0.0484	5.9377	0.1684	80.4549	23.1288	3.8953
12	3.8960	0.2567	24.1331	0.0414	6.1944	0.1614	101.1094	25.9523	4.1897
13	4.3635	0.2292	28.0291	0.0357	6.4235	0.1557	125.2426	28.7024	4.4683
14	4.8871	0.2046	32.3926	0.0309	6.6282	0.1509	153.2717	31.3624	4.7317
15	5.4736	0.1827	37.2797	0.0268	6.8109	0.1468	185.6643	33.9202	4.9803
16	6.1304	0.1631	42.7533	0.0234	6.9740	0.1434	222.9440	36.3670	5.2147
17	6.8660	0.1456	48.8837	0.0205	7.1196	0.1405	265.6973	38.6973	5.4353
18	7.6900	0.1300	55.7497	0.0179	7.2497	0.1379	314.5810	40.9080	5.6427
19	8.6128	0.1161	63.4397	0.0158	7.3658	0.1358	370.3307	42.9979	5.8375
20	9.6463	0.1037	72.0524	0.0139	7.4694	0.1339	433.7704	44.9676	6.0202
21	10.8038	0.0926	81.6987	0.0122	7.5620	0.1322	505.8228	46.8188	6.1913
22	12.1003	0.0826	92.5026	0.0108	7.6446	0.1308	587.5215	48.5543	6.3514
23	13.5523	0.0738	104.6029	0.0096	7.7184	0.1296	680.0241	50.1776	6.5010
24	15.1786	0.0659	118.1552	0.0085	7.7843	0.1285	784.6270	51.6929	6.6406
25	17.0001	0.0588	133.3339	0.0075	7.8431	0.1275	902.7823	53.1046	6.7708
26	19.0401	0.0525	150.3339	0.0067	7.8957	0.1267	1036.1161	54.4177	6.8921
27	21.3249	0.0469	169.3740	0.0059	7.9426	0.1259	1186.4501	55.6369	7.0049
28	23.8839	0.0419	190.6989	0.0052	7.9844	0.1252	1355.8241	56.7674	7.1098
29	26.7499	0.0374	214.5828	0.0047	8.0218	0.1247	1546.5229	57.8141	7.2071
30	29.9599	0.0334	241.3327	0.0041	8.0552	0.1241	1761.1057	58.7821	7.2974
31	33.5551	0.0298	271.2926	0.0037	8.0850	0.1237	2002.4384	59.6761	7.3811
32	37.5817	0.0266	304.8477	0.0033	8.1116	0.1233	2273.7310	60.5010	7.4586
33	42.0915	0.0238	342.4294	0.0029	8.1354	0.1229	2578.5787	61.2612	7.5302
34	47.1425	0.0212	384.5210	0.0026	8.1566	0.1226	2921.0082	61.9612	7.5965
35	52.7996	0.0189	431.6635	0.0023	8.1755	0.1223	3305.5291	62.6052	7.6577
36	59.1356	0.0169	484.4631	0.0021	8.1924	0.1221	3737.1926	63.1970	7.7141
37	66.2318	0.0151	543.5987	0.0018	8.2075	0.1218	4221.6558	63.7406	7.7661
38	74.1797	0.0135	609.8305	0.0016	8.2210	0.1216	4765.2544	64.2394	7.8141
39	83.0812	0.0120	684.0102	0.0015	8.2330	0.1215	5375.0850	64.6967	7.8582
40	93.0510	0.0107	767.0914	0.0013	8.2438	0.1213	6059.0952	65.1159	7.8988
45	163.9876	0.0061	1358.2300	0.0007	8.2825	0.1207	10943.5836	66.7342	8.0572
50	289.0022	0.0035	2400.0182	0.0004	8.3045	0.1204	19583.4854	67.7624	8.1597
55	509.3206	0.0020	4236.0050	0.0002	8.3170	0.1202	34841.7087	68.4082	8.2251
60	897.5969	0.0011	7471.6411	0.0001	8.3240	0.1201	61763.6759	68.8100	8.2664
65	1581.8725	0.0006	13173.9374	0.0001	8.3281	0.1201	109241.1452	69.0581	8.2922
70	2787.7998	0.0004	23223.3319	0.0000	8.3303	0.1200	192944.4325	69.2103	8.3082
75	4913.0558	0.0002	40933.7987	0.0000	8.3316	0.1200	340489.9889	69.3031	8.3181
80	8658.4831	0.0001	72145.6925	0.0000	8.3324	0.1200	600547.4375	69.3594	8.3241
85	15259.2057	0.0001	127151.714	0.0000	8.3328	0.1200	1058889.2834	69.3935	8.3278
90	26891.9342	0.0000	224091.1185	0.0000	8.3330	0.1200	1866675.9877	69.4140	8.3300
95	47392.7766	0.0000	394931.4719	0.0000	8.3332	0.1200	3290303.9322	69.4263	8.3313
100	83522.2657	0.0000	696010.5477	0.0000	8.3332	0.1200	5799254.5643	69.4336	8.3321

附表 1 - 8 $i = 15\%$

n	$[F/P,i,n]$	$[P/F,i,n]$	$[F/A,i,n]$	$[A/F,i,n]$	$[P/A,i,n]$	$[A/P,i,n]$	$[F/G,i,n]$	$[P/G,i,n]$	$[A/G,i,n]$
1	1.1500	0.8696	1.0000	1.0000	0.8696	1.1500	0.0000	0.0000	0.0000
2	1.3225	0.7561	2.1500	0.4651	1.6257	0.6151	1.0000	0.7561	0.4651
3	1.5209	0.6575	3.4725	0.2880	2.2832	0.4380	3.1500	2.0712	0.9071
4	1.7490	0.5718	4.9934	0.2003	2.8550	0.3503	6.6225	3.7864	1.3263
5	2.0114	0.4972	6.7424	0.1483	3.3522	0.2983	11.6159	5.7751	1.7228
6	2.3131	0.4323	8.7537	0.1142	3.7845	0.2642	18.3583	7.9368	2.0972
7	2.6600	0.3759	11.0668	0.0904	4.1604	0.2404	27.1120	10.1924	2.4498
8	3.0590	0.3269	13.7268	0.0729	4.4873	0.2229	38.1788	12.4807	2.7813
9	3.5179	0.2843	16.7858	0.0596	4.7716	0.2096	51.9056	14.7548	3.0922
10	4.0456	0.2472	20.3037	0.0493	5.0188	0.1993	68.6915	16.9795	3.3832
11	4.6524	0.2149	24.3493	0.0411	5.2337	0.1911	88.9952	19.1289	3.6549
12	5.3503	0.1869	29.0017	0.0345	5.4206	0.1845	113.3444	21.1849	3.9082
13	6.1528	0.1625	34.3519	0.0291	5.5831	0.1791	142.3461	23.1352	4.1438
14	7.0757	0.1413	40.5047	0.0247	5.7245	0.1747	176.6980	24.9725	4.3624
15	8.1371	0.1229	47.5804	0.0210	5.8474	0.1710	217.2027	26.6930	4.5650
16	9.3576	0.1069	55.7175	0.0179	5.9542	0.1679	264.7831	28.2960	4.7522
17	10.7613	0.0929	65.0751	0.0154	6.0472	0.1654	320.5006	29.7828	4.9251
18	12.3755	0.0808	75.8364	0.0132	6.1280	0.1632	385.5757	31.1565	5.0843
19	14.2318	0.0703	88.2118	0.0113	6.1982	0.1613	461.4121	32.4213	5.2307
20	16.3665	0.0611	102.4436	0.0098	6.2593	0.1598	549.6239	33.5822	5.3651
21	18.8215	0.0531	118.8101	0.0084	6.3125	0.1584	652.0675	34.6448	5.4883
22	21.6447	0.0462	137.6316	0.0073	6.3587	0.1573	770.8776	35.6150	5.6010
23	24.8915	0.0402	159.2764	0.0063	6.3988	0.1563	908.5092	36.4988	5.7040
24	28.6252	0.0349	184.1678	0.0054	6.4338	0.1554	1067.7856	37.3023	5.7979
25	32.9190	0.0304	212.7930	0.0047	6.4641	0.1547	1251.9534	38.0314	5.8834
26	37.8568	0.0264	245.7120	0.0041	6.4906	0.1541	1464.7465	38.6918	5.9612
27	43.5353	0.0230	283.5688	0.0035	6.5135	0.1535	1710.4584	39.2890	6.0319
28	50.0656	0.0200	327.1041	0.0031	6.5335	0.1531	1994.0272	39.8283	6.0960
29	57.5755	0.0174	377.1697	0.0027	6.5509	0.1527	2321.1313	40.3146	6.1541
30	66.2118	0.0151	434.7451	0.0023	6.5660	0.1523	2698.3010	40.7526	6.2066
31	76.1435	0.0131	500.9569	0.0020	6.5791	0.1520	3133.0461	41.1466	6.2541
32	87.5651	0.0114	577.1005	0.0017	6.5905	0.1517	3634.0030	41.5006	6.2970
33	100.6998	0.0099	664.6655	0.0015	6.6005	0.1515	4211.1035	41.8184	6.3357
34	115.8048	0.0086	765.3654	0.0013	6.6091	0.1513	4875.7690	42.1033	6.3705
35	133.1755	0.0075	881.1702	0.0011	6.6166	0.1511	5641.1344	42.3586	6.4019
36	153.1519	0.0065	1014.3457	0.0010	6.6231	0.1510	6522.3045	42.5872	6.4301
37	176.1246	0.0057	1167.4975	0.0009	6.6288	0.1509	7536.6502	42.7916	6.4554
38	202.5433	0.0049	1343.6222	0.0007	6.6338	0.1507	8704.1477	42.9743	6.4781
39	232.9248	0.0043	1546.1655	0.0006	6.6380	0.1506	10047.7699	43.1374	6.4985
40	267.8635	0.0037	1779.0903	0.0006	6.6418	0.1506	11593.9354	43.2830	6.5168
45	538.7693	0.0019	3585.1285	0.0003	6.6543	0.1503	23600.8564	43.8051	6.5830
50	1083.6574	0.0009	7217.7163	0.0001	6.6605	0.1501	47784.7752	44.0958	6.6205
55	2179.6222	0.0005	14524.1479	0.0001	6.6636	0.1501	96460.9860	44.2558	6.6414
60	4383.9987	0.0002	29219.9916	0.0000	6.6651	0.1500	194399.9443	44.3431	6.6530
65	8817.7874	0.0001	58778.5826	0.0000	6.6659	0.1500	391423.8839	44.3903	6.6593
70	17735.7200	0.0001	118231.4669	0.0000	6.6663	0.1500	787743.1128	44.4156	6.6627
75	35672.8680	0.0000	237812.4532	0.0000	6.6665	0.1500	1584916.3545	44.4292	6.6646
80	71750.8794	0.0000	478332.5293	0.0000	6.6666	0.1500	3188350.1956	44.4364	6.6656
85	144316.6470	0.0000	962104.3133	0.0000	6.6666	0.1500	6413462.0886	44.4402	6.6661
90	290272.3252	0.0000	1935142.1680	0.0000	6.6666	0.1500	12900347.7869	44.4422	6.6664
95	583841.3276	0.0000	3892268.8509	0.0000	6.6667	0.1500	25947825.6727	44.4433	6.6665
100	1174313.4507	0.0000	7828749.6713	0.0000	6.6667	0.1500	52190997.8089	44.4438	6.6666

附表 1-9　　　　　　　　　　　　　　　　　$i=20\%$

n	$[F/P,i,n]$	$[P/F,i,n]$	$[F/A,i,n]$	$[A/F,i,n]$	$[P/A,i,n]$	$[A/P,i,n]$	$[F/G,i,n]$	$[P/G,i,n]$	$[A/G,i,n]$
1	1.2000	0.8333	1.0000	1.0000	0.8333	1.2000	0.0000	0.0000	0.0000
2	1.4400	0.6944	2.2000	0.4545	1.5278	0.6545	1.0000	0.6944	0.4545
3	1.7280	0.5787	3.6400	0.2747	2.1065	0.4747	3.2000	1.8519	0.8791
4	2.0736	0.4823	5.3680	0.1863	2.5887	0.3863	6.8400	3.2986	1.2742
5	2.4883	0.4019	7.4416	0.1344	2.9906	0.3344	12.2080	4.9061	1.6405
6	2.9860	0.3349	9.9299	0.1007	3.3255	0.3007	19.6496	6.5806	1.9788
7	3.5832	0.2791	12.9159	0.0774	3.6046	0.2774	29.5795	8.2551	2.2902
8	4.2998	0.2326	16.4991	0.0606	3.8372	0.2606	42.4954	9.8831	2.5756
9	5.1598	0.1938	20.7989	0.0481	4.0310	0.2481	58.9945	11.4335	2.8364
10	6.1917	0.1615	25.9587	0.0385	4.1925	0.2385	79.7934	12.8871	3.0739
11	7.4301	0.1346	32.1504	0.0311	4.3271	0.2311	105.7521	14.2330	3.2893
12	8.9161	0.1122	39.5805	0.0253	4.4392	0.2253	137.9025	15.4667	3.4841
13	10.6993	0.0935	48.4966	0.0206	4.5327	0.2206	177.4830	16.5883	3.6597
14	12.8392	0.0779	59.1959	0.0169	4.6106	0.2169	225.9796	17.6008	3.8175
15	15.4070	0.0649	72.0351	0.0139	4.6755	0.2139	285.1755	18.5095	3.9588
16	18.4884	0.0541	87.4421	0.0114	4.7296	0.2114	357.2106	19.3208	4.0851
17	22.1861	0.0451	105.9306	0.0094	4.7746	0.2094	444.6528	20.0419	4.1976
18	26.6233	0.0376	128.1167	0.0078	4.8122	0.2078	550.5833	20.6805	4.2975
19	31.9480	0.0313	154.7400	0.0065	4.8435	0.2065	678.7000	21.2439	4.3861
20	38.3376	0.0261	186.6880	0.0054	4.8696	0.2054	833.4400	21.7395	4.4643
21	46.0051	0.0217	225.0256	0.0044	4.8913	0.2044	1020.1280	22.1742	4.5334
22	55.2061	0.0181	271.0307	0.0037	4.9094	0.2037	1245.1536	22.5546	4.5941
23	66.2474	0.0151	326.2369	0.0031	4.9245	0.2031	1516.1843	22.8867	4.6475
24	79.4968	0.0126	392.4842	0.0025	4.9371	0.2025	1842.4212	23.1760	4.6943
25	95.3962	0.0105	471.9811	0.0021	4.9476	0.2021	2234.9054	23.4276	4.7352
26	114.4755	0.0087	567.3773	0.0018	4.9563	0.2018	2706.8865	23.6460	4.7709
27	137.3706	0.0073	681.8528	0.0015	4.9636	0.2015	3274.2638	23.8353	4.8020
28	164.8447	0.0061	819.2233	0.0012	4.9697	0.2012	3956.1166	23.9991	4.8291
29	197.8136	0.0051	984.0680	0.0010	4.9747	0.2010	4775.3399	24.1406	4.8527
30	237.3763	0.0042	1181.8816	0.0008	4.9789	0.2008	5759.4078	24.2628	4.8731
31	284.8516	0.0035	1419.2579	0.0007	4.9824	0.2007	6941.2894	24.3681	4.8908
32	341.8219	0.0029	1704.1095	0.0006	4.9854	0.2006	8360.5473	24.4588	4.9061
33	410.1863	0.0024	2045.9314	0.0005	4.9878	0.2005	10064.6568	24.5368	4.9194
34	492.2235	0.0020	2456.1176	0.0004	4.9898	0.2004	12110.5881	24.6038	4.9308
35	590.6682	0.0017	2948.3411	0.0003	4.9915	0.2003	14566.7057	24.6614	4.9406
36	708.8019	0.0014	3539.0094	0.0003	4.9929	0.2003	17515.0469	24.7108	4.9491
37	850.5622	0.0012	4247.8112	0.0002	4.9941	0.2002	21054.0562	24.7531	4.9564
38	1020.6747	0.0010	5098.3735	0.0002	4.9951	0.2002	25301.8675	24.7894	4.9627
39	1224.8096	0.0008	6119.0482	0.0002	4.9959	0.2002	30400.2410	24.8204	4.9681
40	1469.7716	0.0007	7343.8578	0.0001	4.9966	0.2001	36519.2892	24.8469	4.9728
45	3657.2620	0.0003	18281.3099	0.0001	4.9986	0.2001	91181.5497	24.9316	4.9877
50	9100.4382	0.0001	45497.1908	0.0000	4.9995	0.2000	227235.9538	24.9698	4.9945
55	22644.8023	0.0000	113219.0113	0.0000	4.9998	0.2000	565820.0564	24.9868	4.9976
60	56347.5144	0.0000	281732.5718	0.0000	4.9999	0.2000	1408362.8588	24.9942	4.9989
65	140210.6469	0.0000	701048.2346	0.0000	5.0000	0.2000	3504916.1729	24.9975	4.9995
70	348888.9569	0.0000	1744439.7847	0.0000	5.0000	0.2000	8721848.9233	24.9989	4.9998
75	868147.3693	0.0000	4340731.8466	0.0000	5.0000	0.2000	21703284.2328	24.9995	4.9999
80	2160228.4620	0.0000	10801137.3101	0.0000	5.0000	0.2000	54005286.5503	24.9998	5.0000
85	5375339.6866	0.0000	26876693.4329	0.0000	5.0000	0.2000	134383042.1647	24.9999	5.0000
90	13375565.2489	0.0000	66877821.2447	0.0000	5.0000	0.2000	334388656.2234	25.0000	5.0000
95	33282686.5202	0.0000	166413427.6011	0.0000	5.0000	0.2000	832066663.0057	25.0000	5.0000
100	82817974.5220	0.0000	414089867.6101	0.0000	5.0000	0.2000	2070448838.0504	25.0000	5.0000

附表 1 - 10 $i=25\%$

n	$[F/P,i,n]$	$[P/F,i,n]$	$[F/A,i,n]$	$[A/F,i,n]$	$[P/A,i,n]$	$[A/P,i,n]$	$[F/G,i,n]$	$[P/G,i,n]$	$[A/G,i,n]$
1	1.2500	0.8000	1.0000	1.0000	0.8000	1.2500	0.0000	0.0000	0.0000
2	1.5625	0.6400	2.2500	0.4444	1.4400	0.6944	1.0000	0.6400	0.4444
3	1.9531	0.5120	3.8125	0.2623	1.9520	0.5123	3.2500	1.6640	0.8525
4	2.4414	0.4096	5.7656	0.1734	2.3616	0.4234	7.0625	2.8928	1.2249
5	3.0518	0.3277	8.2070	0.1218	2.6893	0.3718	12.8281	4.2035	1.5631
6	3.8147	0.2621	11.2588	0.0888	2.9514	0.3388	21.0352	5.5142	1.8683
7	4.7684	0.2097	15.0735	0.0663	3.1611	0.3163	32.2939	6.7725	2.1424
8	5.9605	0.1678	19.8419	0.0504	3.3289	0.3004	47.3674	7.9469	2.3872
9	7.4506	0.1342	25.8023	0.0388	3.4631	0.2888	67.2093	9.0207	2.6048
10	9.3132	0.1074	33.2529	0.0301	3.5705	0.2801	93.0116	9.9870	2.7971
11	11.6415	0.0859	42.5661	0.0235	3.6564	0.2735	126.2645	10.8460	2.9663
12	14.5519	0.0687	54.2077	0.0184	3.7251	0.2684	168.8306	11.6020	3.1145
13	18.1899	0.0550	68.7596	0.0145	3.7801	0.2645	223.0383	12.2617	3.2437
14	22.7374	0.0440	86.9495	0.0115	3.8241	0.2615	291.7979	12.8334	3.3559
15	28.4217	0.0352	109.6868	0.0091	3.8593	0.2591	378.7474	13.3260	3.4530
16	35.5271	0.0281	138.1085	0.0072	3.8874	0.2572	488.4342	13.7482	3.5366
17	44.4089	0.0225	173.6357	0.0058	3.9099	0.2558	626.5427	14.1085	3.6084
18	55.5112	0.0180	218.0446	0.0046	3.9279	0.2546	800.1784	14.4147	3.6698
19	69.3889	0.0144	273.5558	0.0037	3.9424	0.2537	1018.2230	14.6741	3.7222
20	86.7362	0.0115	342.9447	0.0029	3.9539	0.2529	1291.7788	14.8932	3.7667
21	108.4202	0.0092	429.6809	0.0023	3.9631	0.2523	1634.7235	15.0777	3.8045
22	135.5253	0.0074	538.1011	0.0019	3.9705	0.2519	2064.4043	15.2326	3.8365
23	169.4066	0.0059	673.6264	0.0015	3.9764	0.2515	2602.5054	15.3625	3.8634
24	211.7582	0.0047	843.0329	0.0012	3.9811	0.2512	3276.1318	15.4711	3.8861
25	264.6978	0.0038	1054.7912	0.0009	3.9849	0.2509	4119.1647	15.5618	3.9052
26	330.8722	0.0030	1319.4890	0.0008	3.9879	0.2508	5173.9559	15.6373	3.9212
27	413.5903	0.0024	1650.3612	0.0006	3.9903	0.2506	6493.4449	15.7002	3.9346
28	516.9879	0.0019	2063.9515	0.0005	3.9923	0.2505	8143.8061	15.7524	3.9457
29	646.2349	0.0015	2580.9394	0.0004	3.9938	0.2504	10207.7577	15.7957	3.9551
30	807.7936	0.0012	3227.1743	0.0003	3.9950	0.2503	12788.6971	15.8316	3.9628
31	1009.7420	0.0010	4034.9678	0.0002	3.9960	0.2502	16015.8713	15.8614	3.9693
32	1262.1774	0.0008	5044.7098	0.0002	3.9968	0.2502	20050.8392	15.8859	3.9746
33	1577.7218	0.0006	6306.8872	0.0002	3.9975	0.2502	25095.5490	15.9062	3.9791
34	1972.1523	0.0005	7884.6091	0.0001	3.9980	0.2501	31402.4362	15.9229	3.9828
35	2465.1903	0.0004	9856.7613	0.0001	3.9984	0.2501	39287.0453	15.9367	3.9858
36	3081.4879	0.0003	12321.9516	0.0001	3.9987	0.2501	49143.8066	15.9481	3.9883
37	3851.8599	0.0003	15403.4396	0.0001	3.9990	0.2501	61465.7582	15.9574	3.9904
38	4814.8249	0.0002	19255.2994	0.0001	3.9992	0.2501	76869.1978	15.9651	3.9921
39	6018.5311	0.0002	24070.1243	0.0000	3.9993	0.2500	96124.4972	15.9714	3.9935
40	7523.1638	0.0001	30088.6554	0.0000	3.9995	0.2500	120194.6215	15.9766	3.9947
45	22958.8740	0.0000	91831.4962	0.0000	3.9998	0.2500	367145.9846	15.9915	3.9980
50	70064.9232	0.0000	280255.6929	0.0000	3.9999	0.2500	1120822.7715	15.9969	3.9993
55	213821.1768	0.0000	855280.7072	0.0000	4.0000	0.2500	3420902.8289	15.9989	3.9997
60	652530.4468	0.0000	2610117.7872	0.0000	4.0000	0.2500	10440231.1488	15.9996	3.9999

附表 1-11　　　　　　　　　$i=5\%$　等比级数现值因子 $[P/G,i,j,n]$

n	$j=4\%$	$j=5\%$	$j=6\%$	$j=7\%$	$j=8\%$	$j=10\%$
1	0.9524	0.9524	0.9524	0.9524	0.9524	0.9524
2	1.8957	1.9048	1.9138	1.9229	1.9320	1.9501
3	2.8300	2.8571	2.8844	2.9119	2.9396	2.9954
4	3.7554	3.8095	3.8643	3.9198	3.9759	4.0904
5	4.6721	4.7619	4.8535	4.9468	5.0419	5.2375
6	5.5799	5.7143	5.8521	5.9934	6.1383	6.4393
7	6.4792	6.6667	6.8602	7.0599	7.2661	7.6983
8	7.3699	7.6190	7.8779	8.1468	8.4261	9.0173
9	8.2521	8.5714	8.9053	9.2544	9.6192	10.3991
10	9.1258	9.5238	9.9425	10.3830	10.8464	11.8467
11	9.9913	10.4762	10.9896	11.5332	12.1087	13.3632
12	10.8485	11.4286	12.0466	12.7052	13.4070	14.9519
13	11.6976	12.3810	13.1137	13.8996	14.7425	16.6163
14	12.5386	13.3333	14.1910	15.1167	16.1161	18.3599
15	13.3715	14.2857	15.2785	16.3571	17.5289	20.1866
16	14.1966	15.2381	16.3764	17.6210	18.9821	22.1002
17	15.0137	16.1905	17.4848	18.9090	20.4769	24.1050
18	15.8231	17.1429	18.6037	20.2216	22.0143	26.2052
19	16.6248	18.0952	19.7332	21.5591	23.5956	28.4055
20	17.4189	19.0476	20.8736	22.9222	25.2222	30.7105
21	18.2054	20.0000	22.0247	24.3112	26.8952	33.1253
22	18.9844	20.9524	23.1869	25.7266	28.6160	35.6550
23	19.7559	21.9048	24.3601	27.1690	30.3860	38.3053
24	20.5202	22.8571	25.5445	28.6389	32.2066	41.0817
25	21.2771	23.8095	26.7401	30.1368	34.0791	43.9904
26	22.0269	24.7619	27.9472	31.6632	36.0052	47.0375
27	22.7695	25.7143	29.1657	33.2187	37.9863	50.2298
28	23.5050	26.6667	30.3959	34.8038	40.0240	53.5741
29	24.2335	27.6190	31.6377	36.4191	42.1199	57.0776
30	24.9551	28.5714	32.8914	38.0652	44.2757	60.7480
31	25.6698	29.5238	34.1571	39.7426	46.4931	64.5931
32	26.3777	30.4762	35.4348	41.4520	48.7739	68.6213
33	27.0789	31.4286	36.7246	43.1940	51.1198	72.8414
34	27.7734	32.3810	38.0267	44.9691	53.5328	77.2624
35	28.4612	33.3333	39.3413	46.7780	56.0146	81.8940
36	29.1426	34.2857	40.6683	48.6214	58.5674	86.7461
37	29.8174	35.2381	42.0080	50.4999	61.1932	91.8292
38	30.4858	36.1905	43.3605	52.4142	63.8939	97.1544
39	31.1478	37.1429	44.7258	54.3650	66.6719	102.7332
40	31.8036	38.0952	46.1042	56.3529	69.5291	108.5776
41	32.4531	39.0476	47.4957	58.3786	72.4681	114.7004
42	33.0964	40.0000	48.9004	60.4430	75.4910	121.1147
43	33.7335	40.9524	50.3185	62.5467	78.6002	127.8344
44	34.3647	41.9048	51.7501	64.6904	81.7983	134.8742
45	34.9898	42.8571	53.1953	66.8750	85.0878	142.2491
46	35.6089	43.8095	54.6543	69.1012	88.4713	149.9753
47	36.2221	44.7619	56.1272	71.3698	91.9514	158.0693
48	36.8296	45.7143	57.6141	73.6816	95.5310	166.5488
49	37.4312	46.6667	59.1152	76.0374	99.2128	175.4321
50	38.0271	47.6190	60.6306	78.4381	102.9998	184.7384

附表 1-12 $i=6\%$ 等比级数现值因子 $[P/G, i, j, n]$

n	$j=4\%$	$j=5\%$	$j=6\%$	$j=7\%$	$j=8\%$	$j=10\%$
1	0.9434	0.9434	0.9434	0.9434	0.9434	0.9434
2	1.8690	1.8779	1.8868	1.8957	1.9046	1.9224
3	2.7771	2.8036	2.8302	2.8570	2.8839	2.9383
4	3.6681	3.7205	3.7736	3.8273	3.8817	3.9926
5	4.5423	4.6288	4.7170	4.8068	4.8984	5.0867
6	5.4000	5.5285	5.6604	5.7956	5.9342	6.2220
7	6.2415	6.4198	6.6038	6.7936	6.9896	7.4002
8	7.0671	7.3026	7.5472	7.8011	8.0648	8.6229
9	7.8772	8.1771	8.4906	8.8181	9.1604	9.8916
10	8.6720	9.0434	9.4340	9.8447	10.2766	11.2083
11	9.4517	9.9015	10.3774	10.8810	11.4139	12.5747
12	10.2168	10.7514	11.3208	11.9270	12.5727	13.9926
13	10.9674	11.5934	12.2642	12.9829	13.7533	15.4640
14	11.7039	12.4274	13.2075	14.0488	14.9562	16.9909
15	12.4265	13.2536	14.1509	15.1247	16.1818	18.5755
16	13.1354	14.0720	15.0943	16.2108	17.4305	20.2199
17	13.8310	14.8826	16.0377	17.3072	18.7028	21.9263
18	14.5134	15.6856	16.9811	18.4138	19.9990	23.6971
19	15.1829	16.4810	17.9245	19.5309	21.3198	25.5347
20	15.8399	17.2689	18.8679	20.6586	22.6654	27.4417
21	16.4844	18.0494	19.8113	21.7969	24.0365	29.4206
22	17.1168	18.8225	20.7547	22.9459	25.4334	31.4742
23	17.7372	19.5883	21.6981	24.1058	26.8567	33.6053
24	18.3459	20.3469	22.6415	25.2766	28.3068	35.8168
25	18.9432	21.0984	23.5849	26.4584	29.7843	38.1118
26	19.5292	21.8427	24.5283	27.6514	31.2896	40.4934
27	20.1041	22.5801	25.4717	28.8557	32.8234	42.9648
28	20.6682	23.3105	26.4151	30.0713	34.3861	45.5295
29	21.2216	24.0339	27.3585	31.2984	35.9783	48.1910
30	21.7646	24.7506	28.3019	32.5371	37.6005	50.9529
31	22.2973	25.4605	29.2453	33.7874	39.2534	53.8191
32	22.8200	26.1637	30.1887	35.0496	40.9374	56.7934
33	23.3328	26.8603	31.1321	36.3236	42.6532	59.8799
34	23.8360	27.5503	32.0755	37.6097	44.4014	63.0830
35	24.3297	28.2338	33.0189	38.9079	46.1825	66.4068
36	24.8140	28.9108	33.9623	40.2183	47.9973	69.8562
37	25.2892	29.5815	34.9057	41.5412	49.8463	73.4356
38	25.7555	30.2458	35.8491	42.8765	51.7302	77.1502
39	26.2129	30.9038	36.7925	44.2243	53.6496	81.0049
40	26.6617	31.5557	37.7358	45.5850	55.6053	85.0051
41	27.1021	32.2014	38.6792	46.9584	57.5978	89.1562
42	27.5341	32.8410	39.6226	48.3448	59.6280	93.4640
43	27.9580	33.4746	40.5660	49.7443	61.6964	97.9344
44	28.3739	34.1022	41.5094	51.1570	63.8039	102.5734
45	28.7819	34.7239	42.4528	52.5830	65.9512	107.3875
46	29.1822	35.3397	43.3962	54.0224	68.1389	112.3832
47	29.5750	35.9497	44.3396	55.4755	70.3679	117.5675
48	29.9604	36.5539	45.2830	56.9422	72.6390	122.9474
49	30.3385	37.1525	46.2264	58.4228	74.9530	128.5303
50	30.7095	37.7454	47.1698	59.9174	77.3106	134.3239

附表 1 - 13　　　　　　　　$i=8\%$　等比级数现值因子 $[P/G,i,j,n]$

n	$j=4\%$	$j=5\%$	$j=6\%$	$j=7\%$	$j=8\%$	$j=10\%$
1	0.9259	0.9259	0.9259	0.9259	0.9259	0.9259
2	1.8176	1.8261	1.8347	1.8433	1.8519	1.8690
3	2.6762	2.7013	2.7267	2.7521	2.7778	2.8295
4	3.5030	3.5522	3.6021	3.6526	3.7037	3.8079
5	4.2992	4.3795	4.4613	4.5447	4.6296	4.8043
6	5.0659	5.1837	5.3046	5.4285	5.5556	5.8192
7	5.8042	5.9657	6.1323	6.3042	6.4815	6.8529
8	6.5151	6.7259	6.9447	7.1717	7.4074	7.9057
9	7.1997	7.4650	7.7420	8.0313	8.3333	8.9780
10	7.8590	8.1836	8.5246	8.8828	9.2593	10.0702
11	8.4939	8.8822	9.2926	9.7265	10.1852	11.1826
12	9.1052	9.5614	10.0465	10.5624	11.1111	12.3157
13	9.6939	10.2217	10.7863	11.3905	12.0370	13.4696
14	10.2608	10.8637	11.5125	12.2110	12.9630	14.6450
15	10.8067	11.4878	12.2252	13.0238	13.8889	15.8421
16	11.3324	12.0947	12.9248	13.8292	14.8148	17.0614
17	11.8386	12.6846	13.6114	14.6270	15.7407	18.3033
18	12.3260	13.2582	14.2852	15.4175	16.6667	19.5682
19	12.7954	13.8158	14.9466	16.2007	17.5926	20.8565
20	13.2475	14.3580	15.5957	16.9766	18.5185	22.1687
21	13.6827	14.8851	16.2329	17.7453	19.4444	23.5051
22	14.1019	15.3975	16.8582	18.5070	20.3704	24.8663
23	14.5055	15.8958	17.4719	19.2615	21.2963	26.2527
24	14.8942	16.3801	18.0743	20.0091	22.2222	27.6648
25	15.2685	16.8511	18.6655	20.7498	23.1481	29.1031
26	15.6289	17.3089	19.2458	21.4836	24.0741	30.5679
27	15.9760	17.7540	19.8153	22.2106	25.0000	32.0599
28	16.3102	18.1868	20.3743	22.9308	25.9259	33.5796
29	16.6321	18.6075	20.9229	23.6444	26.8519	35.1273
30	16.9420	19.0166	21.4614	24.3514	27.7778	36.7038
31	17.2404	19.4143	21.9899	25.0519	28.7037	38.3094
32	17.5278	19.8009	22.5086	25.7459	29.6296	39.9447
33	17.8046	20.1768	23.0177	26.4334	30.5556	41.6104
34	18.0711	20.5423	23.5173	27.1146	31.4815	43.3069
35	18.3277	20.8976	24.0078	27.7894	32.4074	45.0348
36	18.5748	21.2430	24.4891	28.4580	33.3333	46.7947
37	18.8128	21.5788	24.9615	29.1205	34.2593	48.5872
38	19.0419	21.9054	25.4252	29.7768	35.1852	50.4129
39	19.2626	22.2228	25.8803	30.4270	36.1111	52.2724
40	19.4751	22.5314	26.3269	31.0712	37.0370	54.1663
41	19.6797	22.8315	26.7653	31.7094	37.9630	56.0953
42	19.8768	23.1232	27.1956	32.3417	38.8889	58.0600
43	20.0665	23.4068	27.6179	32.9682	39.8148	60.0611
44	20.2493	23.6825	28.0324	33.5889	40.7407	62.0993
45	20.4252	23.9506	28.4392	34.2038	41.6667	64.1752
46	20.5946	24.2113	28.8385	34.8130	42.5926	66.2896
47	20.7578	24.4646	29.2304	35.4166	43.5185	68.4431
48	20.9149	24.7110	29.6150	36.0146	44.4444	70.6365
49	21.0662	24.9505	29.9925	36.6070	45.3704	72.8705
50	21.2119	25.1834	30.3630	37.1940	46.2963	75.1459

附录2 技能训练题参考答案

第二章 水利工程经济的基本经济要素

1. (1) 9.5万元，9.5%；(2) 3.5万元，3.5%。

2. 1.6元/h；1920元，18080元。

3. (1) 98.80万元；(2) 4398.80万元；(3) 200.77万元；(4) 694.44万元、9.00万元，296.56万元、74.14万元、222.42万元。提示：城市自来水供水现行增值税税率9%。

第三章 资金的时间价值及基本公式

1. 甲银行名义年利率：5%；有效年利率：5%。乙银行名义年利率：4.95%；有效年利率：5.06%。甲银行更有利。

2. 4.75%；4.81%；4.84%；4.85%；4.86%。

3. 2.38%；2.40%。

4. 126.12万元。

5. 1640.70万元，资金流程图如附图2-1所示。

6. 151.82万元，资金流程图如附图2-2所示。

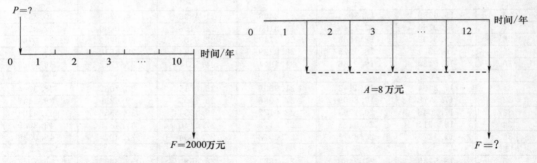

附图2-1 第三章[技能训练题5]　　　　附图2-2 第三章[技能训练题6]
　　　　资金流程图　　　　　　　　　　　　　资金流程图

7. 111.69万元，资金流程图如附图2-3所示。

8. 19.22万元，资金流程图如附图2-4所示。

9. (1) 900.62万元，资金流程图如附图2-5所示；(2) 减小；644.41万元。

10. 2.51万元，资金流程图如附图2-6所示。

11. (1) 3.21亿元；(2) 0.087亿元；(3) 0.24亿元。

12. 20357.90元；4319.10元。

13. 714.92万元，资金流程图如附图2-7所示。

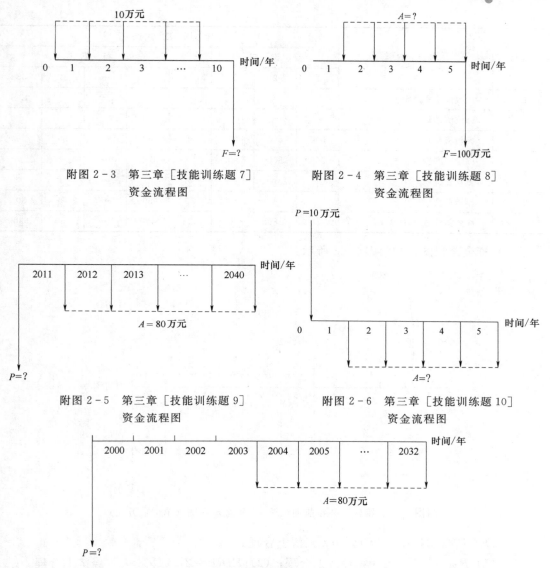

附图 2-3　第三章［技能训练题7］资金流程图

附图 2-4　第三章［技能训练题8］资金流程图

附图 2-5　第三章［技能训练题9］资金流程图

附图 2-6　第三章［技能训练题10］资金流程图

附图 2-7　第三章［技能训练题13］资金流程图

第四章　国民经济评价

1.（1）费用效益流量表见附表 2-1。

附表 2-1　　　　　　第四章［技能训练题1］效益费用流量表　　　　　单位：万元

序号	项　　目	计　算　期（年份）							
		建　设　期			运　行　期				
		1	2	3	4	5	…	32	33
1	效益流量 B				480	480	…	480	680
1.1	效益				480	480	…	480	480

续表

序号	项　目	计　算　期（年份）							
		建　设　期			运　行　期				
		1	2	3	4	5	···	32	33
1.2	回收固定资产余值								195
1.3	回收流动资金								5
2	费用流量 C	500	800	300	55	50	···	50	50
2.1	固定资产投资	500	800	300			···		
2.2	流动资金				5				
2.3	年运行费				50	50	···	50	50
3	净效益流量（B-C）	-500	-800	-300	425	430	···	430	630

（2）资金流程图，如附图 2-8 所示。

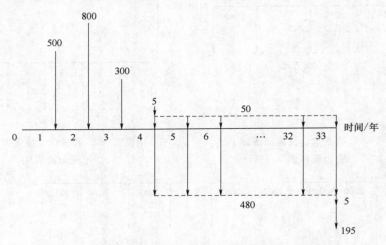

附图 2-8　第四章［技能训练题 1］资金流程图（单位：万元）

（3）$ENPV=2467.85$ 万元>0，经济上合理。

2.（1）$R_{BC}=2.34>1.0$，经济上合理；（2）$EIRR=21.21\%>i_s$，经济上合理。

3. 因为题目已知条件已说明这两个方案均是经济合理的，故直接进行比选。

（1）$ENPV_1=2194.31$ 万元，$ENPV_2=3096.03$ 万元，可见方案 2 经济上更优。

（2）$\Delta R_{BC}=1.32>1.0$，方案 2 经济上更优。

（3）$\Delta EIRR=18.80\%>i_s$，方案 2 经济上更优。

4. $ENAV_甲=16.68$ 万元>0，方案甲经济上合理；$ENAV_乙=2.30$ 万元>0，方案乙经济上合理。

$ENAV_甲,>ENAV_乙$，方案甲经济上更优。

5. 10.33%；11.68 年。

6.（1）$ENPV_A=64.02$ 万元>0，方案 A 经济上合理；$ENPV_B=97.06$ 万元>0，方案 B 经济上合理。

（2）不可以直接采用 $ENPV$ 法进行选优，可采用最小公倍数法（重复方案法）将其转换为计算期相同的方案，然后再进行比选，或采用 $ENAV$ 法进行比优。

①最小公倍数法：$ENPV'_A=111.07$ 万元，$ENPV'_A>ENPV_B$，方案 A 更优。

②$ENAV$ 法：$ENAV_A=19.33$ 万元 >0，方案 A 经济上合理；$ENAV_B=16.89$ 万元 >0，方案 B 经济上合理。$ENAV_A>ENAV_B$，方案 A 更优。

由本例数据进一步说明，计算期不同时，不能直接采用 $ENPV$ 法进行比优。

第五章　财务评价及不确定性分析

1. 销售收入、销售税金及附加、利润总额、所得税、调整所得税分别为 6223.4 万元、62.2 万元、1343.1 万元、335.8 万元、551.3 万元。

2. 计算结果见附表 2-2、附表 2-3。

附表 2-2　　　第五章技能训练题第 2 题等额本息法每年的还本、付息费

项　　目	年　份					
	1	2	3	4	5	6
本年还本付息/万元	0.00	0.00	594.50	594.50	594.50	594.50
本年付息/万元	0.00	0.00	123.60	95.35	65.40	33.65
本年还本/万元	0.00	0.00	470.90	499.15	529.10	560.85

说明：等额本息法计算本年还本付息值，是复利因子保留 5 位小数的计算结果，若复利因子保留 4 位小数，其结果与上表结果略有差异。

附表 2-3　　　第五章技能训练题第 2 题等额还本利息照付法每年的还本、付息费

项　　目	年　份					
	1	2	3	4	5	6
本年付息/万元	0.00	0.00	123.60	92.70	61.80	30.90
本年还本/万元	0.00	0.00	515.00	515.00	515.00	515.00
本年还本付息/万元	0.00	0.00	638.60	607.70	576.80	545.90

3.（1）方案 1、方案 2 及方案 3 的静态投资回收期分别为 12.2 年、8.1 年、12.0 年，故方案 2 为优。

（2）净现金流量图略。提示：注意投资和净收益发生的时点。$FNPV=164.20$（万元），方案 2 财务可行。

4.（1）投资增加 10%、效益减少 10% 时，敏感度系数分别为 -1.24、5.86，故效益为最敏感因素。

（2）投资、效益变化的临界值分别为 36.1%、-7.6%。

5. $BEP_{产量}=24590$（件）、$BEP_{生产能力利用率}=81.97\%$、$BEP_{产品售价}=2780$（元/件）。

第六章　综合利用水利建设项目费用分摊

1. 1050 万元；1750 万元。

2. 0.6 亿元；0.6 亿元；0.8 亿元。

3.（1）0.70 亿 m^3；（2）0.0658，0.9342。

第七章 防洪和治涝工程经济评价

689.87 万元

第八章 灌溉和城镇供水工程经济评价

1. 11851.5 万元、1.8 元/m³。

提示：运行期各年的折算年投资记 A_u，其计算方法为：由各年投资 A，推求折算到正常运行期第一年初的各年投资之和 F，此 F 相对于 A_u 来说，为现值 P，进而由 $P = F$，计算 A_u。

2. 提示：先计算逐年的总成本费用、销售税金及附加、利润总额、调整所得税，然后编制全部投资现金流量表，并计算财务评价指标。

附表 2－4   第八章技能训练题第 2 题财务评价指标汇总与评价结论

评价内容	财务评价指标	计算值	比较基准	评价结论
全部投资所得税后财务评价	财务内部收益率 $FIRR$	8.7%	4%	由各项评价指标表明，该项目盈利能力较好，故从盈利角度财务可行
	财务净现值 $FNPV$	2148.3 万元	大于或等于 0	
	静态投资回收期 P_t	11.0 年	12 年	

第九章 水力发电工程经济评价

1. 2.6 亿元。提示：供电销售收入应与工程投资的计算口径要对应一致。工程投资包含水电站和专用输变配电配套工程的全部投资，故电量与电价应分别采用供电到用户的电量、用户的平均电价。

2. $ENPV = 1024.54$（万元）

参 考 文 献

［1］ 中华人民共和国水利部. 水利建设项目经济评价规范：SL 72—2013 ［S］. 北京：中国水利水电
出版社，2013.

［2］ 国家发展改革委员会，建设部. 建设项目经济评价方法与参数 ［M］. 3 版. 北京：中国计划出版
社，2006.

［3］ 国家能源局. 水电建设项目经济评价规范：DL/T 5441—2010 ［S］. 北京：中国电力出版
社，2010.

［4］ 中华人民共和国水利部. 小水电建设项目经济评价规程：SL/T 16—2019 ［S］. 北京：中国水利
水电出版社，2019.

［5］ 中华人民共和国水利部. 已成防洪工程经济效益分析计算及评价规范：SL 206—2014 ［S］. 北
京：中国水利水电出版社，2014.

［6］ 侯晓明. 基于成本分解法和机会成本法的影子水价计算 ［J］. 安徽农业科学，2008，36（25）：
10732－10733.

［7］ 梅锦山，侯传河，司富安. 水工设计手册 第 2 卷：规划、水文、地质 ［M］. 2 版. 北京：中国
水利水电出版社，2014.

［8］ 全国勘察设计注册土木工程师水利水电工程专业管理委员会，中国水利水电勘察设计协会编. 水
利水电工程专业案例（工程规划与工程移民篇）［M］. 郑州：黄河水利出版社，2009.

［9］ 全国勘察设计注册土木工程师水利水电工程专业管理委员会，中国水利水电勘察设计协会编. 水
利水电工程专业知识（2013 年版）［M］. 郑州：黄河水利出版社，2013.

［10］ 施熙灿. 水利工程经济 ［M］. 4 版. 北京：中国水利水电出版社，2010.

［11］ 方国华. 水利工程经济 ［M］. 2 版. 北京：中国水利水电出版社，2017.

［12］ 张子贤. 牛顿迭代法在内部回收率推求中的应用 ［J］. 海河水利，1993（2）：48－49.

［13］ 张子贤. 模糊综合评判原理分摊水利投资费用 ［J］. 海河水利，1991（1）：55－58.

［14］ 中华人民共和国国家质量监督检验检疫总局. 水土保持综合治理效益计算方法：GB/T 15774—
2008 ［S］. 北京：中国标准出版社，2011.

［15］ 经济日报. 全国农村自来水普及率超八成 ［N/OL］. （2021－03－08）［2021－03－26］. http：//
www. slwr. gov. cn/mtjj/202103/t20210308 ＿47612. html.

［16］ 中国新闻网. 南水北调东中线一期工程累计调水突破 600 亿立方米 ［Z/OL］. （2023－02－05）
［2023－07－15］. http：//www. chinanews. com. cn/cj/2023/02－05/9947946. shtml.

［17］ 中华人民共和国水利部. 2022 年全国水利发展统计公报 ［M］. 北京：中国水利水电出版社，2023.

［18］ 国家统计局. 国家统计局关于 2023 年粮食产量数据的公告 ［EB/OL］. （2023－12－11）［2024－
01－27］. http：//www. stats. gov. cn/sj/zxfb/202312/t20231211 ＿1945417. html.

［19］ 中国政府网. 2022 年底已累计建成 10 亿亩高标准农田 ［EB/OL］. （2023－01－06）［2023－07－
16］. https：//sousuo. www. gov. cn/sousuo/search. shtml？code ＝ 17da70961a7 & dataTypeId ＝
107 & searchWord ＝ 2022％E5％B9％B4％E5％BA％95％E5％85％A8％E5％9B％BD％E5％B7％
B2％E7％B4％AF％E8％AE％A1％E5％BB％BA％E6％88％9010％E4％BA％BF％E4％BA％
A9％E9％AB％98％E6％A0％87％E5％87％86％E5％86％9C％E7％94％B0.

［20］ 水利部农村水利水电司. 2022 年农村水利水电工作年度报告 ［R/OL］. （2023－03－02）［2023－
07－12］. http：//www. mwr. gov. cn/sj/tjgb/ncslsdnb/202303/t20230302 ＿1647707. html.

[21] 经济日报记者王轶辰. 高峡平湖保安澜 [N/OL]. (2021 - 03 - 30) [2021 - 03 - 31]. http：// dangshi. people. com. cn/n1/2021/0330/c436975 - 32064618. html.

[22] 中国人民银行官网. 易纲行长在"第十届陆家嘴论坛（2018）"上的主旨演讲——关于改善小微企业金融服务的几个视角 [C/OL]. (2018 - 04 - 16). [2021 - 04 - 22]. http：//www. pbc. gov. cn/ goutongjiaoliu/113456/113469/3557760/index. html.

[23] 国务院总理李克强回答中外记者提问 [Z/OL]. (2021 - 03 - 11). [2021 - 03 - 16]. http：// www. xinhuanet. com/video/2021 - 03/11/c _ 1211062189. htm.

[24] 郑守仁. 三峡工程与长江防洪体系 [N]. 人民长江报，2016 - 07 - 30 (005).

[25] 万海斌. 三峡工程防洪抗旱减灾效益显著 [J]. 中国水利，2011 (12)：15.

[26] 孙又欣，姚黑字. 湖北长江河段防洪工程效益分析——2012 年 7 月与 1998 年 7 月长江洪水分析对比 [J]. 中国防汛抗旱，2013，23 (01)：52 - 55.

[27] 陈建波. 区域经济视角下三峡工程系统服务长江经济带科学发展研究 [D]. 武汉：武汉大学，2017.

[28] 中国财经新闻网. 回顾全球二氧化碳排放的 164 年历史 [EB/OL]. (2014 - 07 - 15)[2021 - 04 - 26]. http：//www. prcfe. com/web/meyw/2014 - 07/15/content _ 1105375. htm.

[29] 中国新闻网. 2019 年，全球 CO_2 排放量将创新高 [EB/OL]. (2019 - 12 - 06) [2021 - 04 - 26]. https：//www. chinanews. com/gj/2019/12 - 06/9026341. shtml.

[30] 伯克利地球气候数据库. Global Temperature Report for 2019 [EB/OL]. (2020 - 01 - 15)[2021 - 04 - 10]. http：//berkeleyearth. org/2019 - temperatures/.

[31] 新华网. 习近平在气候雄心峰会上发表重要讲话 [EB/OL]. (2020 - 12 - 12) [2021 - 04 - 28]. http：//www. xinhuanet. com/politics/leaders/2020 - 12/12/c _ 1126853599. htm.

[32] 中华人民共和国国家发展和改革委员会. 2022 年我国可再生能源发展情况 [EB/OL]. (2023 - 02 - 15) [2023 - 07 - 16]. https：//www. ndrc. gov. cn/fggz/hjyzy/jnhnx/202302/t20230215 _ 1348799. html.

[33] 浙江新闻客户端. 记者姜晓蓉，纪驭亚，通讯员陈胜伟，陈曼姣. "碳达峰"和"碳中和"是什么？如何才能实现？专家学者这样说 [EB/OL]. (2021 - 04 - 16) [2021 - 04 - 29]. https：// zj. zjol. com. cn/news. html？id＝1650454.